普通高等教育"十四五"规划教材
中国石油和石化工程教材出版基金资助项目

石油工业概论

Petroleum Industry Basics

（第三版）

任晓娟　袁士宝　徐　波　主编

中国石化出版社

·北京·

内 容 提 要

本书在介绍油气基本性质的基础上，依据石油行业的工业结构组成，重点介绍了石油地质、石油勘探、钻井与完井、油气田开发与开采、油气集输与储运、石油炼制与石油（天然气）化工等工业领域的基本理论、基本过程和主要技术方法。同时，对石油工业发展的历史和未来、石油企业、石油资源与新能源、石油与环境等也进行了简要介绍。

本书既可作为大中专学生初步了解和认识石油工业整个过程的教材，也可作为对石油行业感兴趣和投身石油行业人士了解石油工业全过程的入门读物。

图书在版编目（CIP）数据

石油工业概论 ／ 任晓娟，袁士宝，徐波主编 . —3 版 .
—北京：中国石化出版社，2022.4（2025.2 重印）
普通高等教育"十四五"规划教材
ISBN 978-7-5114-6631-0

Ⅰ.①石… Ⅱ.①任… ②袁… ③徐… Ⅲ.①石油工业-高等学校-教材 Ⅳ.①TE

中国版本图书馆 CIP 数据核字（2022）第 047774 号

中国石化出版社出版发行

地址：北京市东城区安定门外大街 58 号
邮编：100011 电话：（010）57512500
发行部电话：（010）57512575
http://www.sinopec-press.com
E-mail：press@ sinopec.com
北京科信印刷有限公司印刷
全国各地新华书店经销

＊
787 毫米×1092 毫米 16 开本 13.25 印张 328 千字
2022 年 7 月第 3 版　2025 年 2 月第 3 次印刷
定价：38.00 元

第三版前言

本教材内容覆盖石油地质、石油勘探、钻井与完井、油气田开发与开采、油气集输与储运、石油炼制与石油化工等石油行业各领域的基本理论和技术方法，给阅读者全貌了解和初步认识石油工业提供一条途径。

本书在第二版的基础上，对全书内容进行了较大幅度的更新、修改和完善，重点体现在：在习近平生态文明思想指导下，增加了石油工业在不同的资源禀赋和环境条件下，可持续发展的路径及石油工业中的碳捕集和碳存储方法，给阅读者初步认识石油工业与碳中和，积极稳妥推进碳达峰碳中和提供帮助；增加了大庆精神、铁人精神对推动我国石油工业创新发展的重要作用；对第一至五章部分内容的结构进行了调整、完善和更新等。因考虑是概论性质的课程，在内容完善方面的一个工作重点就是对一些内容增加了配套的图，对原有书中部分图进一步标注了说明，以利于初读者对概念的更好理解；增加与书配套视频的二维码，方便读者观看视频学习。

本书第三版第一、二章由徐波、任晓娟负责修订；其他章节由任晓娟修订。在第三版中，袁士宝、龚迪光等许多同行提供了大力帮助，在此表示衷心的感谢！

编 者

2022 年 7 月

第二版前言

本书在第一版的基础上，对全书内容进行了较大幅度的更新、修改和完善，主要体现在结构调整，内容完善、更新和扩充，英语术语翻译等。因考虑是概论性质的课程，在内容完善方面的一个工作重点就是对所有名词术语的解释进行了增补和完善，以降低初读者的阅读门槛。

本书第二版由任晓娟负责全书审定。第一至五章由徐波、任晓娟负责编写和修订；第六至七章由任晓娟编写和修订。在第二版的编写过程中，韩继勇、张益、刘顺、刘树仁等许多同行也提供了大力帮助，在此表示衷心的感谢！

编 者

2012 年 7 月

第一版前言

石油是一种重要的能源和优质的化工原料，是关系国计民生的重要战略物资，石油工业是我国国民经济的重要基础产业。随着我国经济的快速发展，对石油的需求越来越大。2006 年我国生产原油 1.84 亿吨，进口原油 1.4 亿吨，对外依存度 47%。预计到 2010 年，我国原油对外依存度将达 50%，到 2020 年对外依存度将超过 60%，届时 2/3 以上的原油需求将依赖进口。所以，理解和关注我国石油工业，将对我国能源结构的部署和能源战略的实施具有重要意义。

本书概括性地介绍了石油工业主要领域——石油的勘探、开发、储运及石油炼制和石油化工中的一些基本的概念、理论和过程，同时还简要介绍了石油工业在国民经济中的地位与作用、石油工业的发展史及石油工业的发展趋势等。本书与目前同类教材最大的不同是文字浅显易懂，思路、条理清晰，各过程之间的衔接紧密，有利于读者对知识的理解和掌握，容易对整个石油工业有一个整体认识。同时本书在吸取目前同类教材优点的基础上，更加注重基本概念、基本过程和基本方法的介绍及知识的循序渐进。因此，本书更适合作为大中专学生初步了解和认识石油工业整个过程的教材和对石油行业感兴趣者及有志投身石油行业人士了解石油工业的入门读物。

本书第一、二章由任晓娟、徐波编写，第三章由徐波、韩继勇编写，第四、五章由任晓娟、徐波、张益编写，第六章由肖荣鸽、任晓娟编写，第七章由黄凤林、任晓娟编写，同时在本书的编写过程中，还得到了许多同行和同学的帮助，在此表示衷心的感谢！

由于石油工业发展日新月异，且涉及面十分广泛，有些内容难以完全反映到本书中，不当之处，敬请各位同行和读者批评指正。

编　者
2007 年 7 月

目　　录

I

第1章 绪 论

什么是石油？与其他矿产有什么区别？石油（Petroleum）是储藏在地下岩石空隙（Void）内的不可再生的天然矿产资源，它主要是以气相、液相和固相烃类为主的，并且含有少量非烃类物质的混合物，具可燃性。

石油行业中，一般将从地下直接采出、没有经过任何加工提炼的液体石油称为原油（Crude Oil），以气体形式存在的石油称为天然气（Natural Gas），以固体形式存在的石油称为天然沥青（Natural Bitumen）。若不考虑天然沥青，石油所指的就是原油和天然气，简称为油气。

石油和天然气是目前人类使用的最主要的能源之一，2020年世界油气能源消耗占世界能源消耗的55.9%，中国为27.8%（据BP公司2021版《BP世界能源统计年鉴》）。本章主要知识点及相互关系如图1-1所示。

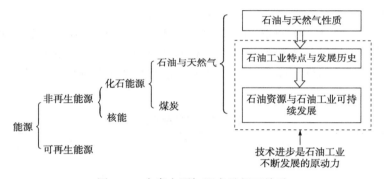

图1-1 本章主要知识点及相互关系

本章建议带着以下问题进入学习：①石油与天然气为什么能成为目前使用的主要能源，有新的能源可以替代吗？②油气的基本物理化学性质对油气的开发利用有什么影响？③油气能源的开发和利用对我国能源安全和环境存在什么样的影响？④预测一下"双碳"目标下如何进行油气开发利用。

第1节 石油的基本性质及其用途

1.1 原油的组成及其基本性质

1.1.1 原油的组成

1.1.1.1 原油的元素组成

原油主要由碳（C）、氢（H）及少量的硫（S）、氮（N）、氧（O）等元素组成。原油中的碳含量一般为84%~87%，氢含量为11%~14%，两者在原油中以烃类的形式存在，占原油成分的97%~99%。剩下的硫（S）、氮（N）、氧（O）及其他微量元素如镍（Ni）、钒（V）、铁（Fe）等的总含量一般只有1%~4%。

1.1.1.2 原油的化合物组成

从化学成分上来说，原油是烃类和非烃类化合物组成的混合物。烃类化合物仅含有碳、氢两种元素，非烃类化合物则包含其他元素或（和）碳、氢元素。

（1）原油中的烃类化合物（Hydrocarbons）

目前在原油中已经鉴定出的烃类化合物有 200 多种，其中主要的烃类为烷烃、环烷烃和芳香烃。烷烃，又名脂肪族烃，通式为 C_nH_{2n+2}，属饱和烃。在常温、常压条件下，分子小的烷烃（碳原子个数为 1~4）是气体，中等的（碳原子个数为 5~16）是液体，分子大的烷烃（碳原子个数为 17 个及以上）是固体（即所谓的蜡质）。环烷烃是含有碳环结构的饱和烃，并且大多含有长短不等的烷基侧链。环烷烃的碳环由许多围成环的多个亚甲基（—CH_2—）组成，原油中的环烷烃主要含五元环或六元环。芳香烃，又称芳烃，是含有苯环结构的烃类，有单环、双环和多环。芳香烃大多有毒性。有些多环芳香烃具有荧光，这是有些油品能发出荧光的原因。

（2）原油中的非烃类化合物（Non-Hydrocarbons）

原油中硫、氮、氧等元素虽只占 1%~4%，但其构成的非烃化合物在原油中的含量相当可观，高达 10%~20%。非烃化合物对原油的加工、储运、油品性质等影响很大。原油中的非烃类化合物主要包括含硫、含氮、含氧化合物以及胶状-沥青状物质。

原油中的硫元素是有害杂质，因为它容易产生硫化氢（H_2S）、硫化亚铁（FeS）、硫醇铁 [（C_2H_5S）$_2$Fe]、亚硫酸（H_2SO_3）或硫酸（H_2SO_4）等化合物，对机器、管道、油罐、炼油塔等金属设备会造成严重腐蚀。含硫原油或油品燃烧可产生二氧化硫（SO_2）、三氧化硫（SO_3），会强烈腐蚀金属机件及污染环境。因此，硫含量常成为评价原油和天然气质量的一项重要指标（见表 1-1）。

表 1-1 硫含量分类

分　类	原油硫含量/%	天然气硫化氢含量/（g/m³）	分　类	原油硫含量/%	天然气硫化氢含量/（g/m³）
高含硫	≥2	≥30	低含硫	≥0.01~<0.5	≥0.02~<5
中含硫	≥0.5~<2	≥5~<30	微含硫	<0.01	<0.02

胶状-沥青状物质（简称胶质-沥青质）是结构复杂、组成不明的高分子化合物的复杂混合物。胶质通常为褐色至暗色的黏稠、流动性差的液体或无定形固体，受热时熔融。沥青质为固体无定形物，黑色，相对密度略大于 1。沥青质加热至 350℃以上，也不熔化，只分解为气体和焦炭。原油中的大部分硫、氮、氧元素及绝大多数金属元素均集中存在于胶质-沥青质中。胶质-沥青质为原油中的最重组分，原油、沥青等颜色主要由胶质-沥青质所决定。

1.1.2 原油的基本性质及分类

原油的性质取决于其化学组成。原油的基本性质及分类主要有以下几个方面：

（1）颜色和气味（Color and Odor）

原油的颜色有黑、褐、棕、绿、黄等，也有无色的。我国原油多为黑色、褐红色、绿色。大多数原油除了有颜色外还具有显著的荧光。荧光是物质吸收光后又发射出光的一种性质。颜色浅的原油一般密度小、黏度低、油中含轻烃成分较多；颜色深的原油一般密度大、黏度高、油中含重烃成分多。各地的原油都有自己独特的气味。当含有较多的含硫化合物和含氮化合物时，气味难闻。

（2）密度（Density）

原油一般比水轻，相对密度一般在 0.75~0.95 之间。原油按密度可分为三类（表 1-2）：轻质原油、中质原油和稠油。我国原油密度大部分在 0.87g/cm³ 以上，偏重。

表 1-2　原油密度的分类标准

分　类	原油密度/(g/cm³)	分　类	原油密度/(g/cm³)
轻质原油	<0.87	重质原油	≥0.92~<1.0
中质原油	≥0.87~<0.92	超重原油	≥1.0

如果原油含轻质成分多，含胶质和沥青质少，密度就小。知道原油和油品的密度，就可以将容积换算成质量，或将质量换算成容积，这对于原油和油品的发送、储存和运输是很方便的。我国计量原油的单位一般用吨，而国际上计量原油的单位一般用桶（Barrel，bbl）作单位，这是由于原油在历史上开始生产时用木制啤酒桶盛装而沿用下来的。1 桶原油约等于 0.159m³。如果以沙特阿拉伯的轻质原油（相对密度为 0.855）作为国际标准原油，按此标准换算，1 桶原油约等于 0.136t，1t 原油约等于 7.36 桶。若国际原油价格为 70 美元/桶，美元与人民币汇率为 1:6.4，则 1t 原油价格约折合为 3300 元人民币。

（3）黏度（Viscosity）

一般采用黏度表征流体的流动能力，流体黏度越大，流体越不容易流动。常用原油的黏度值衡量原油流动能力。根据原油的黏度将原油进行分类，地层原油黏度大于等于 50mPa·s 的原油，称为稠油。稠油又可按黏度大小分为普通稠油、特稠油、超稠油（表 1-3）。原油黏度越大，则越不容易开采和输送。原油的黏度一般随温度的增高而减小，随密度的减小而减小；含烷烃多的原油黏度较小，含胶质、沥青质多的原油黏度相对较大。

表 1-3　稠油的分类标准

分　类	第一指标，黏度/(mPa·s)	第二指标，相对密度(20℃)
普通稠油	50*（或 100）~10000	0.92
特稠油	10000~50000	0.95
超稠油（天然沥青砂油）	>50000	0.98

* 指油层条件下的原油黏度，其他为油层温度下的脱气油黏度。

（4）凝固点（凝点）（Freezing Point）

原油在温度降低到某点时，由于油中溶解的蜡质结晶析出，原油黏度增大，失去了流动能力，这时的温度叫凝固点或凝点。由于原油是多种烃的混合物，所以它不是在同一温度下凝固，而是在一个温度范围内凝固。原油的蜡含量越高，凝点就越高（见表 1-4）。含蜡较多的原油在 20℃ 就凝固了，含蜡少的原油在 -20℃ 也不会凝固。原油凝固点大于等于 40℃，称为高凝油。不同产地的原油，其物理化学性质差异很大（表 1-4）。

表 1-4　我国主要油田原油的部分性质

原 油 名 称	大庆	长庆	胜利	孤岛	辽河	中原	新疆
密度/(g/cm³)	0.8554	0.8348	0.9005	0.9495	0.9204	0.8466	0.8538
运动黏度(50℃)/(mm²/s)	20.19	4.866	83.36	333.7	109	10.32	18.8
凝点/℃	30	14	28	2	17	33	12
蜡含量/%(m)	26.2	13.1	14.6	4.9	9.5	19.7	7.2
庚烷沥青质/%(m)	0	0.4	<1	2.9	0	0	—
残炭/%(m)	2.9	2.22	6.4	7.4	6.8	3.8	2.6
硫含量/%(m)	0.1	0.09	0.8	2.09	0.24	0.52	0.05
氮含量/%(m)	0.16	0.16	0.41	0.43	0.4	0.17	0.13

注：m 表示质量分数。

3

（5）闪点、燃点、自燃点（Flash Point，Ignition Point，Spontaneous Combustion Point）

原油和成品油受热蒸发后，蒸发出来的油气和空气接触后，遇上点火，会发生短促的闪光，这时的温度叫闪点。如继续加热，点火后不但有闪光，而且油会燃烧，这时的温度叫燃点。原油和成品油达到一定的高温时，虽不点火，也能自行燃烧，原油和成品油自燃的最低温度叫自燃点。原油和成品油越轻，其闪点和燃点越低，而自燃点却越高，如汽油的闪点为 $-30 \sim -40℃$，煤油的闪点为 $26 \sim 50℃$，而汽油的自燃点在 $400℃$ 以上，柴油的自燃点只有 $220 \sim 250℃$。

原油和成品油容易在摩擦时产生静电，在适当的条件下会迸发火花，引燃原油和成品油的蒸气，引起爆炸和火灾。油槽车在运输的路上，汽油与槽壁互相摩擦，也会产生静电。为此，需给油槽车装上一条铁链，这条铁链上端连着油槽，下端拖在地上，产生的静电就可以通过铁链流到地里。进入油库的人不能穿着有钉子的鞋，以防铁钉或铁掌与地面摩擦生电。

（6）发热量（Calorific Value）

发热量，又称热值，是指单位质量（或体积）的燃料完全燃烧后所放出的热量。原油是优质燃料，平均发热量为 41816kJ/kg（10000kcal/kg），其折标准煤的平均系数为 1.4286，见表1-5。

表1-5 能源平均发热量和折标准煤系数

能 源 名 称	平均发热量/（kcal/kg）	折标准煤系数/（kg 标煤/kg）
标准煤	7000	1
原煤	5000	0.7143
原油	10000	1.4286
汽油	10300	1.4714
煤油	10300	1.4714
柴油	10200	1.4571
液化石油气	12000	1.7143
油藏天然气	9310kcal/m³	1.3300kg 标煤/m³
气藏天然气	8500kcal/m³	1.2143kg 标煤/m³

注：油气当量（Oil-gas valent weight），是根据原油和天然气的热值折算而成的油气产量，单位为 t。中国规定的油气当量计算公式为，$1255m^3$ 天然气 = 1t 原油。

（7）残炭值（Carbon Residue）

在规定的条件下（在氮气气氛中，按规定的温度程序升温，加热到 $500℃$），将原油或油品加热至高温，最终剩下焦黑色残留物，此残留物占试验用油的质量百分比，叫作原油或油品的残炭或残炭值。原油中沥青、胶质和芳烃的含量越高，残炭值越高。残炭值是衡量原油和油品质量的指标，油品残炭值越高，其积炭倾向就越大。

（8）溶解性（Dissolubility）

原油不溶于水，能溶于有机溶剂（如氯仿、四氯化碳、苯、醇等）。原油及其一些原油产品本身是很好的有机溶剂，能溶解碘、硫、橡胶和大多数的动物油和植物油。

1.2 天然气的基本性质及分类

1.2.1 天然气基本性质

石油工业中所说的天然气，实际上是石油存在的另一种形式。天然气的主要化学成分是气态烃，以甲烷（CH_4）为主，其中还含有少量的 $C_2 \sim C_5$ 烷烃成分及非烃气体。非烃气体为氮气(N_2)、二氧化碳(CO_2)、一氧化碳(CO)、硫化氢(H_2S)、氢气(H_2)及微量的惰性气体。纯的甲烷气体是无色无味的气体，由于常含有 C_2~C_5 烷烃成分及 H_2S 气体，所以天然气有时有汽油味或硫化氢味。其相对密度一般在 0.5~0.7 之间，比空气轻。

天然气在原油和水中的溶解性主要与温度、压力有关。如在高压下，每吨水中含气可以达到几到几十立方米。天然气在地层水中的溶解不仅可以形成丰富的水溶气资源，也对天然气藏的形成过程有重要的影响。天然气的分子体积小，在地下具有很强的扩散性，甚至可以通过泥岩的微小孔隙发生扩散作用。

天然气与空气混合的爆炸极限浓度范围大致为 5%~15%，即天然气占混合气体的比例为 5%~15%，只要点火就会产生爆炸。天然气的发热量相当标准煤的 1.2~1.7(见表1-5)。

天然气是现今公认的最清洁的优质燃料，比固体和液体燃料更为方便，其热值较原油的更高(见表1-5)，而且对环境的污染很少。天然气、原油、煤炭燃烧后，按同等发热量计算，其燃烧残留物的灰分比是 1∶14∶148；二氧化硫比是 2∶400∶700；二氧化氮比是 1∶5∶10；二氧化碳比是 3∶4∶5。

1.2.2　天然气分类

按油气藏分类，天然气可分为气藏气、油藏气和凝析气藏气。气藏气主要为甲烷，一般含量在 85%以上，乙烷至丁烷含量不大，戊烷以上的烷烃含量甚微；油藏气也称伴生气，与油藏伴生，它的特征是乙烷和乙烷以上的烃类含量较高；凝析气藏气，除含有大量的甲烷之外，戊烷及其以上的烃类含量较高。

按烃类的组成分类，天然气可分为湿气(Wet gas)和干气(Dry gas)。湿气，又称富气(Rich gas)，通常指甲烷含量小于 95%，气油比大于 $18000 m^3/m^3$，地面油密度介于 0.70~0.80g/cm^3 之间的烃类混合物。湿气在储层条件下呈气态，采到地面后除绝大部分仍为气态外，还能凝析出少量液态烃类混合物。干气，通常指甲烷含量大于 95%，含少量乙烷或含乙烷以上的烃类气体。干气在储层条件下呈气态，采到地面后仍为气态烃类混合物。

按硫化氢和二氧化碳含量分类，天然气可分为净气和酸气。净气是指天然气中硫化氢和二氧化碳含量甚微或不含，不需脱除即可达到管输标准或达到商品气质量要求的天然气；酸气是指硫化氢和二氧化碳等含量超过有关质量要求，需要脱除后才能达到管输标准或成为商品气的天然气。

1.2.3　天然气水合物(Natural Gas Hydrate)

又称可燃冰，是甲烷与水在低温和高压环境下相互作用形成一种冰状的水合物。$1 m^3$ 天然气水合物可释放出 $164 m^3$ 的甲烷气和 $0.8 m^3$ 的水。地球上天然气水合物中甲烷总量约为 $2.0 \times 10^{18} m^3$，主要存在于海洋和冻土地带。科学家估计，海底天然气水合物的资源量足够人类使用 1000 年，是迄今为止海底最具价值的矿产资源。我国天然气水合物的资源量超过 2000 亿 t 油气当量。

天然气水合物开采技术包括降压法、原位破碎抽取法、CO_2 置换法、加热法及注入抑制剂法等，其中降压法和原位破碎抽取法是主要研究方向，试采试验都取得了较好效果。但天然气水合物的开采技术仍需要不断进步，走向成熟。如果开采不当，则会对自然环境带来极大的灾害和负面影响：①可能引发极为严重的地质灾害，如：海底滑塌、滑坡等；②可能引发极为严重的温室效应：CH_4 大量释放过程中存在失控的可能性，而且 CH_4 具有很强的热辐射性质，其温室效应潜力为 CO_2 的 20 倍。

1.3 石油与天然气的用途

1.3.1 古代人对石油的利用

虽然古代人把石油主要用于照明、防腐、建筑、医药、战争等方面，但使用很有限。公元前480年，在第三次希波战争(希腊与古波斯即今伊朗)中，古波斯人用蘸有当地称为"魔鬼的汗水"即石油的火箭攻破雅典城，赢得德摩比利战役的胜利。这是人类历史上第一次将石油用于军事战争。古代中东地区称石油为"木乃"(阿拉伯语音译)，其源于公元前2500年。古埃及人不但修建了举世闻名雄伟壮丽的金字塔，而且以塔作为陵寝，用曾浸透过防腐沥青和香料的布包裹殓存国王长老的遗体"木乃伊"(如胡夫、哈夫拉等法老国王)。公元前1000年左右，有人在约旦河流域的上游开发沥青矿并延续至今。公元600年，巴比伦人开始掌握用沥青掺和沙石修筑道路的技术，并修建了人类历史上第一条用沥青铺造的道路。

中国是世界最早发现和利用石油与天然气资源的国家之一。在我国古代文献中很早就有关于天然气燃烧的记载(约成书于公元前1066~公元前771年)。我国最早关于石油的记载见于东汉时期班固(公元32~92年)所著的《汉书·地理志》："上郡高奴县，有洧(音wěi)水可然"。高奴指今陕西省延安、延长县一带，洧水是延河的一条支流，今名清涧河，"然"是古代燃字。它确切地描述了河流水面上有像油一样的黏稠液体可以燃烧。可见，约在2000年以前我国就发现了能够燃烧的陕北石油。

"石油"这一科学术语是我国宋代著名科学家沈括(1031~1095年)在《梦溪笔谈》一书中首先提出的。他在《梦溪笔谈》中提出："石油生于水际沙石，与泉水相杂惘惘而出……"。在描述了陕北富县、延安一带石油的性质和产状后，进一步提出了："……盖石油至多，生于地中无穷，不若松木有时而竭"的科学论断，并且预言"此物后必大行于世"。他还第一次用油烟做墨，即现代的所谓炭黑。石油的英文Petroleum一词，则源于希腊文Petra(岩石)和拉丁文Oleum(油)，意指岩石中的油。

我国古代军事家很早就把火攻作为克敌制胜的重要手段。早在公元前770~公元前221年的春秋战国时期就有许多火攻的战例。起初，作为火攻燃料的都是未加工的石油。到了后来，在火攻中就逐渐使用石油加工产品，当时称为"猛火油"或"火油"。

远在1100多年前我国就发现库车一带的石油、沥青宛如奶酪一样黏稠，而且尝试用于医疗等。我国明代大药学家李时珍(公元1518~1593年)在《本草纲目》中详细记述了石油的性质与其医药功能。我国古代人民在长期的观察实践中不仅发现了直接敷用石油可治疥癣等疾，而且还可利用石油配制其他药物。

公元1644年，清代刘岳云在《格物中法》中记载了"石油自汉时已著书，其后地志所载，益知产处甚多。由是以烟制墨，以油焚营，清者燃灯，浊者膏物。"浊者膏物就是用高黏度的石油做润滑剂和涂料来润滑轮轴，或是将其涂敷到皮革制品上用于防腐。

我国古代四川的天然气井是在掘凿盐井的过程中发现的。据记载，有时一口火井(天然气井)可烧盐锅多达700余口。

1.3.2 现代石油、天然气的用途

在20世纪以前的漫长岁月里，石油仅仅用于照明、医药、建筑等。石油只是近百年来，随着炼油、化工的发展才有了目前广泛的用途。石油的主要用途可以概括为两大方面：

(1) 汽车、飞机、轮船、各种机器的动力燃料、工业锅炉和人民生活的燃料；

(2) 基础化工、润滑剂和民用、建筑、交通等材料领域的基础原料。

目前世界各地所产的原油绝大部分被加工成汽油、柴油、煤油、润滑油、石蜡、沥青等产品。20世纪50年代以后，石油化学工业蓬勃兴起，石油作为基础化工原料，被进一步加工成合成纤维、合成橡胶、合成塑料和合成氨等多种化工产品。至此，人类才真正认识到石油、天然气的宝贵价值和重要作用。

90年代末，天然气合成油(Gas-To-Liquids，简称GTL)技术有了长足进步。GTL技术是指利用化学方法调整天然气分子链，通过一系列复杂工序将其转化为液态燃料(Liquid fuel)，如汽油(Gasoline)或柴油(Diesel fuel)。

进入21世纪之后，石油、天然气的应用飞速迈进化工时代，现在可以提供5000多种以上的化工原料，显示出石油工业对经济发展的举足轻重的作用。在世界资源宝库中，无论是从产品的价值还是从用途的广泛程度而论，没有任何一种不可再生的资源能与石油、天然气相匹敌。石油、天然气可称之为百宝之源，用途广泛，在工业、农业、交通运输、国防和人们日常生活中的衣食住行等方面几乎达到无所不在、无所不能、无时不用的程度。

1.4 石油、天然气在国民经济中的地位

石油是工业的血液。石油主要消费在工业部门，其次是交通运输业、农业、商业和生活消费等部门。无论是在中国，还是在西方发达国家，石油、天然气都是国民经济发展的支柱产业(表1-6)。

表1-6 2010年与2020年世界各国一次能源消费结构比例对比(BP能源统计，2020)　%

区域	原油(Oil)		天然气(Gas)		原煤(Coal)		核能(Nuclear energy)		水力发电(Hydro-electricity)		可再生能源(Renewables)	
	2010	2020	2010	2020	2010	2020	2010	2020	2010	2020	2010	2020
中 国	17.6	19.6	4.03	8.18	70.5	56.6	0.69	2.23	6.71	8.07	0.50	5.36
美 国	37.2	37.1	27.2	42.3	23.0	11.3	8.41	9.51	2.57	2.92	1.71	7.00
日 本	40.3	37.9	17.0	22.1	24.7	26.8	13.2	2.23	3.85	4.05	1.02	6.64
印 度	29.7	28.2	10.6	6.72	53.0	54.9	0.99	1.25	4.81	4.53	0.95	4.47
德 国	36.0	34.8	22.9	25.8	23.9	15.2	9.95	4.71	1.35	1.40	5.82	18.3
加拿大	32.3	31.3	26.7	29.7	7.39	3.67	6.41	6.38	26.2	25.1	1.04	3.96
韩 国	41.4	41.6	15.1	17.3	29.8	25.7	13.1	12.0	0.31	0.25	0.20	3.05
法 国	33.0	30.8	16.7	16.8	4.79	2.18	38.4	36.1	5.67	6.21	1.35	7.82
英 国	35.3	34.7	40.4	37.9	14.9	2.76	6.74	6.53	0.38	0.87	2.34	17.4

第2节　石油工业发展历程

2.1 石油工业行业特点

石油行业(Petroleum Sector)属于国民经济发展的第二产业。根据涵盖业务类型的不同，石油行业又分为上游、中游和下游，上游—中游—下游产业链的关系非常密切，具有非常鲜明的产业链结构和产业链信息传递效应，石油行业产业链结构见图1-2。上游从事的业务主

要包括石油、天然气的勘探、开发，中游主要是油气的存储与运输，下游则涵盖炼油、化工、天然气加工等流程型业务及加油站零售等产品配送、销售型业务。

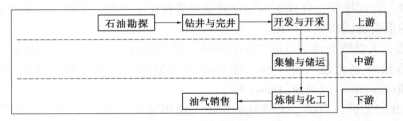

图 1-2　石油行业产业链结构

通常情况下，将以石油和天然气为原料生产石油产品（Petroleum Products）和石油化工产品（Petrochemical Products，Petrochemicals）的物质生产部门称为石油化学工业（Petrochemical Industry，简称石化工业），而从事石油和天然气的勘探、开发、储存和运输等的生产部门，则统称为石油工业（Petroleum industry）。

石油是深藏地下的流体矿藏，这决定了油气勘探、生产过程必然是一个越来越难、越来越复杂的过程，必须不断采用新技术、新工艺、新装备，才能提高资源探明率和油气田采收率。油气勘探风险大、周期长，在一个有油气前景的地区，从普查勘探到发现油田，形成一定生产规模，一般需要 9 年左右。油气生产过程中不断需要投入巨量资金，油气采出后还需要经过净化、运输等才能送达下游用户，这又需要投入巨量资金。如"西气东输"一线工程投资总额为 1200 亿元，"西气东输"二线工程投资约为 1420 亿元。

就石油名词本身来说，我国的全国科学技术名词审定委员会（China National Committee for Terms in Sciences and Technologies）在 1994 年审定通过的就有 12 大学科门类：总类、油气地质勘探、石油地球物理、地球物理测井、钻井工程、油气田开发与开采、石油炼制、石油化工、海洋石油技术、油气收集与储运工程、石油钻采机械与设备、油田化学等，共 7875条。石油工业涉及 200 多种专业学科，目前，设有资源勘查工程、勘查技术与工程、石油工程、油气储运工程、化学工程与工艺、应用化学、机械设计制造及其自动化、机械电子、国际经济与贸易、会计学、财务管理等专业。

上述特点使得石油工业成为高风险、高投入、周期长和技术密集的行业。

2.2　世界石油与天然气工业发展历程

2.2.1　世界石油工业诞生的标志——德雷克井

在西方工业革命及美国工业化进程不断推进的大背景下，1859 年 8 月 27 日，美国人埃德温·德雷克（Edwin L·Drake，1819—1880）在美国宾夕法尼亚州泰特斯维尔小镇（Titusville），用钻盐井的冲击钻机钻成了第一口石油井——德雷克井（Drake Well），发现和开发了第一个油田。这是第一口具有商业性质的油井，随之而来形成了如同以往淘金热一样的找油热潮，石油工业迅速在美国东部兴起，从此世界石油资源进入到商业性的开发阶段，因此，德雷克油井标志着世界石油工业的诞生。

图 1-3（a）是 1959 年 8 月 27 日美国发行的"石油工业 100 周年"首日封，封上贴"石油工业 100 周年"邮票（这是美国迄今唯一的纪念石油工业的邮票），图中左侧是德雷克井。图 1-3（b）是 1984 年发行的"石油工业 125 周年"美术明信片，明信片的中间和右边是德雷克井，左边是德雷克纪念馆。

(a)   (b)

图 1-3　美国石油工业纪念邮票和明信片

2.2.2　世界石油工业的发展历程

世界石油工业的历史，大体上可以划分为四个阶段：

第一阶段：从 1859 年到 20 世纪 20 年代；

第二阶段：从 20 世纪 20 年代初到第二次世界大战结束(1945 年)；

第三阶段：从第二次世界大战结束到 20 世纪 70 年代后期；

第四阶段：从 20 世纪 70 年代后期以来。

2.2.2.1　第一阶段(1859~1920 年)

这个阶段主要有以下几个特点：

(1) 石油工业刚刚在世界上兴起，一些国家陆续发现和开始开采石油，起主导作用的只有 2~3 个国家。到 1920 年，全球产量达到 68888.4 万 bbl(约 1 亿 t)，其中：美国占 64.3%，墨西哥占 22.8%，苏联占 3.7%，亚洲、中东占 6.1%，其他国家共占 3.1%。

(2) 这个时期的主要石油产品是灯用煤油，汽油被看作"危险"的副产品。煤油作为一种新的照明燃料而受到欢迎，但市场需求有限，世界市场的需求上升不快。石油工业处于"煤油时期"。

(3) 石油工业在一些国家逐步形成完整的工业体系，一批规模比较大的石油公司已经形成，出现了垄断。在世界石油市场上，形成了美国新泽西标准石油公司、纽约标准石油公司、英荷壳牌集团、英波石油公司和诺贝尔兄弟石油公司、罗思柴维尔德家族的寡头垄断，他们控制了世界石油贸易量的绝大部分。

2.2.2.2　第二阶段(1920~1945 年)

世界石油工业的第二阶段，大致开始于 20 世纪 20 年代初，止于第二次世界大战结束(1940~1945 年)。这是石油工业在世界范围内蓬勃发展的时期。它的主要特点如下：

(1) 汽车工业的迅速发展和汽车进入千家万户，汽油的需求急剧增加，使石油工业进入了"汽油时代"。1911 年，汽油的销售量首次超过煤油。汽油需求的急速增长带动了石油生产的迅速增长。1919 年美国每天的石油需求量是 103 万 bbl，1929 年达到 258 万 bbl。石油在能源中的比重从 10% 增长到 25%。世界石油总产量在这一阶段保持了快速增长的势头。全球石油总产量，1921 年首次突破 1 亿 t 大关，1934 年突破 2 亿 t，1941 年突破 3 亿 t。1945 年世界石油总产量达到 3.5 亿 t。

(2) 世界上石油生产的范围和规模迅速扩大，除了 20 世纪 10 年代在古巴、哥伦比亚、委内瑞拉、捷克斯洛伐克、阿尔巴尼亚、摩洛哥、埃及、巴基斯坦先后发现油田外，20~40 年代，又有五大洲的一批国家进入产油国的行列，其中最主要的是委内瑞拉迅速上升为第二大产油国；中东阿拉伯国家相继发现大型和巨型油田。

（3）国际石油垄断组织卡特尔的形成。进入 20 世纪 20 年代，在资本主义世界，各大石油公司展开了激烈的市场争夺。以英荷壳牌集团、新泽西标准石油公司和英波石油公司为核心的世界石油垄断集团初步形成。1932 年 12 月，三巨头又签订"分配协定原则"，规定了以后缔结地区性卡特尔协定的条件，排除外来竞争者的措施。1934 年 6 月，这三家签订备忘录，规定了资本主义石油市场原油定价的原则——海湾基价加运费的计价制度。

2.2.2.3　第三阶段（1945～1973 年）

第二次世界大战结束到 70 年代中期，是世界石油工业急速成长的"黄金时期"，其主要特征有：

（1）世界石油产量和探明储量以很高速度增长。1945 年，年产量是 35537 万 t，1950 年总产量 53845 万 t，1960 年达 108142 万 t，到 1970 年达 232412 万 t。20 年间年产量净增加 17 亿多吨，达到 1950 年的 4 倍多。

（2）这一阶段最突出的是中东取代美国、苏联，发展成为世界石油工业的中心。在波斯湾周围陆上和海上，获得了油气勘探的胜利。除战前已发现的科威特的布尔干（Greater Burgan）油田（1938 年发现，战后探明并投入生产，储量 94.5 亿 t）、伊朗的阿加贾里（Aghajari）油田（1936 年发现，储量 13.8 亿 t）在这个时期先后投入开发外，1940～1964 年间这个地区在此期间发现多个储量 3 亿 t 以上的大油田。

这样，海湾地区的石油产量迅速增加，而且绝大部分供出口，因而也是世界最主要的石油供应地。1961 年，中东石油产量已占世界石油总产量的 25.1%，出口占世界总出口量的 51.6%。1970 年，中东石油总产量上升到 69929 万 t，占世界石油总产量的 30.5%，其出口量占世界的 50%。1974 年，中东的产量占世界的比重达到最高峰，为 38.9%；而 1975 年该地区的总产量达到 98477 万 t，占世界的比重达到 37%；其石油出口量占世界的比重也达高峰，为 61%。

（3）整个非洲的石油产量也有了迅猛的发展。1961 年 2384 万 t，1965 年超过 1 亿 t，为 10710 万 t，1970 年达到 29332 万 t 的高峰。

（4）产油主权国为维护本国石油权益，纷纷进行国有化运动，成立国家石油公司。

1960 年 9 月 10 日，伊朗、伊拉克、科威特、沙特阿拉伯和委内瑞拉的代表在巴格达开会，决定联合起来共同对付西方石油公司，维护石油收入，14 日，五国宣告成立石油输出国组织（Organization of the Petroleum Exporting Countries，简称 OPEC，音译为"欧佩克"），总部设在维也纳。欧佩克的宗旨是，协调和统一成员国的石油政策，确保石油市场的稳定，为石油消费者提供安全高效、经济和正常的供应，为石油生产商带来稳定收入，为资本在石油工业中的投资提供公平回报。随着成员的增加，欧佩克已发展成为亚洲、非洲和拉丁美洲一些主要石油生产国的国际性石油组织。欧佩克现有 13 个成员国（截至 2022 年 2 月），它们分别是阿尔及利亚、安哥拉、刚果、赤道几内亚、加蓬、伊朗、伊拉克、科威特、利比亚、尼日利亚、沙特阿拉伯、阿拉伯联合酋长国、委内瑞拉。2020 年其原油产量占世界总产量的 35%。

（5）石油危机的产生。所谓的石油危机是指世界经济或各国经济受到石油价格的变化所产生的经济危机。最严重的石油危机是第一次石油危机，又称作 1973 年石油危机。由于 1973 年 10 月第四次中东战争爆发，石油输出国组织（OPEC）为了打击对手以色列及支持以色列的国家，宣布石油禁运，暂停出口，造成油价上涨。当时原油价格曾从 1973 年的每桶不到 3 美元涨到超过 13 美元，此时正值西方资本主义经济危机刚刚开始，原油价格在短期内暴涨，导致依靠大量进口石油的主要资本主义国家日本、西欧和美国的经济危机程度加剧，经济与社会一片混乱。1974 年的经济增长率，英国为 −0.5%，美国 −1.75%，日本 −3.25%。直到 1978 年，国际经合组织(Organization for Economic Cooperation and Development，简称 OECD)国家的经济增长率才回升到 3.5%，远低于危机前 10 年平均值 5.5%。

2.2.2.4　第四阶段(1973 年以后)

这一阶段世界石油工业发生了重要的变化，主要特点是：

(1)世界石油工业的基本特点是在大动荡、大改组中继续波浪式发展。

80 年代中期和 90 年代后期，世界大跨国公司进行了两轮大兼并、大改组。在油田技术服务领域，80~90 年代不断地重新组合，形成一批综合性的、实力更强的巨头企业。

(2)整个世界石油的储量和产量，70 年代达到了高峰；而且，在 70~80 年代，世界许多主要产油国的产量也先后达到高峰。80 年代以来的总量增长，不再是少数国家起"擎天柱"作用，而是由于更多地区发现了石油，更多的国家加入产油国的行列。

(3)国家石油公司逐渐成为世界石油工业的主力军，是世界石油舞台上的主角。国家石油公司拥有的油气资源远远超过国际石油公司。

2.2.3　世界天然气工业的发展历程

2.2.3.1　美国开创了天然气工业

天然气工业的发展取决于市场需求，也取决于管道业的发展。

1930 年，美国建成第一条跨州输气管道，天然气开始了跨州贸易。1936~1940 年 5 年间，美国共找到大型和较大型气田 220 个。1945 年的天然气可采储量已高达 41850 亿 m^3，年产天然气 1145 亿 m^3，占当时全世界天然气总产量的 90% 以上。

2.2.3.2　世界天然气大发现、大增长的年代

第二次世界大战结束后，开始了世界天然气储量大发现和产量大增长的时期。

美国 1954 年起实行对天然气井口价格的控制，采用成本定价法，保障了天然气生产商的利益，促进了天然气的发展。美国这个时期一共发现大小气田 4395 个，其中大型和较大型气田 189 个。1970 年美国的天然气剩余可采储量高达 82331 亿 m^3，1972 年天然气产量达到 6208 亿 m^3 的最高纪录。此时，美国的天然气输气管道总长已经达到 152.5 万 km。此后，美国的天然气储量和产量开始递减。

这一时期天然气工业最兴旺发达的国家还有苏联。1970 年达到 1979 亿 m^3，是其 1945 年的 58 倍，成为世界上的天然气生产大国。另外，苏联在政策上采取低气价、鼓励消费的政策。政府投入大量资金，建设大口径管网，而且向东欧国家输气。大量的大型、超大型气田的发现，输气管网的基本建成和大口径输气管道的建设经验，为苏联 1970 年以后天然气工业的更大发展奠定了基础。

此后，在世界各地进一步发现了一批大气田，主要有苏联的波瓦尼科夫(Bovanen)气田，世界第二大气田坎甘(Kangan)大气田、欧洲的北海气田等，使天然气可采储量进一步迅速增加。世界探明天然气储量从 1970 年的 39.4 万亿 m^3 增加到 1990 年的 130.26 万亿 m^3，2000 年已增加到 149.38 万亿 m^3。天然气探明储量大于 1 万亿 m^3 的国家，已经由 1970 年的 10 个增加到 1990 年的 16 个，2000 年已增加到 22 个。

巨大的后备储量为全球天然气产量的大发展准备了充分的资源。同时，60 年代天然气液化相关技术的形成与配套，70 年代特大口径长距离输气管线和海底输气管线的大规模建设，为天然气产量的持续增长创造了重要前提。

世界商品气产量从 1970 年的 10401 亿 m³ 增长到 1990 年的 20712 亿 m³，翻了一番。年产气量超过 100 亿 m³ 的国家从 1970 年的 10 个增加到 1990 年的 22 个（包括中国）。2020 年世界天然气产量为 38537 亿 m³（2020 年 BP 能源统计）。

2.2.4 海洋油气资源的开发

地球表面积的 71% 被海洋所覆盖，海洋地层中蕴藏着十分丰富的石油和天然气。全球石油界已形成了共识：海底油气特别是深海油气是未来世界油气资源接替的重要区域。1947 年 11 月 14 日在美国路易斯安那州的墨西哥湾钻探成功世界第一口海上油井（图 1-4）。由于海洋勘探技术比较复杂，因此海洋石油勘探比陆地推迟将近 100 年。

图 1-4　世界第一口海上油井

不少陆上发现的滨海油田都向海中延伸，早期的海上油气勘探开发，都是采用"跟踪追击"方法，从陆上追到海里去，开发海滩下面的油气资源。第二次世界大战以后，随着科学技术的进步，人们开始从浅滩走向浅海，从浅海走向深海，在世界各大海域开展了大规模的油气勘探和开发活动。20 世纪 80 年代中期，人们开始向 1500ft(328m) 以上的深水海域进军。

最近十几年全球大型油气田的勘探实践表明，陆上油气资源已日渐枯竭，60%~70% 的新增石油储量均源自海洋，海洋已成为全世界油气资源接替的主要区域。

近年全球获得的重大勘探发现中，有近 50% 来自深水海域。国际石油学界不断刷新着深海的定义，起初是 200m 水深，后来是 300m，现在一般将水深 500m 以上的海域视为深海，而超过 1500m 水深则为超深海。巴西石油公司的深水油气最大钻深已超过 3000m，深水油气开发正在成为世界石油工业的主要增长点和科技创新的前沿。

2005 年，美国地质勘探局(United States Geological Survey，简称 USGS)和国际能源署(International Energy Agency，简称 IEA)估计，全球深水盆地潜在石油储量可能超过 1000 亿~1500 亿 bbl。目前全球有 60 多个国家进行深水油气勘探，累计发现的石油地质储量超过 250 亿 bbl，天然气达到 160 亿 bbl 油当量。2000~2005 年全球新增油气为 164 亿 t 油当量，深水占 41%，而浅海和陆地只分别占 31% 和 28%。2010 年深海原油产量达 850 万 bbl/d、4.3 亿 t/a，能满足全球石油需求的 9%。未来世界近 50% 的油气将会来自海洋。

目前海上石油勘探开发已形成三湾、两海、两湖（内海）的格局。"三湾"即波斯湾、墨西哥湾和几内亚湾，"两海"即北海和南海，"两湖（内海）"即里海和马拉开波湖。波斯湾的沙特、卡塔尔和阿联酋，墨西哥湾的美国、墨西哥，里海沿岸的哈萨克斯坦、阿塞拜疆和伊朗，北海沿岸的英国和挪威，以及巴西、委内瑞拉、尼日利亚等，都是世界重要的海上油气勘探开发国。其中，巴西近海、美国墨西哥湾、安哥拉和尼日利亚近海是备受关注的世界四大深海油区，几乎集中了世界全部深海探井和新发现的储量。近年来，巴西盐下、东地中海、东非等其他深水区相继取得突破，发现了一大批世界级的大油气田。全球 90% 左右的已发现深水石油储量集中在巴西、西非、美国墨西哥湾和挪威四大海域，亚太作为迅速崛起的深水新区，也非常值得关注，全球已进入深水油气开发阶段。

2.3 中国石油工业发展历程

中国是世界上最早用近代机械开采石油的国家之一，但是形成石油工业体系则比较晚。1876~1887年(清光绪年间)，开办的官营苗栗油矿(在我国台湾地区)，于1878年聘用美国技师并采用从美国买回的蒸汽机驱动的新型顿钻钻机，钻成了中国第一口油井——苗1井(井深120m，日产油0.75t)。但前后钻了6口井后，由于产量低、技术等各种原因，勘探和开发没能继续进行，也未能形成规模。

1907年成立延长石油官厂，从日本购得顿钻一套，雇用日本技师1人，技工6人，于当年6月25日正式开钻中国陆上第一口井——延一井(图1-5)，9月6日钻至68.89m处见旺油，9月10日钻至井深81m处完井，日产原油1~1.5t，并就地建起小铜釜试炼，日产灯用煤油12.5kg；10月，安装了从日本进口的炼油釜，所产煤油运往西安销售，一时"内外传颂，交相称赞"，新任巡抚恩寿拨银20多万两，扩大规模。1909年延长油矿实行"官附商办"，当年派人去日本买设备、请技工，还派出3人去日本越后炼油厂实习。1911年第二口井出油，第三口是干井，日本技工走后，中国工人自己钻成第四口井。

图1-5　中国陆上第一口油井——延一井

与此同时，新疆地方当局自筹资金30万两白银，从俄国购得顿钻钻机一台，炼油釜一套，聘来俄罗斯工匠，1909年在独山子钻出了石油，随后又炼出了煤油。

1939年3月13日，中国人自己在甘肃玉门老君庙以北15m处确定1号井的井位(图1-6)，8月11日，至115.51m处钻遇油层，日喷原油10t左右(1940年春，停止自喷)。1号井出油，拉开了玉门油田的开发序幕。此后完钻的几口井也相继出油。玉门油田当年产油418.85t，1940年产油1346.7t。1941年正式成立甘肃油矿局，到1949年，探明储量1700多万吨，当年产量7万多吨，建成了炼油厂和一整套输油生产系统。自此，中国形成了自己的石油工业。

图1-6　玉门油田第一口油井"老一井"

由于延长和独山子两处油田的生产规模都很小，中国石油史学界大多数人认为，中国的石油工业应以 1939 年甘肃玉门老君庙油田的发现和开发作为开端。

新中国成立之前，中国的石油工业同国外相比极其薄弱。从 1904 年到 1948 年的 45 年中，累计生产原油只有 278.5 万 t，而同期进口"洋油"2800 万 t。新中国成立后，中国石油工业创造了令人瞩目的辉煌业绩，其发展经历了三个发展时期。

2.3.1　恢复和发展期（1950~1959 年）

2.3.1.1　恢复生产期（1950~1952 年）

在此期间，中国石油工业尽快复苏了生产，取得了一些发展，主要开展了以下工作：

（1）以玉门油矿为重点，恢复老油田生产；

（2）以陕、甘地区为重点，开展石油勘探；

（3）积极恢复东北人造石油工业；

（4）积极培养人才，壮大职工队伍。

2.3.1.2　重大突破期（1953~1959 年）

1953 年，中国开始第一个五年计划，石油工业进入了一个新的建设时期。1955 年，国家决定成立石油工业部。同时，地质部、中科院分别承担石油资源的普查和科研工作。职工队伍不断壮大，并在几年内取得两次石油勘探的重大突破，奠定了中国石油工业发展的基础。

（1）石油勘探第一次突破——克拉玛依油田的发现

新疆克拉玛依油田是新中国成立后在准噶尔盆地发现的第一个陆相大油田，是新中国石油勘探史上的第一次重大突破。此油田 1958 年投入开发，克拉玛依油田的发现和开发，表明在陆相沉积地层中找油是有前景的。

图 1-7　大庆油田松基三井

（2）石油勘探第二次重大突破——大庆油田的发现

1959 年，在地质部石油勘查及前人工作基础上，石油部松辽石油勘探局在松辽盆地中部钻探的松基三井（图 1-7），于 9 月 26 日获得了工业油流，发现了大庆油田，实现了中国石油工业发展史上历史性的重大突破。

大庆油田发现的石油地质理论意义在于，证明了非海相沉积物不仅能够生油，而且可以形成具有工业价值的油藏，乃至形成大庆这样的世界级大型油田。这极大地解放了中国石油地质学家的思想，开辟了在中国寻找陆相大油田的新篇章。

2.3.2　高速发展期（1960~1978 年）

20 世纪 60 年代初，面对复杂的国际形势、艰苦的自然环境和困难的物质条件，根据党中央、国务院的战略决策，在石油部党组的领导下，在全国人民和解放军的大力支持下，在我国东北部的松辽盆地开展了波澜壮阔的大庆石油会战。以铁人王进喜为代表的几万石油大军，以为国争光、为民族争气的爱国精神，以"宁可少活二十年，拼命也要拿下大油田"的献身精神，以"有条件要上，没有条件创造条件也要上"的英雄气概，发奋图强，艰苦创业，仅用 3 年时间就高速度、高水平地拿下了大庆油田，一举甩掉了中国贫油的帽子。1964 年，党中央和毛泽东向全国发出"工业学大庆"的号召，大庆油田成为我国工业战线的一面旗帜。大庆石油会战和长期的开发建设实践，不仅为国家创造了巨大的物质财富，而且培育了大庆精神和铁人精神，形成了一整套优良传统和作风。大庆精神是石油战线老一辈领导人和广大石油职工在困难的时候、困难的地方、困难的条件下，学习和运用毛泽东思想，继承和发扬中国共产党、中国工人阶级和中国人民解放军的优良传统，在开发建设大庆油田的实践中逐步培育和形成的，是战争年代革命精神的继承和发展，是中华民族精神的重要组成部分，其基本内涵是："为国争光、为民族争气的爱国主义精神，独立自主、自力更生的艰苦创业精神，讲究科学、'三老四严'的求实精神，胸怀全局、为国分忧的奉献精神。"铁人精神是中国工人阶级的杰出典范、石油工人的优秀代表铁人王进喜给我们留下的宝贵精神财富，那就是："自觉加压、发奋图强为国家分担忧患的民族精神，舍身忘我、拼命大干以发展石油事业为己任的奉献精神，严细认真、一丝不苟对党对人民高度负责的求实精神"。大庆油田占地面积 5479km^2，是中国第一大油田、世界第五大油田，大庆油田创造了一个连续 27 年（1960~2003 年）保持年产原油 5000 万 t 以上的纪录。2020 年，大庆油田继续保持年产油气当量 4000 万 t 以上，持续稳产。

大庆油田不仅为后来石油产量不断增长、满足国民经济发展的需要，提供了资源保证，而且开辟了依靠自己力量发展中国石油工业的道路。1963 年全国产油量达 648 万 t，实现了"石油基本自给"的历史性转变，是中国石油工业发展史上的一次飞跃。1964 年勘探主力又转移到渤海湾盆地，开展了华北石油会战。相继发现了胜利、大港、辽河及华北任丘油田等，使得原油产量高速增长。1965 年突破了千万吨（1131.5 万 t）；过了 8 年（1973 年），超过了 5000 万 t；又过了 5 年（1978 年），突破了 1 亿吨（1.04 亿 t），使得中国跃居世界产油大国的行列，实现了石油工业的高速发展。

2.3.3 持续发展期（自 1978 年以来）

在原油产量达到 1.0 亿 t 以后，我国石油工业仍在持续发展。1997 年，原油产量达到 1.604 亿 t。但是，进入 80 年代以来，东部主力油田相继进入了开采中后期，寻找稳定的油气资源战略接替区，日益紧迫地提上了油气勘探的议事日程。80 年代后期，明确地提出了"稳定东部、发展西部"的战略思想。在努力做好东部油田稳定生产的同时，加强了西部地区，特别是塔里木、准噶尔、吐哈、柴达木和鄂尔多斯盆地的油气勘探工作。经过 20 年的艰苦努力，在塔里木盆地已陆续发现雅克拉油田、轮南油田、塔中和塔河油田等；在鄂尔多斯盆地发现和开发了安塞等油田。1990 年，西部地区产油 964 万 t，到 1997 年增加到 2143 万 t，弥补了东部油区的产量递减，保证了我国原油产量的稳定上升。2005 年我国年产原油 1.814 亿 t，2010 年年产原油 2.03 亿 t，2020 年原油产量 1.95 亿 t。中国的石油企业也在不断地完善、发展、壮大，中国石油企业的发展大致可以分为三个阶段。

第一阶段，1978 年到 1988 年。改革的主要内容是扩大石油企业自主权，推行承包经营责任制；坚持"引进来"的方针，开启石油资源的对外合作；改革石油行政管理体制，组建国家石油公司。这个阶段的标志性事件是 1988 年撤销国家石油工业部。

第二阶段，1989 年到 2001 年。这一阶段主要是推进石油石化产业重组和国有石油企业改制上市，建立现代企业制度；实行政企分开、政资分开，发挥市场在资源配置中的基础性作用；石油公司开始"走出去"，参与国际油气合作。这个阶段的标志性事件是 2000 年前后中国石油、中国石化和中国海油三大公司重组改制，并相继在海外资本市场成功上市。

第三阶段，2002 年至今。改革的重点是按照十六大以来中央关于完善社会主义市场经济体制的要求，改善政府宏观调控，强化市场的作用；推进国家石油公司产权制度改革，健全现代企业法人治理结构；加快企业"走出去"步伐，广泛开展多领域的国际石油合作。

目前中国石油行业形成了以中国石油天然气集团有限公司(简称中国石油，CNPC)、中国石油化工集团有限公司(简称中国石化，Sinopec Group)、中国海洋石油集团有限公司(简称中国海油，CNOOC)、陕西延长石油(集团)有限责任公司(简称延长石油)等为主导的大型国有石油企业，这些石油企业均已发展为石油勘探开发、储运、加工(炼制和化工)及销售权等产业链完整的综合型能源企业，并且努力开拓国际市场，利用国内、国外两种资源，实施跨国经营战略。目前中国石油公司的海外石油业务已经在非洲、中亚、南美、中东和亚太等地区有了良好的发展。

自80年代以来，我国天然气勘探获得了重大进展，特别是"八五"以来，进入了储量增长高峰期。1991~1995年共5年时间的探明储量相当过去40年探明储量的总和。目前，我国已有三个比较大的天然气盆地，分别是四川盆地、鄂尔多斯盆地和塔里木盆地；此外，在柴达木、准噶尔盆地以及东海和南海莺-琼盆地都获得重大发现。2005年我国年产天然气493亿 m^3，2010年年产天然气968亿 m^3，2020年年产天然气1940亿 m^3，并且随着天然气管道(网)及其配套工程建设的不断完善，天然气在能源消费结构中的比例也在不断增加。

我国海洋油气资源开发也取得了很大的进展，据自然资源部2008年的调查数据显示，我国有海域面积300万 km^2，全海域盆地面积160万 km^2，油气地质资源量390亿t。截至2011年，中国已有82个海上油气田投入生产，2010年产量突破了5000万t油气当量。2020年我国海上油气产量突破6500万t油气当量。中国在海洋石油勘探开发领域，立足科技自主创新，攻克多项关键核心技术，相继突破了渤海中深层高效钻完井、海上稠油规模化热采、(超)深水油气田开发、南海高温高压钻完井、非常规油气增产、海上应急救援等关键技术，打破了随钻测井与旋转导向钻井系统、深水钻井表层导管、水下应急封井装置、水下井口采油树等关键装备工具的国外垄断，取得了较大的技术进步。

第3节　石油资源与可持续发展

石油作为人类社会的主要能源，虽然存在碳排放、环境污染等问题，但在目前能源发展条件下仍难以被大规模替代，未来一段时间，仍将是世界经济发展的重要支撑和现代社会的动力基础。因此，世界油气资源的现状以及未来变化趋势均会对世界各国的经济和社会发展产生重大影响。

3.1　世界石油资源分布及供应能力

总体而言，世界石油资源的分布状况极端不平衡：①从东西半球来看，约3/4的石油资源集中于东半球，西半球占1/4；②从南北半球看，石油资源主要集中于北半球；③从纬度分布看，主要集中在北纬20°~40°和50°~70°两个纬度带内。波斯湾(位于阿拉伯半岛与伊朗高原之间的印度洋阿拉伯海西北海湾)及墨西哥湾(位于美国、墨西哥和古巴之间的北美洲南部大西洋的一个海湾)两大油区和北非油田均处于北纬20°~40°内，该带集中了51.3%的世界石油储量；50°~70°纬度带内有著名的北海油田(位于欧洲大陆西北部和大不列颠岛之间)、俄罗斯的西伯利亚油区和伏尔加-乌拉尔油区、阿拉斯加湾油区(位于北美沿岸，阿拉斯加半岛与温哥华岛之间)。

据 2020 年 BP 能源统计数据（表 1-7），2020 年世界原油探明可采储量[1]为 2444 亿 t，世界天然气探明可采储量为 188.1 万亿 m^3，如果按照目前世界油气消耗量和勘探开发技术水平，至少可保障世界油气供应 50 年。世界各主要地区油气资源特点如下：

表 1-7　2010 年与 2020 年世界六大地区石油天然气资源分布及产量对比

地　区		中东		中南美洲		欧洲及欧亚大陆		非洲		北美洲		亚太地区	
		2010	2020	2010	2020	2010	2020	2010	2020	2010	2020	2010	2020
原油探明可采储量	亿 t	1018	1132	343	508	190	217	174	166	103	361	60	61
	占世界探明可采储量/%	54.4	46.3	17.3	20.8	10.1	8.9	9.5	6.8	5.4	14.8	3.3	2.5
原油产量	亿 t	11.8	13.0	3.5	3.0	8.5	8.3	4.8	3.5	6.5	10.6	4.0	3.5
	占世界原油产量/%	30.3	31.1	8.9	7.2	21.8	19.9	12.2	7.9	16.6	25.4	10.2	8.5
原油储采比(R/P)		81.9	87.3	93.9	169.2	21.7	26.2	35.8	50.7	14.8	34.1	14.8	17.3
天然气探明可采储量	万亿 m^3	77.8	75.8	7.4	7.9	63.1	59.8	14.7	12.9	9.9	15.2	16.2	16.6
	占世界探明可采储量/%	40.5	40.3	4.0	4.2	33.7	31.8	7.9	6.9	5.3	8.1	8.7	8.8
天然气产量	亿 m^3	4607	6866	1612	1529	10431	10210	2090	2313	8261	11099	4932	6521
	占世界天然气产量/%	14.4	17.8	5.0	4.0	32.6	26.5	6.5	6.0	26.0	28.8	15.4	16.9
天然气储采比(R/P)		164.5	110.4	45.9	51.7	60.5	58.6	70.3	55.8	12.0	13.7	32.8	25.5

（1）中东地区（Middle East）

中东地区地处欧、亚、非三洲的枢纽位置，原油资源非常丰富，被誉为"世界油库"，是世界最重要的原油储量和原油产量大国。该地区石油地质条件极好，油气田储量大，单井产量高（500～3000t/d）。2020 年中东五国原油探明可采储量占世界原油探明可采储量的 46.3%，天然气占世界探明可采储量的 40.3%。

（2）中南美洲（Central and South America）

中南美洲是世界重要的石油生产和出口地区之一。2020 年该地区原油探明可采储量占世界原油探明可采储量的 20.8%，天然气占世界探明可采储量的 4.2%。委内瑞拉是该地区原油储量最丰富的国家，该地区储量比较丰富的国家还有巴西、厄瓜多尔等。

（3）欧洲及欧亚大陆（Europe & Eurasia）

这是传统的石油生产和出口地区之一。2020 年该地区原油探明可采储量占世界原油探明可采储量的 8.9%，天然气占世界探明可采储量的 31.8%。俄罗斯是该地区最大的产油国，该地区原油探明可采储量较为丰富的国家还有哈萨克斯坦、阿塞拜疆、挪威、英国等。

---

[1]本章所述的"探明可采储量"，指在当前已实施的或肯定要实施的技术条件下，按当前的经济条件（如价格、成本等）估算的、可经济开采的油气数量。

（4）非洲（Africa）

非洲是近几年原油储量和原油产量增长最快的地区，主要分布于西非几内亚湾地区和北非地区。2020年该地区原油探明可采储量占世界原油探明可采储量的6.8%，天然气占世界探明可采储量的6.9%。非洲地区原油探明可采储量丰富的国家有利比亚、尼日利亚、安哥拉、阿尔及利亚和苏丹等。

（5）北美洲（North America）

北美洲主要产油国为美国、加拿大和墨西哥，原油探明储量都较为丰富。2020年该地区原油探明可采储量占世界原油探明可采储量的14.8%，天然气占世界探明可采储量的8.1%。

（6）亚太地区（Asia Pacific）

亚太地区是世界原油探明储量最少的地区，但却是目前世界原油产量增长较快的地区之一。2020年该地区原油探明可采储量占世界原油探明可采储量的2.5%，天然气占世界探明可采储量的8.8%。该地区原油探明可采储量最丰富的国家是中国、印度、马来西亚、越南、印度尼西亚。

除常规石油资源外，世界上的非常规石油资源(如重油、沥青、焦油砂、油页岩、页岩气、煤层气等)也很丰富，储量巨大。统计表明，全球非常规石油资源与常规石油资源大致相当。非常规石油资源是指用传统技术无法获得自然工业产量，需用新技术改善储集层渗透性或流体黏度等才能经济开采、连续或准连续型聚集的油气资源。随着常规油气资源的减少，非常规油气资源的开发正日益得到人们的重视。全球非常规油气已实现重大突破，油砂油、重油、致密气、煤层气等成为非常规油气发展的重点领域。非常规油气已成为全球油气供应的重要组成部分。因此在未来的几十年内，世界油气资源的供应还是相当充足的。

3.2　中国石油资源分布与供应能力

根据BP公司2020年统计数据，中国2020年的原油探明可采储量为35亿t，占世界探明原油储量的1.4%；天然气探明储量8.4万亿m^3，占世界探明可采储量的4.5%。我国原油资源集中分布在八大沉积盆地：渤海湾盆地、松辽盆地、鄂尔多斯盆地、塔里木盆地、准噶尔盆地、柴达木盆地、珠江口盆地和东海陆架盆地；天然气资源集中分布在九大沉积盆地：塔里木盆地、四川盆地、鄂尔多斯盆地、东海陆架盆地、柴达木盆地、松辽盆地、莺歌海盆地、琼东南盆地和渤海湾盆地。

我国原油和天然气的产量难以满足我国国民经济发展和人民生活的需要。根据国家统计局资料，2020年中国石油企业生产原油19476.9万t、天然气1925亿m^3，各石油企业油气产量见表1-8。2020年我国原油远远不能满足国内需求，进口依存度超70%，原油消耗世界排名第二位；2020年我国天然气进口依存度超40%，天然气消耗世界排名第三位。

表1-8　2020年中国石油企业原油与天然气产量

油气田/生产企业	原油/万t	占比	油气田/生产企业	天然气/m^3	占比
（1）中国石油集团合计	10225.3	52.5%	（1）中国石油集团合计	1306	67.8%
大庆油田有限责任公司	3001.0	15.4%	大庆油田有限责任公司	46.6	2.4%
吉林油田分公司	400.0	2.1%	吉林油田分公司	10.8	0.6%
辽河油田分公司	1004.3	5.2%	辽河油田分公司	7.2	0.4%

油气田/生产企业	原油/万 t	占比	油气田/生产企业	天然气/m³	占比
华北油田分公司	416.0	2.1%	华北油田分公司	15.8	0.8%
大港油田分公司	415.0	2.1%	大港油田分公司	6.6	0.3%
冀东油田分公司	127.5	0.7%	冀东油田分公司	2.3	0.1%
浙江油田分公司	2.0	0.0%	浙江油田分公司	16.1	0.8%
新疆油田分公司	1320.0	6.8%	新疆油田分公司	30	1.6%
吐哈油田分公司	157.0	0.8%	吐哈油田分公司	3.2	0.2%
塔里木油田分公司	602.0	3.1%	塔里木油田分公司	311	16.2%
长庆油田分公司	2467.2	12.7%	长庆油田分公司	448.5	23.3%
青海油田分公司	228.5	1.2%	青海油田分公司	64	3.3%
玉门油田分公司	49.0	0.3%	玉门油田分公司	0.02	0.0%
西南油气田分公司	5.2	0.0%	西南油气田分公司	318.2	16.5%
南方石油勘探开发公司	30.6	0.2%	南方石油勘探开发公司	1	0.1%
			煤层气有限责任公司	24.6	1.3%
(2)中国石化集团合计	3514.4	18.0%	(2)中国石化集团合计	302.8	15.7%
胜利油田分公司	2340.1	12.0%	胜利油田分公司	5.7	0.3%
河南油田分公司	120.0	0.6%	河南油田分公司	0.9	0.0%
中原油田分公司	125.1	0.6%	中原油田分公司	64	3.3%
江汉油田分公司	68.0	0.3%	江汉油田分公司	68.1	3.5%
江苏油田分公司	101.0	0.5%	江苏油田分公司	0.4	0.0%
东北油气分公司	4.4	0.0%	东北油气分公司	9.2	0.5%
华北油气分公司	16.4	0.1%	华北油气分公司	47.5	2.5%
西北油田分公司	670.0	3.4%	西北油田分公司	19.1	1.0%
华东油气分公司	46.0	0.2%	华东油气分公司	14.5	0.8%
西南油气分公司	2.7	0.0%	西南油气分公司	67.1	3.5%
上海海洋油气分公司	15.8	0.1%	上海海洋油气分公司	6.3	0.3%
非上市及其他单位	4.8	0.0%			
(3)中国海洋石油集团	4541.8	23.3%	(3)中国海洋石油集团	198.8	10.3%
(4)陕西延长石油(集团)有限责任公司	1120.2	5.8%	(4)陕西延长石油(集团)有限责任公司	57.1	3.0%
			(5)中联煤层气有限责任公司	21.8	1.1%
全国合计(统计局口径)	19476.9		全国合计(统计局口径)	1925	

　　虽然我国常规石油资源相对较少，但我国的非常规石油资源较为丰富。我国非常规石油资源主要包含致密油(页岩油)、致密砂岩气(致密碳酸盐岩气)、页岩气、煤层气、油页岩、油砂油及天然气水合物7种资源。非常规油气资源正在成为我国油气勘探开发的现实与接替领域。

3.3　石油能源安全保障

能源安全（Energy Security）是指实现一个国家或地区国民经济持续发展和社会进步所必需的能源保障的一种状态。能源安全是关系到国家安全的重大战略问题，它必然是我国能源发展的首要指导原则。中国作为一个能源生产和消费大国，随着经济的快速增长，保障能源安全，特别是石油安全，已经成为维护经济安全、政治安全乃至国家安全，实现经济可持续发展、建设和谐社会的必然要求。2020年国务院政府工作报告提出："保障能源安全。推动煤炭清洁高效利用，发展可再生能源，完善石油、天然气、电力产供销体系，提升能源储备能力。"

常用原油对外依存度描述原油安全的程度。原油对外依存度是指一个国家原油净进口量占本国原油消费量的比例，表现了一个国家原油消费数量对国外原油的依赖程度。一般来说，一种商品的对外依存度越高，表明该种商品对外贸易的依赖程度越大，与世界的关系也就越密切，受世界市场价格波动等国际因素的影响也就越大。我国自1993年起已经成为原油的净进口国家，目前对外依存度已经超过70%。

从国际上来讲，石油能源安全保障一般是指一个国家的油气安全保障程度。西方一些主要的国家都有自己的石油战略储备，以保证在和平时期能对人为扰乱油价市场的企图发出有效的威慑；在战争时期能在尽可能长的时间内为战场和后方所需提供足够的石油。按照国际能源署（IEA）协约规定，其成员国应该建立和保持起码相当于90天石油净进口量的战略性石油储备。按照IEA制定的标准，当石油供应中断量达到需求的7%的时候，就是能源安全的警戒线，当接近这一警戒线时，成员国可以考虑动用石油储备。中国从2003年开始筹建国家石油储备基地（National Petroleum Reserve Base）。据我国政府层面公布的数据，截至2017年年底，我国共有9个战略石油储备基地，石油储备总量为3773万t。我国还拥有一定规模的商业和民间石油储备。其中，商业石油储备库的建设由政府和企业按照3∶7的比例出资，运营管理盈亏由企业承担，国家只对商业储备的最低在库量有要求；民间石油储备则由地方炼油企业自行建设和运营。

预测表明（中国石油经济技术研究院，2019），中国未来天然气需求量接近7000亿m³，未来我国天然气产量将达到3500亿m³，为了满足供气、调峰等的需要，加大储气设施建设已成为国家能源安全的战略需求。2018年发改委《关于加快储气设施建设和完善储气调峰辅助服务市场机制的意见》文件要求："供气企业要拥有不低于其合同年销售量10%的储气能力，城镇燃气企业要形成不低于其年用气量5%的储气能力；县级以上地方人民政府至少形成不低于保障本行政区域日均3天需求量的储气能力。"

3.4　油气能源开发利用的环境问题

3.4.1　低碳经济对能源的要求

能源和环境之间存在着相互影响、相互依赖的关系。能源既是经济又好又快发展必不可少的物质保障，又是主要的环境污染源。能源是环境的核心问题，能源的开发利用对生态环境必然会产生消极影响。

环境污染（Environment Pollution）是指人类直接或间接向环境排放超过其自净能力的物质或能量，从而使环境的质量降低，对人类的生存与发展、生态系统和财产造成不利影响的现象。具体包括：水污染、土壤污染、大气污染、噪声污染、放射性污染等。美国环境保护署认定，二氧化碳等温室气体是大气污染物，"危害公众健康与人类福祉"，人类大规模排放温室气体足以引发全球变暖等气候变化。

经济需要可持续发展，但必须保持能源开发与资源、环境协调，倡导低碳经济，这一准则已在世界大多数国家取得共识。低碳经济（Low-Carbon Economy）是指在生产和消费的各个环节全面考虑温室气体排放，并尽可能最小量温室气体排放的经济活动。低碳经济是一种以低能耗、低污染、低排放为基础的经济模式。发展低碳经济，是一场涉及生产方式、生活方式和价值观念的全球性革命。发展低碳经济的重要意义在于，一方面是积极承担环境保护责任，完成国家节能降耗指标的要求；另一方面是调整经济结构，提高能源利用效益，发展新兴工业，建设生态文明。

3.4.2 油气开发利用对环境的影响

油气的开发和利用对环境的污染和影响主要包括以下几个方面：

（1）对水环境的影响

在油气田开发建设过程中，所需要排放的废水、废液、固体废弃物及各种油气泄漏事故产生的污染物，是地表水和地下水环境的主要污染源。

（2）对大气环境的影响

石油和天然气作为燃料燃烧会产生废气和污染物，主要废气和污染物有 CO_2、氮氧化物、SO_2、H_2S、烃类、烟尘等。同时严重的油气泄漏事故对局部大气环境会产生严重破坏，影响人类安全。

（3）对土壤环境的影响

在油气田开发建设过程中排放的废水、废气和固体废弃物直接或间接进入土壤环境中，会对土壤生态系统产生影响。主要产生影响的物质有废弃钻井液中的油类、重金属、化学添加剂，落地原油，油气田废水中的石油类、氯离子（Cl^-）、其他有机物等。同时在油气田生产过程中的施工、作业也会引起土壤理化性质的改变、肥力的降低及盐碱化、沙化加剧。

（4）对生态环境的影响

油气田开发建设中，因钻井、采油、铺设管道、修建公路及建居民区等工程，不可避免地对自然生态系统造成影响，使生态群落发生改变，加之采油、输油等环节产生的落地原油可随雨水或地表径流渗漏到土壤和水体中，从而对陆生生态系统和水生生态系统造成影响，同时各种严重的油气泄漏事故，常常对生态系统造成灾难性的影响。

3.4.3 石油行业 HSE 管理体系

为了避免和控制石油开发作业、运输等过程中对环境、人类安全日益产生的严重伤害，1996 年 1 月国际标准化组织 67 技术委员会（ISO/TC 67）SC 67 分委员会发布了《石油和天然气工业健康、安全与环境管理体系》（ISO/CD 14690 标准草案），简称 HSE 管理体系，HSE 是健康（Health）、安全（Safety）和环境（Environment）的英文简称，以加强石油和天然气工业领域里的环境、安全风险评估和事故预防，减少事故发生及对环境的伤害。

1997 年 6 月根据我国石油工业的具体情况，参照国际标准，我国石油工业也颁布了相应的行业标准《石油天然气工业健康、安全与环境管理体系》（SY/T 6276），以强化我国石油工业的安全生产，减少对环境的污染。同时我国还建立了质量–职业健康安全–环境管理体系，简称 QOHSE 管理体系，QOHSE 是质量（Quality）、职业（Occupation）、健康（Health）、安全（Safety）和环境（Environment）的英文简称。石油行业实施了严格的行业准入制度。

3.5 能源可持续发展

3.5.1 中国能源可持续发展战略

可持续发展（Sustainable Development）是指既满足现代人的需求又不损害后代人满足需求的能力。换句话说，就是指经济、社会、资源和环境保护协调发展，它们是一个密不可分的系统，既要达到发展经济的目的，又要保护好人类赖以生存的大气、淡水、海洋、土地和森林等自然资源和环境，使子孙后代能够永续发展和安居乐业。

任何国家不管制定怎样的能源战略，都必须应该符合本国国情，中国也不例外。自 CO_2 被确认为全球气候变暖的"元凶"后，许多研究者将过量的 CO_2 视为人类活动的"坏产出"，对它在全球和区域层面何时达到峰值给予了重点关注。我国于 2014 年通过《中美气候变化联合声明》第一次提出"计划 2030 年左右 CO_2 排放达到峰值"，并于 2015 年 6 月将该目标作为向国际社会承诺的国家自主贡献目标（INDC）之一。2020 年 9 月习近平在第七十五届联合国大会上提出："中国将提高国家自主贡献力度，采取更加有力的政策和措施，二氧化碳排放力争于 2030 年前达到峰值，努力争取 2060 年前实现碳中和"。CO_2 排放峰值是指一个经济体 CO_2 的最大年排放值，CO_2 排放达峰意味着该经济体 CO_2 排放量不再增长，进入一个以小幅波动为特征的平台期，而后将出现明显的持续下降趋势。"碳中和"是指企业、团体或个人测算在一定时间内直接或间接产生的 CO_2 排放总量，通过植树造林、碳捕集利用与封存等措施消除 CO_2，以抵消自身产生的 CO_2 排放量，实现 CO_2"零排放"。

油气作为燃料燃烧后会产生大量的 CO_2 气体，因此大量使用对我国实现"碳达峰"（Peak Carbon Dioxide Emissions）和"碳中和"（Carbon Neutrality）会产生较大的影响。然而目前还没有一种能源能够取代石油和天然气，因此如何将油气能源与其他无碳排放能源结合，降低石油和天然气的使用量，在"碳达峰"和"碳中和"领域还需要极大的科技创新，需要发展水资源、能源、环境、传统产业改造等领域的战略性高新技术。这种创新具有行业广泛性、领域交叉性和技术集成性，每个领域均要做出自己的贡献，更要加强合作，形成合力，破解难题。就宏观层面和国家利益而言，保持可再生能源成本全球最低、低碳流程再造代价最小是"双碳"科技创新最重要的目标。以此分析，四个方面创新工作将摆在更为重要的位置。①零碳能源重构：开发零碳电力及零碳非电能源，维持全球成本最低，这是全球科技竞争的焦点；②低碳流程再造：工业过程原料/燃料替代与工艺流程再造，这是科技研发的重点；③非 CO_2 气体减排：非 CO_2 温室气体控制与削减，目前还没有形成完整的技术体系，估计未来非 CO_2 温室气体控制成本将非常高，这是科技研发的难点；④负碳体系构建：碳捕集、利用与封存（CCUS）及碳汇。因此在"双碳"目标下将加速能源革命并全面启动我国能源体系的新布局，推动化石能源清洁化，从根本上扭转能源消费的粗放增长方式。中国整体能源结构转型和现有化石能源加工利用技术的升级势在必行。

3.5.2 油气行业发展战略

2021 年 4 月 16 日，国家高端智库中国石油集团经济技术研究院最新版年度《国内外油气行业发展报告》在北京发布。报告认为，随着世界主要经济体碳达峰、碳中和目标的明确，将深度引发油气供需两侧的结构性变革，我国油气行业将进入加速变革和全面推进高质量发展的新时期。未来五年，全球油气市场将进入变动期，天然气仍将是需求增长最快的化石能源。

"十四五"期间，中国油气行业"稳油增气"的特征将更加明显，预计"十四五"末，我国石油需求将逐步接近 7.3 亿~7.5 亿 t 峰值平台,天然气仍处于快速发展期,2025 年达 4200 亿~5000 亿 m^3;油气供应保障能力将不断增强,国内原油产量将稳中有升,天然气产量将达 2350 亿~2500 亿 m^3,进口 LNG 接收能力大规模提升。中国石油企业将大力实施创新、资源、市场、国际化和绿色低碳五大战略,到 2025 年基本实现高质量发展,到 2030 年全面实现高质量发展,力争到 2050 年左右全面实现世界一流的综合性能源公司。

3.5.3 石油行业可再生能源开发与利用前景

(1)可再生资源开发利用潜力

我国油气田开采企业因其矿产资源、生产技术等特点,在可再生能源开发利用方面具有巨大的潜力,主要有以下几方面优势:

① 自然资源丰富。我国太阳能资源分布是西北高、东南低,而风能资源分布是北高、南低,我国油气田矿权区刚好处于较有利的资源品质区。对于太阳能和风能利用,油区范围内井场分布广,闲置土地较多,土地是优势,可用于光伏及风力发电站的规划布局。我国油气田矿权区内 4000m 以浅地热资源量折合标煤 1.08 万亿 t,占全国总资源量的 2/3 以上,优质地热资源主要分布在华北、冀东、大港、大庆、辽河、吉林等油田;而且每年采出水的余热能约为 177 万 t 标煤,余热能资源也十分丰富。

② 消纳潜力大。油田开发企业既是能源生产大户,也是能源消耗大户,未来随着开发难度增大,能耗仍呈上升趋势;因此从另一个角度看,油田开发企业也是清洁能源替代潜力大户。油气田具备用能市场庞大、电力消纳能力强等有利优势,清洁能源利用模式将成为油气田生产节能降耗、提质增效的重要方向。

③ 技术发展相对成熟。近年来随着国家各项产业技术的不断发展,在地热开发、余热利用、风力发电和太阳能光伏发电等方面技术水平不断提高,已进入技术成熟期,光伏发电和风力发电成本近几年大幅下降,为油气田开展清洁能源利用提供了有利条件。

(2)可再生能源典型利用模式

我国石油企业正处于提质增效转变阶段,在油田开发需求不断增加的同时,能源需求也显著提升,为可再生能源的发展提供了契机。随着可再生能源技术进步,可再生能源在企业发展需求十分巨大。在可再生能源的利用模式中,按照用能类型对可再生能源利用模式进行划分。油气田可再生能源典型利用模式特征如下:

① 风力发电。以风能为可再生能源发电,根据风能发电单机容量大、占地面积小的特点,利用油田自用土地以及生产用电消纳能力,建设分布式风力发电站。

② 太阳能光伏发电和光热转化利用。以太阳能光伏为可再生能源发电,根据光伏发电单位容量小、建设容量灵活的特点,利用自用土地集中建站,也可以在生产场站、办公区屋顶、空场等闲置场地分散建设。太阳能光热转化技术在油田上的利用也有很大的空间。我国目前开采的原油有许多高凝、高黏、高含蜡原油,在其加热时需要消耗大量的热量。传统的利用电加热或者天然气辅助稠油开采的方法浪费宝贵的电力和燃气,目前已有油田利用太阳能聚光集热技术为稠油集输提供热能。

③ 地热开发利用。根据地热温度,高温地热可进行直接换热应用,低温地热可采用循环热泵提取热能供生产站场、生活及办公区用热。如油田生产过程中,部分油井的采出液含油量过低,失去开采价值,长期处于关闭状态或成为废弃井,因此可以利用这部分井直接从地层取热为地面建筑物冬季采暖提供热源。

④ 余热开发利用。工业余热采用循环热泵提取热能供生产站场、生活及办公区用热,

如油田采出污水余热的利用在民用供暖项目方面已有不少成功案例。

⑤ 储气库与储能共生开发利用。新能源催生巨大储能需求，储气库与储能共生发展，是天然气开发利用的方向之一。太阳能、风能等可再生能源，受地理位置、气候条件等限制较多，具有很大的不稳定性，季节性波动、昼夜性波动，甚至小时性的波动，保持能源的稳定供应必须具备丰富的储能能力进行调节，天然气发电将成为稳定调节可再生能源的最佳手段。储气-气电转化将成为未来新能源调节的主要手段之一。

⑥ 氢能开发利用。发展氢能成为石油公司低碳转型的重要选择之一。氢气的热值仅次于核燃料，约是汽油热值的 3 倍、焦炭的 4.5 倍。由于氢气较轻，会以 20m/s 的速度在空气中快速逸散，虽然氢气具有易燃、爆炸极限宽等特点，但仍是最不容易形成可爆炸气雾的燃料。氢能与油气产业链的联系天然紧密，国际大石油公司持续保持了对氢能及燃料电池领域的关注。氢作为二次能源，其角色在于弥补电气化短板，辅助可再生能源更好发展。

在"双碳"目标下，如何节能减排，调整能源结构是我国石油企业可持续发展所面临的重大问题之一。我国石油企业未来发展必将通过充分结合油田生产生活方式、消纳能力、电网建设水平以及可再生能源资源情况，制定出适合自己的能源开发规模和利用模式方案，并会充分将可再生能源在各油田的利用模式与其当地的经济、社会、生态和环境综合效益相结合，由单一的油气生产、加工、利用企业转型成综合性的能源开发、加工、利用企业。

思　考　题

1. 什么是石油、天然气、石油工业？石油工业行业的主要特点？
2. 石油和天然气都有哪些基本性质？这些性质对石油的开发利用有什么影响？
3. 石油为什么能成为人类使用的主要能源之一？
4. 中国都有哪些大型国有石油企业，这些企业的主要特点有哪些？
5. 中国为什么提出"双碳"目标，在"双碳"目标下，我国石油工业未来将如何发展？

参　考　文　献

[1] 李德生，罗群. 石油——人类文明社会的血液[M]. 北京：清华大学出版社，2002.
[2] 田在艺，薛超. 流体宝藏——石油和天然气[M]. 北京：石油工业出版社，2002.
[3] 陈鸿璠. 石油工业通论[M]. 北京：石油工业出版社，1995.
[4] 柳广弟. 石油地质学[M]. 北京：石油工业出版社，2009.
[5] 王才良. 石油工业 140 年[M]. 北京：石油工业出版社，2005.
[6] 查道炯. 中国石油安全的国际政治经济学分析[M]. 北京：当代世界出版社，2005.
[7] 石宝珩. 石油史研究辑录[M]. 北京：地质出版社，2001.
[8] 彭剑琴，司瑞祺. 中国国家石油公司——中国石油工业新体制探讨[M]. 北京：石油工业出版社，2002.
[9] 陈耕. 石油工业改革开放 30 年回顾与思考[J]. 国际石油经济，2008(11).
[10] 康玉柱. 中国非常规油气勘探重大进展和资源潜力[J]. 石油科技论坛，2018，37(04)：1-7.
[11] 李中，谢仁军，吴怡，等. 中国海洋油气钻完井技术的进展与展望[J]. 天然气工业，2021，41(08)：178-185.
[12] 舟丹. 世界海洋油气资源分布[J]. 中外能源，2017，22(11)：55.
[13] 杨金华，郭晓霞. 世界深水油气勘探开发态势及启示[J]. 石油科技论坛，2014，33(05)：49-55.

［14］邹才能.非常规油气地质［M］.北京：地质出版社，2013.

［15］吴青."双碳"目标下海洋油气资源高效利用的关键技术及展望［J］.石油炼制与化工，2021，52（10）：46-53.

［16］BP Statistical Review of World Energy 2021.

［17］郭岗彦.铁人印记［M］.青岛：中国石油大学出版社，2021.

［18］丛建辉，王晓培，刘婷，等.CO_2排放峰值问题探究：国别比较、历史经验与研究进展［J］.资源开发与市场，2018，34（06）：774-780.

［19］王谋.世界排放大国CO_2排放和GDP的格兰杰因果分析及其对国际气候治理的影响和意义［J］.气候变化研究进展，2018，14（03）：303-309.

［20］徐南平，赵静，刘公平."双碳"目标下膜技术发展的思考［J/OL］.化工进展：1-7［2021-11-22］.https://doi.org/10.16085/j.issn.1000-6613.2021-2143.

［21］刘朝全，姜学峰.国内外油气行业发展报告［M］.北京：石油工业出版社，2021.

［22］高小淇.油气田开发的可再生能源利用模式［J］.油气田地面工程，2020，39（10）：117-120.

［23］侯亮，杨金华，刘知鑫，等.中国海域天然气水合物开采技术现状及建议［J］.世界石油工业，2021，28（03）：17-22.

第 2 章　石油地质

油气是如何形成的？地下哪里有工业油气藏？这是本章需要解决的主要问题。油气是流体，易流动，与固体矿产相比，有其独特的生成和聚集规律。油气生成的地方并不一定是其能够聚集的地方，油气在生成后，必须通过运移并聚集在有利的圈闭中，才能形成可被勘探开发的油气藏。石油地质学(Petroleum Geology)就是搞清石油和天然气在地壳中生成、运移和聚集规律，为油气勘探开发奠定基础。本章学习主要知识点及相互关系见图2-1。

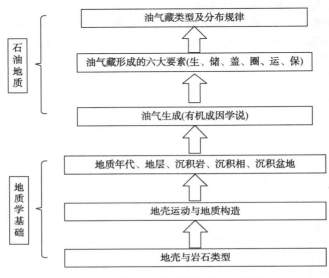

图 2-1　本章主要知识点及相互关系

第 1 节　地质学基础

油气生成和储存于地下的岩层中，因此要想理解油气的成因和油气藏的成藏过程及影响因素，需要具备以下相关地质学基本概念和知识。

1.1　地壳与岩石

地球(Earth)是一个近椭圆的球形体，平均半径约为6371km。地球内部存在两个性质突变面：莫霍面(Moho Discontinuity，均深35km)和古登堡面(Gutenberg Discontinuity，均深2900km)，在不同地区它们的界面深度不同。根据这两个突变面，将地球由表及里分为地壳、地幔和地核三个部分。地壳(Crust)的厚度变化大，大洋区较薄，大陆区较厚，平均厚度约16km；地幔(Mantle)介于地壳底面到约2900km深度之间；从2900km直到地心的部分称为地核(Core)。

地壳是由岩石组成的，石油资源主要存在于地壳的岩石中。所谓的岩石(Rock)是指由一种或几种矿物所组成的有规律的矿物集合体。矿物(Mineral)是指在一定地质条件下，地球中的化学元素结合成具有一定化学成分和物理化学性质的单质或化合物，且具有稳定的性质和晶体结构，如长石、石英、方解石、白云石、赤铁矿、褐铁矿等。组成岩石矿物的化学元素共有 90 多种，其中主要元素有氧(O)、硅(Si)、铝(Al)、铁(Fe)、钙(Ca)、钠(Na)、钾(K)、镁(Mg)这 8 种元素。地球中已知矿物有 3300 多种，在地球表层中分布最广的矿物是硅或铝的氧化物，占总量的 74%，如长石(Feldspar)是钾、钠、钙的铝硅酸盐，石英(Quartz)的化学成分为二氧化硅(SiO_2)。

组成地壳的岩石类型主要有三大类，即火成岩、变质岩和沉积岩；由于地壳是在不断运动着的，在一定条件下这三大类岩石之间可以相互转化。

(1)火成岩(Igneous Rock)。火成岩是指岩浆(Magma)侵入地壳或喷出地表经冷却固结而成的岩石，又称岩浆岩(Magmatic Rock)。岩浆处在地球深部，温度和压力很高。在地壳构造运动作用下，岩浆可以沿着地壳裂隙，渗涌到地壳的上层或直接喷出地面(火山爆发)。由于压力下降，岩浆中挥发性物质大量逸出，随着温度下降，岩浆逐渐冷凝并结晶成为火成岩，如玄武岩、花岗岩等，如图 2-2。各种岩浆岩因所含矿物及其比例不同，所以化学成分也有不同。一般按岩石中 SiO_2 的含量将其分为酸性岩、中性岩、基性岩等几大类，见表 2-1。这里所谓基性、酸性只是岩石学中的习惯用语，反映 SiO_2 含量的相对高低，与化学上无任何联系。

火山(Volcano)

岩浆(Magma)

花岗岩(Granite)

图 2-2　火山与岩浆

表 2-1　岩浆岩的化学成分

岩浆岩类别	SiO_2 含量	FeO，MgO 含量	Na_2O，K_2O 含量	岩石举例
超基性岩	<45%	多 ↓ 少	少 ↓ 多	橄榄岩
基性岩	45%~52%			辉长岩
中性岩	52%~65%			闪长岩
酸性岩	>65%			花岗岩

(2)变质岩(Metamorphic Rock)。变质岩是地壳中早期形成的岩石(岩浆岩、变质岩和沉积岩)，由于地壳运动、岩浆活动等造成的物理化学条件的变化(如温度、压力等)，使其成分、结构、构造发生一系列改变，这种促使岩石发生改变的作用，称为变质作用。由变质作用形成的岩石称为变质岩，如大理岩是石灰岩变质而成。各种岩石都可以形成变质岩。变质岩的物质成分既有原岩成分，也有变质过程中新产生的成分，因此变质岩的物质成分较复杂。就矿物成分而言，大致可分为两大类：一类是岩浆岩、沉积岩所具有的矿物，如石英、长石、云母、角闪石辉石等；另一类只能是在变质作用中产生而为变质岩特有的矿物，如石墨、滑石、蛇纹石、石榴子石、红柱石、矽灰石等，称为变质矿物。

（3）沉积岩（Sedimentary Rock）。沉积岩是原来的母岩（火成岩、变质岩和沉积岩）遭受风化剥蚀，经搬运、沉积和成岩作用而形成的岩石。沉积岩是组成地壳表层的最重要的一类岩石，它蕴藏着丰富的矿产，如金、银、铜、铁、锡等绝大部分都蕴藏在沉积岩中，石油也主要生成于沉积岩中，而且绝大部分储存在沉积岩中。据统计，世界上已经发现的99.9%的油气田都分布在沉积岩中。要认识油气的形成与分布规律，必须要认识油气依托的物质场所——沉积岩。

在火成岩、变质岩和沉积岩三种类型的岩石中，陆地表面的75%为沉积岩（物）所覆盖，而海底几乎全部被沉积岩（物）所覆盖。从整个地壳发展历史来看，目前已经确定的地壳最古老岩石的年龄为46亿年，而最古老的沉积岩年龄达36亿年。因此，这36亿年的沉积记录对于研究地球的演化和发展有着十分重要的价值。

1.2 地层单位和地质年龄

1.2.1 地层与生物化石

距今46亿年之前地壳就已形成，此后（尤其距今10亿年以来）每个时期都有沉积岩形成。地壳中的层状岩石泛称岩层（Rock layers），而某一时期形成的岩层称为该时期的地层（Stratum）。一定数量在岩性、岩相或其他特性方面类似且空间上相互叠置的地层，则构成一套组合地层（Formation）。生物化石是保存在地层中的古代生物石化后的遗体、遗迹，是地壳岩石的组成部分。化石必须具备有一定的生物特征，如形体大小、形状、结构、纹饰以及残存下来的组成生命的有机物质等。广泛的地质工作实践证明，在同一地区不同时期形成的地层中，往往含有不同种类的化石群，不同地区相同时代的地层含有相同种类的化石群，因此，化石是划分地层的重要依据之一。

自然界的生物是随着地球的演变而逐渐发展起来的。它们在漫长的地史时期，是由低级向高级、由简单到复杂、按阶段演化发展的，而且在不同的发展阶段有不同的生物种类出现和灭绝。因此，地层中的生物化石都是有时间概念的。其中有些生物，生存的时间很短（即在地层中的垂直分布范围很小，只局限于某一段地层之中），但水平分布范围很广，并有一定的数量，容易寻找，这就是标准化石。保存在沉积岩层中的化石，都是古代生物本身在地层里保留下来的可靠记录。我们根据这些记录，就能证明古代生物的存在，阐明生物发展的历史，推断生物生活时的环境等。利用化石，可以确定和对比地层时代，阐明古地理和古气候，阐明某些沉积矿产的成因和分布等。

1.2.2 地质年代与地层单位

（1）地质年代

在地壳中，层层重叠的地层构成了地壳历史的天然物质记录。不同地质时期形成的沉积岩，其生物化石和构造特征不同，放射性同位素年龄也不同。地质年代（Geological Time）是指地壳上不同时期的岩石和岩层，在形成过程中的时间（年龄）和顺序（见表2-2），其中时间表述单位包括宙（Eon）、代（Era）、纪（Period）、世（Epoch）等。地质年代包含两方面含义：其一是指各地质事件发生的先后顺序，称为相对地质年代；其二是指各地质事件发生的距今年龄，由于主要是运用同位素技术确定，称为同位素地质年龄（绝对地质年代）。这两方面结合，才构成对地质事件及地球、地壳演变时代的完整认识，地质年代表正是在此基础上建立起来的。

表 2-2　地质年代与生物发展阶段对照表

宙	代	纪	符号	开始时间/百万年	构造阶段	生物发展的阶段
显生宙（PH）	新生代（Kz）	第四纪	Q	2.58	喜马拉雅构造阶段	生物界的面貌已更接近于现代；古猿到人的进化完成（能制造工具和直立行走）
		新近纪	N	23.03		哺乳动物和被子植物高度发展；本纪初期，人类祖先（古猿）出现；生物界的总面貌与现代较为接近
		古近纪	E	66.0		植物和动物逐渐接近现代；早第三纪有孔虫（货币虫类等）繁荣；硅藻茂盛；哺乳类繁荣
	中生代（Mz）	白垩纪	K	145.0	阿尔卑斯构造阶段	本纪后期，被子植物大量发展；有孔虫兴盛；菊石和箭石渐趋绝迹，爬行类至后期急剧减少
		侏罗纪	J	201.3		真蕨、苏铁、银杏和松柏类等繁荣；箭石和菊石兴盛；巨大的爬行类（恐龙）发展；鸟类出现
		三叠纪	T	251.9		裸子植物进一步发展；腕足类减少；菊石和瓣鳃类发育；迷齿类绝灭；爬行类发展；哺乳类出现
	古生代（Pz）	二叠纪	P	298.99	海西构造阶段	至晚期，木本石松、芦木、种子蕨、科达树等趋于衰落，裸子植物如松柏类等开始发展；菊石、腕足类等继续发展；本纪末，四射珊瑚、床板珊瑚、三叶虫、䗴类绝灭
		石炭纪	C	358.9		真蕨、木本石松、芦木、种子蕨、科达树等大量繁荣；笔石衰亡；珊瑚、䗴类、腕足类很多，两栖类进一步发展；爬行类出现
		泥盆纪	D	419.2		在早期，裸蕨类繁荣，中期后，蕨类植物和原始裸子植物出现；腕足类和珊瑚发育；原始菊石出现；昆虫和原始两栖类（迷齿类）最初发现；鱼类发展；至晚期，无颌类趋于绝灭
		志留纪	S	445.2	加里东构造阶段	在末期，裸蕨类开始出现；腕足类和珊瑚繁荣；三叶虫和笔石仍繁盛；无颌类发育；至晚期，原始鱼类（脊椎动物）出现
		奥陶纪	O	485.4		藻类广泛发育；海生无脊椎动物如三叶虫、笔石、头足类、腕足类、棘皮动物（海林檎）等非常繁盛，板足鲎（音 hòu，节肢动物）类出现；四射珊瑚发育，钙藻发育
		寒武纪	∈	541.0		红藻、绿藻等开始繁盛；与元古代化石相比，若干门类无脊椎动物，尤其是三叶虫开始繁荣；低等腕足类、古杯动物等发育
元古宙（PT）	元古代（Pt）	新 震旦纪	Z	2500		蓝藻和细菌开始繁盛；至末期，无脊椎动物出现
		南华纪	Nh			
		青白口纪	Qb			
		中 蓟县纪	Jx			
		长城纪	Ch			
		古				
太古宙	太古代		Ar	4000		晚期有菌类和低等蓝藻存在，但可靠的化石记录不多
冥古宙			HD	4600		地球上没有任何生命，也没有水和土壤；地球就像一个巨大的岩浆球

（2）地层单位

为了研究和使用的方便，将组成地壳岩层划分为不同的地层单元（Stratigraphic Unit）（即地层划分），每个地层单元都是在对应的地质时期（Geological Time）中形成的。划分地层的单位称为地层单位。地层单位有界、系、统、阶、群、组、段、带、杂岩等。上述地层单位中界（Erathem）、系（System）、统（Series）几个单位，主要是根据生物的发展演化阶段来划分的，适用范围比较大，是国际性单位，通常又称为时间地层单位。"界"是较大的地层单元，其对应的地质时期称为"代"；一个"界"又分为几个"系"，"系"所对应的地质年代为"纪"，如：古生代由早至晚进一步划分为寒武纪、奥陶纪、志留纪、泥盆纪、石炭纪、二叠纪，形成的古生界地层对应依次为寒武系、奥陶系、志留系、泥盆系、石炭系、二叠系地层；地层单位"系"又细分为下统、中统和上统，对应的地质年代为早世、中世和晚世；"统"还可以进一步划分（见表2-3）。表2-3中杂岩是辅助性的地层单位，是一大套巨厚而组分复杂的沉积岩、喷发岩或变质岩复合体，其规模一般大于群。杂岩具有专名，如富林杂岩、泰山杂岩等。而群、组、段三个单位则主要是根据地层岩性和地层接触关系来划分的，适用的范围比较小，是地方性的地层单位，通常又称岩石地层单位。地层单位反映了岩石和岩层形成的地质年代，如鄂尔多斯盆地的主要含油地层是中生界三叠系上统延长组，就表明该含油地层是中生代三叠纪晚世地质时期形成的地层。

表 2-3　地层单位与地质时代单位对照表

使用范围	地层单位	地质时代单位
国际性的	界	代
	系	纪
	统	世
全国性的或大区域性的	（统）	（世）
	阶	期
	带	
地方性的	群	时（时代、时期）
	组	
	段	
	（带）	
地方性的（辅助地层单位）	杂岩	时（时代、时期）
	亚群、亚组、亚段、亚带	

1.3 地壳运动与地质构造

1.3.1 地壳运动和板块学说

地壳运动（Crustal Movement）是指地球表层相对于地球本体的运动。地壳从形成至今，一直处于不断的运动（即地壳运动）之中。大多数学者认为，地壳运动的动力是因为地幔的对流上升。地壳的运动导致地壳岩层起伏变化及断裂等现象。岩层在空间上的展布形态称为地质构造（Geological Structure）。1968年法国地质学家勒皮顺提出的板块构造学说（Plate Tectonics），深刻地解释了地震、火山、地磁、地热、岩浆活动、造山作用等地质作用和现象。板块构造学说的主要观点有：

（1）地球的坚硬外壳——岩石圈不是一个整体，而是被断裂网络和活动带分成分隔的块体，这些块体称为板块（Plate）。

（2）板块内部比较稳定，板块边界处是板块相互作用最活跃的地带，会频繁发生火山、地震以及断裂、挤压褶皱、岩浆上升、地壳俯冲等。

板块构造学说将地壳分为六大板块（图2-3）：欧亚板块、非洲板块、美洲板块、太平洋板块、印度洋板块、南极洲板块，在这六大板块中还可进一步划分为若干小板块。喜马拉雅山（The Himalayas）就是印度洋板块在向欧亚板块碰撞过程中产生的。2008年5月12日发生的中国汶川8.0级地震（Earthquake），是由印度洋板块向欧亚板块俯冲、板块碰撞能量从青藏高原向内陆释放造成的。

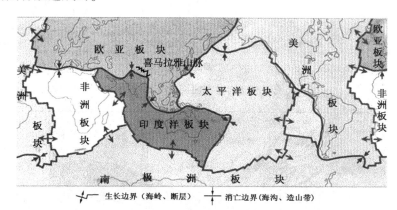

图2-3　地壳六大板块

地壳运动属于机械运动，包括水平运动和垂直运动。水平运动，又称造山运动或褶皱运动，是指组成地壳的岩层，沿平行于地球表面方向的运动；水平运动又分为横向拉伸和横向挤压运动。垂直运动，又称升降运动、造陆运动，它使岩层表现为隆起和相邻区的下降，可形成高原、断块山及坳陷、盆地和平原，还可引起海侵和海退，使海陆变迁。

1.3.2　基本地质构造形态

地壳运动使本来水平的岩层发生倾斜、弯曲或断裂等变化，形成了各种各样的地层形态，即形成了各种各样的地质构造。地壳运动引起沉积水平岩层形成各种地层形态的运动称为构造运动。地质构造与油气藏分布密切相关，它控制油气运移的方向，并提供油气聚集的场所。地质学上用构造剖面图和构造等高线图反映一个区域或构造单元的构造特征和构造发展历史，称为地质构造图（Geological Structural Map），简称构造图。构造剖面图（Structural Section Map）是沿某一方向的垂直剖面图，可以表示该垂直剖面上各个岩层的展布形态；构造等高线图（Structural Contours Map），又称构造平面图，是用某一岩层层面的海拔等高线（Elevation Contour Line）在水平面上的投影来表示该岩层空间起伏形态的构造图（见图2-4）。

（1）单斜构造（Monoclinal Structure）

单向倾斜的一组岩层称为单斜构造，它是由于地层差异升降形成的。图2-4（a）中，单斜构造的等高线是一组大致平行的等高线，向某一方向海拔依次升高。

（2）褶皱构造（Folded Structure）

在水平挤压应力作用下，岩层形成各种各样的弯曲形状，但未丧失其连续性，这样的构造叫褶皱构造（见图2-5）。褶皱构造包括多段弯曲起伏，向上凸起的弯曲段称为背斜构造（Anticline），简称背斜，向下凹的弯曲段称为向斜构造（Syncline），简称向斜。背斜和向斜的构造剖面图及等高线图见图2-4(b)、图2-4(c)。

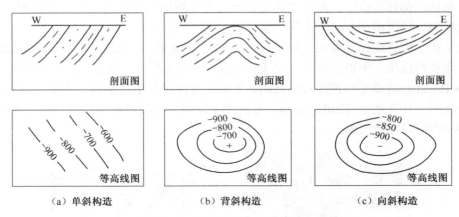

（a）单斜构造　　　　　　（b）背斜构造　　　　　　（c）向斜构造

图2-4　构造剖面图及等高线图

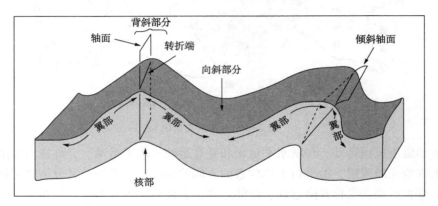

图2-5　褶皱构造示意图

背斜构造中常常储存丰富的油气，例如大庆油田、沙特的加瓦尔油田（Ghawar Oil Field）、科威特的布尔干油田（Greater Burgan Oil Field）。

（3）断裂构造（Faulted Structure）

断裂构造是指岩层受力后发生脆性变形而断裂，丧失了岩层原有的连续性和完整性。断裂构造分为两大类：未发生明显相对位移的称为裂缝（Fracture），发生了明显相对位移的称为断层（Fault）。

断层面以上的岩体称为上盘，断层面以下的岩体称为下盘，按断层两盘相对位移的方向分为正断层、逆断层和平移断层。正断层是上盘相对下降、下盘相对上升的断层[图2-6(a)]，岩层在拉伸力的作用下形成。逆断层是上盘相对上升、下盘相对下降的断层[图2-6(b)]，岩层受挤压力的作用形成。平移断层是断层两盘沿断层线方向发生水平相对运动[图2-6(c)]。如果有断层，则岩层的连续性被切断，所以平面构造图上的等值线被断层线错开（图2-7）。

断层与油气的关系有两重性，一方面它可成为油气运移散失的通道，使油气藏受到破坏；另一方面，断层在适当的条件下，能形成断层遮挡类型的油气藏，而且对于断块油气藏的形成、分布起着一定的控制作用，如胜利油区东辛油田地层断层发育，属于断块油藏。

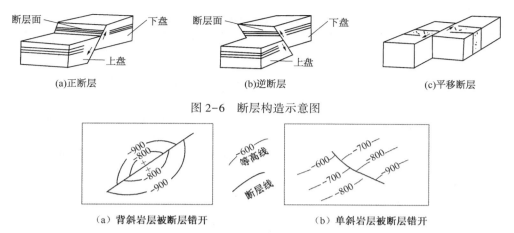

(a)正断层　　　　　　(b)逆断层　　　　　　(c)平移断层

图 2-6　断层构造示意图

（a）背斜岩层被断层错开　　　　（b）单斜岩层被断层错开

图 2-7　含有断层的构造等高线图

1.3.3　盆地

（1）沉积盆地和含油气盆地

地壳运动形成的大地构造形态之一就是盆地，即地球表面相对长时期沉降的区域。盆地与油气的生成和油气藏的形成密切相关，因为沉积物主要沉积在盆地中，形成沉积岩。沉积盆地（Sedimentary Basin）是指在一定特定时期，沉积物的堆积速率明显大于其周围区域，并具有较厚沉积物的构造单元。"没有盆地便没有石油"，沉积盆地是生成石油和天然气的母体，在从前寒武纪至第四纪的各个地质时代所形成的沉积盆地中，无论是海相沉积盆地，还是陆相沉积盆地都发现了大油气田。

一个含油气盆地在不同地区的地壳运动历史不尽相同，构造特点各异，据此将盆地平面分成多个构造分区（图 2-8 和表 2-4）。区域地质构造（Regional Geological Tectonics）是指盆地内某一区域范围内的地质构造特征。根据基底起伏状态，将含油气盆地分为若干个一级构造单元，即坳陷、隆起和斜坡。坳陷（Depression）是盆地内在发展史上以相对下降占优势的构造单元，是一定地质时期的沉降中心，沉积岩厚度较大，"生储盖"组合发育，是油气藏分布主要区域，如胜利油区分布于渤海湾盆地的济阳坳陷；隆起（Uplift）是盆地内在发展历史上以相对上升占优势的构造单元，沉积厚度相对较薄。一级构造单元内又分为若干个亚一级构造单元，即凸起（Salient）和凹陷（Sag）。一个坳陷或一个隆起又可以按其基底起伏形态分成若干个凹陷和凸起。坳陷内的凹陷沉积厚度最大，是重要的生油区，如胜利油区济阳坳陷的东营凹陷和沾化凹陷。

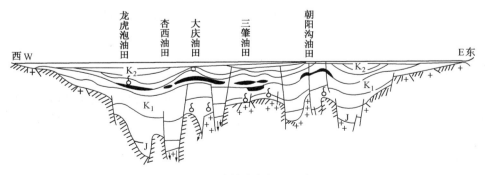

图 2-8　区域综合大剖面示意图

表 2-4　含油气盆地的构造单元划分

基本构造单元	一级构造单元	二级构造单元		三级构造单元
盆　地	隆起 坳陷 斜坡	二级构造带	长垣 背斜带 断裂带 断裂背斜带 断鼻带 断阶带 单斜带 挠曲带 尖灭带 洼陷	穹窿 短轴背斜 长轴背斜 鼻状构造 断块区 向斜
	亚一级构造单元 凸起 凹陷			
含油气盆地	含油区	油气聚集带		油田

（2）中国沉积盆地及含油气状况

我国约有 500 多个沉积盆地，其中面积大于 $200km^2$，沉积岩厚度大于 1000m 的中、新生代盆地有 424 个，总面积约 527 万 km^2。我国油气资源丰富，石油总资源量为 881 亿 t（陆上 635 亿 t，海域 246 亿 t），天然气总资源量为 52 万亿 m^3（陆上 39 万亿 m^3，海域 13 万亿 m^3）。含油气盆地（Oil-Gas Bearing Basin）是指具有油气生成、运移、聚集和保存条件，即含有工业型油气藏的沉积盆地。我国大型的含油气盆地有：渤海湾盆地、松辽盆地、鄂尔多斯盆地、塔里木盆地、准噶尔盆地、柴达木盆地、四川盆地、珠江口盆地和东海陆架盆地等。

松辽盆地是我国东北地区由大小兴安岭、长白山环绕的一个大型沉积盆地。盆地跨越黑龙江、吉林、辽宁三省，面积约 26 万 km^2，松花江和辽河从盆地中穿过。在距今 7000 万年以前的中生代侏罗纪和白垩纪，这里曾是一个大型的内陆湖盆，湖中和四周繁衍着丰富的浮游生物和其他动植物。进入新生代以后，大量的沉积物堆积下来，为盆地巨量的油气资源形成奠定了物质基础。

鄂尔多斯盆地，旧称陕甘宁盆地，总面积 37 万 km^2，是中国第二大沉积盆地。盆地行政区域横跨陕、甘、宁、蒙、晋五省（区）。北起阴山、大青山，南抵秦岭，西至贺兰山、六盘山，东达吕梁山、太行山。"鄂尔多斯"蒙语意为"宫殿部落群"和"水草肥美的地方"。盆地具有地域面积大、资源分布广、能源矿种齐全、资源潜力大、储量规模大等特点。盆地内天然气、煤层气、煤炭三种资源探明储量均居全国首位，原油资源居全国第四位。此外，还含有岩盐、油页岩、铀矿、天然碱、铝土矿、褐铁矿等其他矿产资源。

1.4　沉积岩与沉积相

沉积岩形成的规模、岩石类型、生油与储集性等与沉积岩形成的地质环境密切相关，沉积岩的沉积相特征、沉积构造特征及沉积韵律和沉积旋回是反映沉积岩形成环境的主要地质特征。

1.4.1　沉积岩分类

能够生成和储存石油的沉积岩（图 2-9）主要有碎屑岩、泥质岩、化学岩和生物化学岩。

| (a)碎屑岩之砾岩 | (b)泥质岩之页岩 | (c)生物化学岩 |

图 2-9　沉积岩

（1）碎屑岩

碎屑岩（Clastic Rock）是由碎屑物质（矿物碎屑或岩石碎屑）经压实、胶结而形成的岩石。矿物碎屑有石英、长石、云母、少量的重矿物等。胶结物有铁质、硅质、钙质、泥质等。碎屑物质之间除了胶结物，一般还有一定的空隙（也称为孔隙），空隙（Void）是指岩石中没有被固体物质所充填的那部分空间，如碎屑岩的粒间孔隙（见图 2-10）。这些空隙是连通的，油气可以在空隙之中流动、储存。碎屑岩渗透性相对较好，孔隙体积较大，常常是相对较好的储集岩或油气层。

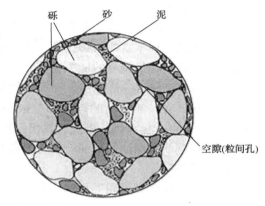

图 2-10　碎屑岩构成示意图

按碎屑颗粒大小（表 2-5），碎屑岩分为粉砂岩（Siltstone）、砂岩（Sandstone）和砾岩（Conglomerate）。粉砂岩可再分为细、粗粉砂岩，砂岩再分为细、中、粗砂岩，砾岩再分为细、中、粗、巨砾岩。例如大庆油田、辽河油田和胜利油田主要是砂岩油层，而克拉玛依油田则常见砾岩油层，见图 2-9（a）。

表 2-5　碎屑岩分类

碎屑岩分类	粉砂岩	砂　岩	砾　岩
碎屑颗粒直径 /mm	0.01~0.1	0.1~1.0	>1.0

（2）泥质岩

泥质岩（Pelitic Rock）主要是由粒径小于 0.01mm 极细物质组成，主要为细粉砂、黏土矿物、泥屑、泥晶。泥质岩的分布范围广泛，约占沉积岩总量的 60%。

泥质岩又分为泥岩和页岩。侧面（垂直剖面）看像书页一样呈薄层叠置状（称页理）的泥质岩称为页岩（Shale），见图 2-9（b）。没有页理的泥质岩称为泥岩（Mudstone）。泥质岩由于碎屑物质的颗粒太细，渗透性差，一般不能成为储集岩，但它是重要的生油岩，因为其中可含大量的成油物质——有机质。个别情况下，泥质岩裂缝发育，也可以成为储集岩。

（3）化学岩

化学岩（Chemical Rock）是岩石风化剥蚀产物中的溶解物质和胶体物质通过化学作用方式沉积而成的岩石。最常见的化学岩是碳酸盐岩，另外，还有岩盐和石膏。

碳酸盐岩（Carbonate Rock）又可分为石灰岩（Limestone）和白云岩（Dolomite），前者的主

要化学成分是 $CaCO_3$，后者的主要化学成分是 $CaCO_3 \cdot MgCO_3$。碳酸盐岩沉积于广阔的海底，因此分布面积广，厚度大。碳酸盐岩既可为生油岩又可为储集岩，从世界石油储量上看，碎屑岩储层和碳酸盐岩储层各占一半，我国大部分油田主要是碎屑岩油层(以砂岩油层为主)，而国外碳酸盐岩油层相对较多。

岩盐(Rock Salt)是含氯化钠($NaCl$)的岩石。人们日常食用的食盐中，氯化钠的含量为99%。除供生产食盐外，岩盐还是重要的化工原料。我国盐类矿产资源丰富，除岩盐外，还有海盐、湖盐、井盐等。石膏(Gypsum)是含水的硫酸钙，即 $CaSO_4 \cdot 2H_2O$。石膏失水后即为硬石膏(Anhydrite)，其分子式为 $CaSO_4$。石膏和硬石膏可用于水泥、模型、医药、光学仪器等方面。

（4）生物化学岩

生物化学岩(Biochemical Rock)是通过生物化学作用或生物生理活动使某种物质聚集而成的岩石，见图 2-9(c)。最重要的两类生物化学岩是煤和油页岩。

煤(Coal)是由植物遗体堆积在一定环境，经过复杂的变化而成的一种可燃有机岩。在含煤地层中可以发现丰富的植物化石，还有许多其他证据说明煤是由地质时代的植物被埋藏后变成的。煤是一种最重要的能源物质。

油页岩(Oil Shale)是一种含有一定数量(4%～20%，最高达 30%)碳氢化合物的棕色至黑色纹层状页岩。油页岩的碎屑颗粒极细，在形成过程中含有大量成油有机物(碳氢化合物)。油页岩可直接点燃，燃烧时发出沥青臭味。油页岩经干馏后可获得页岩油，页岩油经炼制可获得汽油、煤油、柴油、润滑油和石蜡等。

1.4.2 沉积相

为什么有这么多不同类型的沉积岩，受什么条件制约呢？这就是沉积环境(Sedimentary environment)。沉积环境是形成沉积岩特征的决定因素，沉积岩特征是沉积环境的物质表现。在沉积环境中起决定作用的是自然地理条件。就像不同环境的人有不同相貌特征一样，不同沉积环境中所形成的沉积岩也具有不同特征，常用"沉积相"这个术语描述沉积岩的特征。沉积相(Sedimentary Facies)是指沉积环境及在该环境中形成的沉积岩(物)特征的综合。根据自然地理条件的不同，一般把沉积相分为三个相组。

（1）陆相(Terrestrial Facies)

陆相是指在大陆环境中形成的沉积相。陆相沉积物多以碎屑、黏土和黏土沉积为主，岩石碎屑多具棱角，含陆生生物化石，主要沉积岩类型为碎屑岩、泥质岩。陆相又可细分为河流相、湖泊相、冲积扇相、沼泽相、沙漠相、冰川相等，见图 2-11(a)。其中，湖泊相的泥质岩具有良好的油气生成条件，河流相和湖泊相的碎屑岩是油气储集的良好场所。

（2）海相(Marine Facies)

海相即海洋沉积相，是指在海洋环境中形成的沉积相。海相沉积物的主要特点是：以化学岩、生物化学岩和泥质岩为主；离海岸愈远，碎屑沉积颗粒愈细；沉积物中含有海生生物化石。海相又细分为滨海相、浅海相、半深海相和深海相，见图 2-11(c)。

由于海洋水体远大于陆地的河流、湖泊水体，所以海相沉积与陆相沉积相比，具有规模大和分布比较稳定的特点。世界大油田中，海相油田仍占大多数，而我国主要是陆相沉积盆地，所以我国储油气藏常常具有规模相对较小、非均质性强等特点。

（3）海陆过渡相(Marine-Terrestrial Transitional Facies)

凡处于海陆过渡地带的各种沉积相，统称海陆过渡相。其沉积物的特点：含有海洋与大陆之间过渡环境中的沉积物，含盐度不正常，含有大量盐度变动生物化石等，其沉积作用受海陆二者的影响。过渡相又细分为三角洲相、潮坪相、潟湖相等，见图2-11（b）。其中，三角洲相和潮坪相与油气的生成和聚集有着密切的关系。

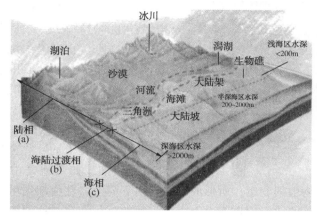

图2-11　沉积环境与沉积相

1.4.3　沉积构造

　　沉积相对油气的生成和聚集、油气藏的性质有着非常重要的影响。如何知道沉积岩的沉积相呢？其中一个主要研究方向就是沉积岩外表的形态，也称为沉积构造（Sedimentary Structure）。沉积构造反映了沉积环境的特征（水深、水流速度、水流方向和气候等）。沉积岩岩层顶面的特殊痕迹叫层面构造，常见的有波痕、干裂、雨痕、雹痕、生物钻孔和动物足迹等，见图2-12（a）、（b）；岩层侧面上的纹理，叫层理构造，常见的有水平层理、交错层理、波状层理等，见图2-12（c）、（d）。通过对岩层沉积构造的分析和认识，可以从一个侧面了解岩层的沉积环境，比如水流的能量，能量大的常常形成较粗的砂岩，能量低时有可能形成的是泥质岩。

图2-12　沉积构造特征

a，b为层面构造；c，d为侧面构造

← 细
← 粗
← 细
← 粗

图 2-13　沉积韵律、沉积旋回示意图

1.4.4　沉积韵律和沉积旋回

研究沉积相的另一个角度就是沉积韵律和沉积旋回。如果你仔细观察岩层，常常会发现相似岩性的岩石在地层垂直剖面上呈周期重复的规律，把这一现象称沉积韵律（Sedimentary Rhythm）（图2-13）。沉积韵律反映了沉积环境中水体的变化情况。例如，某一凹陷区域逐渐随着地壳下降，接受沉积，水体逐渐加深，沉积物由粗到细，即先沉积的较粗（在下面），后沉积的较细（在上面），在地层剖面由下向上岩性由粗到细。如果地壳由下降变为慢慢上升，水体由深变浅，沉积物由细变粗，所形成的地层由下向上岩性由细到粗。一般把自下而上由粗到细的沉积韵律叫正韵律，把自下而上由细到粗的沉积韵律叫反韵律。一个正韵律和一个反韵律组成一个沉积旋回。沉积旋回（Sedimentary Cycle）是指在垂向上有一定的演变序列，反映了沉积环境规律变化的一套沉积地层。因此，由于沉积环境的变化，油气层常常都具有非均质性特点。

1.5　地层接触关系

在一个时期，地壳的某些地区抬升，某些地区下沉，下沉的地区接受沉积，形成沉积岩。就同一地区而言（比如中国的华北地区），并非每个地质时期都有沉积，当该区沉降时期接受沉积，当该区抬升时期不仅没有沉积，反而使原有的岩石遭受风化剥蚀。因此，不同地质时期岩层的接触关系也不尽相同。岩层接触关系是地壳构造运动的产物，它表明地壳运动发生的时间、次数、范围及性质。岩层接触关系分整合接触和不整合接触两种类型。

（1）整合接触关系（Conformity）

其特征是上下两套岩层之间无沉积间断，为连续沉积，岩层的产状一致，层理彼此平行或大致平行。它说明沉积区在一个比较长的时期内稳定下降，沉积物连续不断地堆积。如唐山地区的寒武纪、奥陶纪地层之间及其各统、组之间都是整合接触关系，见图2-14（a）。

（2）不整合接触关系（Unconformity）

不整合接触关系的形成，是因地壳运动方向和性质的改变，使上下两套岩层之间有沉积间断的结果，其接触面称为不整合面。根据上下两套岩层的产状情况，可分为平行不整合和角度不整合两种接触关系。

① 平行不整合接触关系。上下两套岩层互相平行，但为不连续沉积，中间有沉积间断（缺失了一部分地层）；上下岩层中的生物化石的特征不同，在时间上不连续，下岩层的顶面有风化剥蚀面存在，上岩层的底部具有下岩层的碎屑及其他风化产物，见图2-14（b）。平行不整合面可以是平直的、弯曲的或锯齿状的，主要决定于当时岩层被风化剥蚀的状况。

② 角度不整合接触关系。上下两套地层产状不同，呈一定的角度相交，这是角度不整合的突出特征。其他特征与平行不整合相同。其形成过程是，下降沉积→上升、岩层褶皱断裂并遭受侵蚀→再下降沉积，见图2-14（c）。

不整合的分布面积大小，是受地壳构造运动控制的；大的构造运动，影响范围大，故不整合的分布面积广；局部构造运动，仅在小范围内有不整合存在。同一时期内，地球上各地

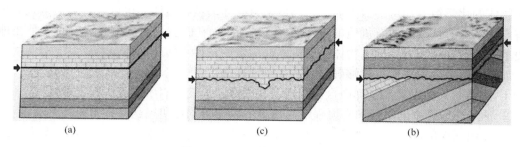

图 2-14　地层接触关系示意图

a—整合接触关系；b—平行不整合接触关系；c—角度不整合接触关系

的自然环境和所经历的地壳运动的性质不会相同，故同一时期的岩层接触关系，其类型在各地也不同，在甲地是整合接触，到乙地就可能是不整合接触。只要有地壳运动的存在，就会在岩层的接触关系上留下地壳运动的痕迹，为我们划分对比地层提供了依据。不整合面上、下岩层均可作为油气运移通道或圈闭，也是油气运移、聚集的场所。

第 2 节　油气的生成

关于石油与天然气的成因(Origin of Petroleum)，学术界有三种观点：油气无机成因说、油气有机成因说和油气成因二元论。

2.1　油气无机成因说

无机成因说(Inorganic Theory)出现于 18 世纪后期至 20 世纪中叶，包括碳化说、宇宙说、岩浆说和陨石说等。无机成因说认为油气是与生命活动无关的无机物生成的，是宇宙天体中简单的碳、氢化合物或地下深处岩浆中所含的碳、氢以无机方式合成的。

元素周期律的发现者俄国科学家门捷列夫在 1876 年，根据在实验室可以通过无机合成途径得到碳氢化合物的结果，提出石油是地下深处的重金属碳化物与下渗的地下水相互作用生成的，其反应方程可表示为：

$$重金属碳化物 + 水 \xrightarrow[\text{高压}]{\text{高温}} 金属氧化物 + 石油蒸气$$

反应生成的石油蒸气在上升的过程中冷凝在地层的孔隙中，这就是石油生成的碳化说。

油气生成宇宙说的依据：在宇宙天体中发现有碳氢化合物，如在水星、土星、天王星、海王星等的气圈中。该学说认为碳氢化合物是宇宙所固有的，早在 46 亿年前形成地球的初始阶段，地球还处于具有可塑性的熔融状态，碳氢化合物已存在于气圈之中，之后，随地球的冷却而被吸附并凝结在地壳上部，在沿裂隙向地表运移的过程中聚集起来，形成了油气藏。

油气生成岩浆说的依据，仅仅是在岩浆中找到了为数极少的石油和在火山喷发岩中发现有沥青(石油氧化的产物)这一事实。

2.2　油气有机成因说

2.2.1　油气生成的物质基础

油气有机成因说(Organic Theory)认为，生物体(Organism)是生成油气的原始物质，各种生物体的化学组分均可参与生油，它们可来自海洋动植物残体，也可来自陆地携入的生物分解产物；含有这些分散有机质的淤泥就是将来生成油气的母岩(烃源岩)。油气是在地质历史上由分散在沉积岩中的生物体、有机体在一定的条件下转化而成。

油气有机成因说之所以能够确立，其主要论据如下：

① 世界上 90%以上油气都产自沉积岩，在火成岩、变质岩中则很少有工业油气。

② 油气在地壳中的出现和富集程度与地史上生物的发育和兴衰息息相关。

③ 在油气田剖面中，含油气层位总与富含有机质的层位有依存关系，而不像无机的内生矿床那样与火成岩和变质岩有关。

④ 石油中检测出的卟啉、异戊间二烯烷烃、甾萜类化合物被有机地球化学家称为生物标记化合物，它们的碳骨架仅为生物体所特有。

石油的有机成因观点得到了大多石油地质学家和地球化学家的认同。

据不完全统计，现代生存的植物约有 40 万种，动物有 110 多万种，微生物至少有 10 多万种。在地球漫长的演化历史中，在新元古代青白口纪(距今 10 亿年)就曾经出现过生命，但多数都已经灭绝了。据统计，在地球历史上生存过的生物至少有 5 亿~10 亿种。油气就是由这些生物死亡后转变而成的，大量有机质的存在就是油气生成的物质基础。如一个硅藻在适宜条件下 8 天内可以繁殖 10^{36} 个后代，质量可达 $1.4×10^{17}$t。再如，在我国半咸水的青海湖中，湖底暗色淤泥分布区 2700km^2，在淤泥深度为 1m 的范围内，埋藏的以浮游生物残骸遗体为主的有机物达 1 亿 t 以上。据苏联统计，黑海中有 100 万 t 鱼、1500 万 t 浮游生物和 4000 万 t 底栖生物；微生物繁殖速度之快也是惊人的，每年产量可达 80 亿 t。

研究认为，生成油气的主要生物有四大类：蓝藻、甲藻、绿藻和硅藻，如图 2-15 所示。普遍认为低等生物是形成石油的沉积有机质的主要贡献者。

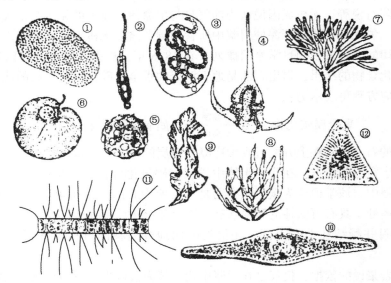

图 2-15　生成油气的生物来源

蓝藻：①微囊藻；②胶刺藻；③念珠藻　　　甲藻：④三角角藻；⑤金褐球鳞藻；⑥夜光藻

绿藻：⑦刺松藻；⑧浒苔；⑨海白菜　　　　硅藻：⑩纺锤状硅藻；⑪角刺藻；⑫三角硅藻

从 20 世纪 50~70 年代，科学家通过生油母岩的详细研究认为，只有当生油母岩埋藏到一定深度和达到一定温度时才显著地产生大量石油，这就是晚期生油说。现已成为指导油气勘探实践的最基本理论之一。

晚期生油说认为，生物体大量死亡之后，生物遗体的软体部分，除部分腐烂变成 CO_2 逸散后，剩下部分随泥沙一起沉积下来并转换成一种特殊有机质称为干酪根（Kerogen）。当沉积物埋藏到较大深度，到了成岩作用的晚期，蕴藏在岩石中的干酪根才达到成熟热解而生成石油，因此又被称为"干酪根生油说"（见图2-16）。干酪根是一种沉积岩中的不溶于碱、非氧化型酸和有机溶剂的性能特别稳定的分散有机质。Kerogen 源于希腊字 Keros，意为蜡。干酪根是沉积有机质的主体，约占总有机质的 80%~90%。干酪根主要赋存于生油层中，其成分和结构复杂，是一种高分子聚合物，主要由 C、H、O 和少量 S、N 组成，没有固定的化学成分、分子式和结构模型。

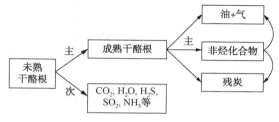

图 2-16 干酪根降解成烃示意图

2.2.2 油气生成的条件

油气的生成除了有丰富的有机质以外，还必须具备一定的外界条件。这些外界条件包括还原环境、温度、压力、时间、催化作用等。

（1）还原环境（Reducing Environment）。还原环境即缺氧环境，如果是氧化环境，有机物就会被氧化生成 CO_2 和水，就不会形成石油，因此油气生成的基本前提是具有丰富有机质的堆积、保存和其周围所处的还原环境。

浅海区和内陆较大的封闭或半封闭的湖就是这种适宜于油气生成的沉积环境。这些水域水体较宁静，矿物养料丰富，特别是近海（湖）三角洲地带，生物大量繁殖。这些生物死亡之后，不需经过长距离搬运即可沉积于海底或湖底，底层水流停滞的还原环境保证了堆积的有机质免受或少受分解破坏，同时又有新的沉积物连续覆盖，这为有机质向烃类转化提供了有利条件。

（2）温度（Temperature）。温度是有机质向石油转化的又一重要条件，温度到一定下限，有机质才能大量向石油转化，这个温度称为生油门限（Threshold Temperature of Oil Generation）。一般认为生油门限为60℃，最适宜有机质转化的温度范围为 60~210℃。

地球内部是个巨大的热源体。深度每增加 100m，地层相应增高的温度叫地温梯度（Geothermal Gradient）。地温梯度在地球上不同的地区是不同的。如我国东部地区较高，可达3.5℃/100m 以上，而西部地区较低，约为 2~2.5℃/100m。中国东部的松辽盆地地温梯度高，生油门限深度仅 1200m，而西部的盆地地温梯度低，生油门限深度达 2000~3000m。

生油门限所在的深度称为成熟点或门限深度（Threshold Depth of Oil Generation）。

成熟度的大小用镜质体反射率 R_o（Vitrinite Reflectance）来表示。在生物化学阶段，R_o 一般小于 0.5，称低成熟阶段，0.5%~1.5%时称成熟阶段（图2-17）。若在地温较高的地区，有机质不需要埋藏太深就可能成熟转化为石油。如渤海盆地冀中、黄骅两坳陷的古近系沙河街组（距今约 2500 万~3000 万年）成熟点约在 1500m，生油门限 66.8℃，主要成油带在 2700~3200m 深处，深处温度超过 108.8℃。

在温度与时间的综合作用下，有利于油气生成并保存的盆地是年轻的热盆地（地温梯度高）和古老的冷盆地；否则，或未达成熟阶段，或已达破坏阶段，均为油气勘探不利区。

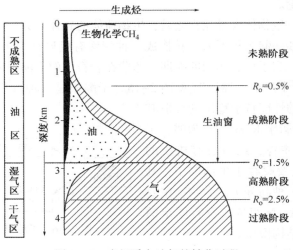

图 2-17　有机质向油气的转化过程

（3）压力（Pressure）。随着沉积物埋藏深度的增加，上覆地层厚度增大，沉积物的温度、压力随之升高。压力升高将促进化学反应。此外，压力升高也可促进大分子烃类加氢转化为较小分子的烃类，所以较高的压力将有利于生油过程的进行。

（4）时间（Time）。地质条件下有机质转化成石油的速度较慢，所需时间以百万年计。一般说来，温度较高，有机质转化成石油所需的时间较短；温度较低，所需的时间较长。

（5）催化作用（Catalysis）。细菌和泥质岩中的黏土矿物是加速有机质向石油转化的催化剂。

细菌在油气生成过程中的作用实质是将有机质中的 O、S、N、P 等元素分离出来，使 C、H 特别是 H 富集起来。细菌作用时间愈长，这种作用进行得就愈彻底。在没有游离氧的条件下，氢被活化与 CO_2 结合产生 CH_4：

$$CO_2 + 4H_2 \longrightarrow CH_4 + 2H_2O$$

某些细菌可使 H_2 将硫酸盐还原为 H_2S：

$$SO_4^{2-} + 5H_2 \longrightarrow H_2S + 4H_2O$$

细菌使不饱和有机化合物加氢产生饱和烃。

黏土矿物（铝硅酸盐类）是自然界分布最广的无机盐类催化剂。它在 150～250℃ 可使酒精和酮脱水或使脂肪酸去羧基，产生类似石油的物质。不同黏土矿物与有机质之间的催化作用、吸附作用、焦化作用的强度不同，其中，蒙脱石对干酪根热解烃组成的影响最大，伊利石、高岭石的影响较弱。由于黏土矿物有助于干酪根产生低分子液态烃和气态烃，因此，在黏土矿物的催化作用下，地温不需太高便可达到成熟门限温度，干酪根发生热降解，杂原子（O、N、S）的键破裂产生 CO_2、H_2O、N_2、H_2S 等挥发性物质，同时，获得大量低分子液态烃和气态烃。

（6）放射性作用（Radioactivity）。在泥质岩中富集大量放射性物质，沉积物所含水分在 α 射线轰击下可产生大量游离氢，所以铀（U）、钍（Th）等放射性物质是促使有机质向油气转化的能源之一。

综上所述，在有机质向油气转化的过程中，上述各种条件的作用因其时空变化不同而不同。细菌和催化剂都是在特定阶段才显著地加速有机质降解而生成油或气。放射性作用则可不断提供游离氢的来源，只有温度与时间在油气生成全过程才都起着重要作用。所以，有机质转化成干酪根再降解成烃的转化是在适宜的地质环境中多种因素综合作用的结果。

同时，由于陆相和海相沉积环境的差异，导致海相和陆相在生油气条件及生成的油气性质方面也有所不同（见表2-6）。世界上的主要含油气地区都是海相生油气沉积环境，但是我国却主要是陆相生油气沉积环境，为此我国石油地质学家在油气勘探实践中创造性地提出了陆相生油理论，在该理论的指导下，我国陆上油气勘探取得了巨大的成绩。

表2-6　海相、陆相油气生成主要差异对比表

项　目		陆　相	海　相
沉积环境	沉积相	深水-半深水湖相	陆棚相，台内较深水相
	水介质	低矿化度淡水-半咸水	中矿化度咸水
岩石类型	生油岩岩性	暗色泥质岩	暗色纹层状灰质泥岩，暗色泥晶灰岩
	岩石成分	富含硅铝酸盐黏土	富含碳酸钙和碳酸镁
成岩作用		压实作用为主	化学和结晶作用为主
沉积有机质	有机质来源	湖生低等生物及陆源植物（富含蜡质）	藻类及细菌（富含类脂）
	干酪根类型	中间型-偏腐泥型；H/C原子比为1.0～1.3	腐泥型为主；H/C原子比多为1.2～1.5
	有机碳含量	0.4%～2.0%	碳酸盐岩常大于0.3%；泥岩常大于0.49%
热演化作用	生油岩烃转化率	显微组分复杂，多阶段成烃，时间长，一般大于3%～5%	显微组分相对简单，成烃时间短，一般大于5%～10%
	原油成熟度	正常	明显见到迟缓熟化效应
排烃运移		难排烃，短距离运移	易排烃，长距离运移
原油性质	物　性	高蜡（>8%），低硫（<0.5%）	低蜡（<8%），高硫（>0.5%）
	饱和烃	大于40%～60%，富含长链烷烃（>nC_{30}）	一般30%～40%，长链烷烃稀少
	芳香烃	一般20%～30%	一般30%～40%，富含噻吩类化合物
	非　烃	5%～10%	常大于10%
	微量元素	低钒高镍，V/Ni<1	高钒低镍，V/Ni>1

2.3　油气成因二元论

尽管晚期有机成因说被大多数人所接受，但在目前已经开发的油气田中，确实找到了无机成因的石油和天然气，于是诞生了石油成因的二元论。

油气成因二元论（Dualism Theory）是指油气既可以是有机物转变而来的，也可以是由无机物转变而来的。二元论拓展了人们的思维天地，但目前还处于科学研究的初期阶段，它也正被越来越多的人所接受。

2.4　天然气成因类型

广义上，天然气是指自然界中天然存在的一切气体，包括大气圈、水圈、生物圈和岩石圈中各种自然过程形成的气体。但人们长期通用的"天然气"，则是从能量角度出发的狭义

定义，是指一切从地下采出的可燃气体，它是烃类和非烃类气体的混合物。天然气成因更为复杂，有多种成因类型，主要有生物化学气、油型气、煤型气和无机成因气。

（1）生物化学气（Biochemical Gas）

沉积有机质在生物催化阶段，由细菌的厌氧发酵使纤维素降解形成甲烷（CH_4）和二氧化碳（CO_2）等气体，这种以甲烷为主的气体称为生物化学气或生物成因气。如我国青海油田的涩北气田的天然气就是生物化学成因气。

（2）油型气（Oil-Related Gas）

在成因上与生油密切相关，主要由来自低等生物的沉积有机质生成，或者由石油在高温下裂解而成。若未做特别说明，本书所指天然气（Natural Gas）均为油型气，如油藏的伴生气、凝析气藏气及大多数的天然气藏气。

（3）煤型气（Coal-Related Gas）

在形成煤的过程中，来自高等生物的沉积有机质生成的气体。以甲烷为主，含有一些非烃类气体。煤型气也称为煤层气，瓦斯气体。如我国山西沁水盆地和陕西韩城都有一定规模煤层气的开发；鄂尔多斯盆地中部大气田东部地层天然气中含有部分来自石炭系—二叠系煤系地层的煤层气。

（4）无机成因气（Inorganic Gas）

由于地球深部岩浆活动和岩石变质作用形成的可燃气体、分布于宇宙空间的可燃气体，以及岩石无机盐类分解产生的可燃气体，皆属于无机成因气或非生物成因气。如晚白垩世末期，松辽盆地基底之下的岩浆期后热液携带无机气体（其中含有 CH_4 气体）沿深大断裂向上运移，为松辽盆地的天然气藏的形成做出了贡献。

第 3 节　油气藏的形成

在油气生成之后，需要进一步探讨的是这些分散状态的油气能否聚集起来形成油气矿藏？受哪些因素制约？油气生成后，要形成油气藏，油气还需要进行运移聚集，且在漫长的地质历史时期中保存下来。本节对油气运移、聚集、保存特点及油气藏形成的条件和规律进行了阐述。

3.1　油气运移和聚集

油气在生油岩中生成后，由于生油岩致密，储集能力差，因此，生成的油气要向相邻的孔隙性和渗透性较好的储集岩中转移和运移，这称为油气运移（Oil-Gas Migration）。生油岩（Hydrocarbon Source Rocks），又称烃源岩，是指能够提供工业价值石油的生烃岩石。储集岩（Reservoir Rock）指能够储存油气，并且当开采时油气能够从中容易流出来的岩石。

油气运移包括两个过程，见图 2-18（a）：

（1）初次运移（Primary Migration），指生成的油气从生油岩（烃源岩）转移到储集岩中。初次运移过程中，压实作用和异常压力起重要作用。油气初次运移的主要通道有孔隙、微层理面和微裂缝。

（2）二次运移（Secondary Migration），指油气进入储集岩（运载岩）后的运移。二次运移过程中，浮力和水动力起重要作用。二次运移的主要通道有储集层的孔隙、裂缝、断层和不整合面。

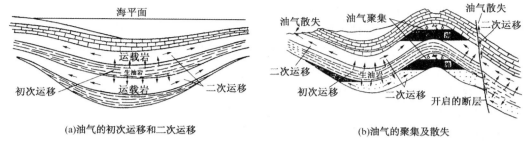

| (a)油气的初次运移和二次运移 | (b)油气的聚集及散失 |

图 2-18　初次运移和二次运移及油气散失示意图

　　油气的渗滤和扩散是油气运移的两种基本方式。在油气生成、油气运移和油气聚集过程中始终伴随着水(也称油田水或地层水)的流动；由于油、气、水密度差产生的浮力作用，在油气运移聚集过程中混合的油、气、水也在不断地进行分异。

　　进入储集岩层中的油气在构造力、浮力和水动力作用下沿岩层上倾方向运移，遇到有遮挡条件的场所(圈闭)就会停止运移，聚集在那里。随着进入圈闭的油气数量增加，便逐渐聚集成藏(Oil-Gas Accumulation)，形成油气矿藏，由于油、气、水的分异，气位于油气藏的上部，油位于气、水之间，水在油气藏的边底部[图 2-18(b)]，这就是油气运移和聚集作用的主要过程。

　　然而，在一些不利条件下，油气则可能通过断裂或其他因素运移至地表而散失掉，没有形成油气藏。油气运移从油气生成期开始，一直贯穿在油气藏的形成、调整或后期被破坏的整个过程中。油气运移是油气藏形成过程中的重要纽带。

　　地层中的石油和天然气总是沿着阻力最小的方向运移，控制运移方向的最重要的因素是区域构造背景，而其主要受全球板块构造运动的控制。从盆地整体角度分析，石油和天然气由盆地中心向盆地边缘方向运移。同时，油气的运移还要受储集层岩石的性质、岩石沉积相变化、地层不整合、断层分布及其性质、水动力条件等因素的影响。

　　我国发现的陆相油气田多有靠近沉积中心(生油凹陷)分布的特点，即所谓"源控论"，因此，油气二次运移的距离不是很大(见表 2-7)。地层中油气运移距离比较短，可能与岩性不稳定，横向相变较大有关；与断层发育、水动力条件差也有关系。油气在运移途中本身所发生的物理化学变化可作为判断油气运移方向的一种重要依据。

表 2-7　我国主要陆相盆地油气运移距离统计表

盆地名称	油气运移距离/km	
	一　般	最　大
松辽盆地	0~40	50
鄂尔多斯盆地	0~40	60
华北盆地	0~20	30
江汉盆地	0~10	15
南襄盆地	0~10	20
酒泉盆地	5~20	30
准噶尔盆地	30~50	80

3.2　油气藏的破坏和动态保存

　　油气藏的形成是运移中的油气遇到适合于聚集的场所达到暂时平衡的结果，当油气藏遭到破坏后，这种暂时的平衡状态被打破，油气就又一次进入运移状态，运移中的油气遇到新的聚集场所又会重新聚集起来，形成新的油气藏。油气藏被破坏后，油气也有可能通过各种方式流到地表，在地表形成各种各样的油气显示，这种油气显示，也称为"油气苗"（Oil and Gas Seepage），如准噶尔盆地克拉玛依黑油山公园里的油气苗。流到地表的液态石油在一定的条件下可以形成油砂和沥青矿。在漫长的地质历史时期，油气藏可能会经历多次破坏，所以油气的保存是一个动态保存过程。

油气藏破坏的主要地质作用有：①地壳运动造成的与油气聚集场所相关地层的剥蚀和断裂，导致油气藏的破坏。②热蚀变作用。比如地下岩浆活动，高温导致油气裂解或碳化，导致油气藏破坏。③生物降解作用。一些细菌对石油的降解十分明显，石油被微生物降解后，密度增加，黏度变大，油的品质变差。④氧化作用。石油与大气或地下水直接接触，使原油中的烃类组分遭受氧化，氧化严重时，油气会转化成固体沥青，油气藏被完全破坏。⑤水动力作用和水洗冲刷作用。强烈的地下水活动会将油气藏中的油气冲走，破坏或改造油气藏。⑥渗漏和扩散作用。油气通过缓慢的渗漏和扩散作用散失，最终使油气藏遭到破坏。

3.3　"生、储、盖"组合

"生、储、盖"组合是指生油层、储集层和盖层在空间上的搭配形式，其中"生"指生油层，"储"指储集岩层，"盖"指盖层。"生、储、盖"组合是油气藏形成的主要条件之一。

3.3.1　生油层

生油岩（Hydrocarbon Source Rocks），又称烃源岩（Hydrocarbon Source Rock），是指能够生成石油和天然气的岩石。大多数情况下，由生油岩生成的油和气是共生的，即当油生成时就有气生成。但是，不同类型有机质或同一类型有机质，在不同演化阶段（不同埋藏深度）生成油和气的能力不同。由生油岩组成的地层称为生油层（Hydrocarbon Source Beds），属于同一套沉积体系的生油层和非生油层叫生油岩系（Source Rock Series）。盆地内某一生油层系分布的区域叫作生油区或油源区（Source Area）。

适合生油岩发育的沉积环境是水体宁静（缺氧）、有丰富低等水生生物的沉积地区，如半深湖–深湖相、浅海相、海湾相和潟湖相，这些地区以泥质岩或碳酸盐岩为主，故理想的生油岩都是泥质岩和碳酸盐岩，例如大庆油田主要生油岩是白垩系青山口组的黑色和黑灰色泥岩。生油岩所含有机质的数量、类型、热演化程度决定生油岩的生烃能力。

3.3.2　储集层

储集岩（Reservoir Rock），是指能够储集油气并允许流体在其中流动的岩石。由储集岩组成的地层称为储集层（Reservoir），也称储层、运载层等，油气常常在其中运移和聚集。油气是在储集岩层的空隙（Void）中储集和流动的。空隙与储集空间（Reservoir Space）为同义语，按形貌和几何尺寸，空隙分为孔隙（Pore）、溶洞（Vug）和裂缝（Fracture）（见图2-19）。主要的储集岩是沉积岩，例如碎屑岩、碳酸盐岩等。在特殊情况下，非沉积岩类如果含有裂缝也可成为储集岩。

图2-19　储集空间类型示意图

储集岩与生油岩相比，最大特征是岩石颗粒较粗，孔隙或裂缝、溶洞发育。适合储集岩发育的沉积环境为河流相、山麓相、滨海相、滨湖相和三角洲相。

通常用孔隙度、渗透率、含油或含气饱和度作为评价储集岩性能好坏的指标。孔隙度评价储集空间的大小，渗透率评价油气在储集层中的流动能力，含油或含气饱和度评价原油或天然气在储集空间中所占体积的大小。

油气储集层的类型较多，根据储集空间类型，大致可以分成三大类：颗粒间孔隙型储集层、溶蚀洞穴型储集层和裂缝型储集层。这些储集空间有的大到肉眼可以看见，有的微细到只有在显微镜下才能发现。如大庆油田和长庆油田的砂岩颗粒间孔隙型储集层，华北任丘油田的碳酸盐岩溶洞型和裂缝型储集层，四川气田的碳酸盐岩裂缝型储集层。同时，还可以根据储集层的渗透性、储集层中流体的黏度和性质、岩石的类型等将储集层进行分类。

3.3.3 盖层

为了使储集层中的油气不至逸散掉，在储集层的上方需要有一套致密的、不渗透的地层把储集层中的油气保护起来，阻止油气向上渗漏或扩散，也就是阻止油气运移的遮挡岩层。其必须覆盖在储集层的上方才能够阻止储集层中的油气向上逸散，这类细粒致密岩层称为盖层（Cap Rock）。

适合做盖层的岩石有页岩、泥岩、盐岩、石膏等，致密的泥灰岩和石灰岩有时也可以充作盖层。一般来讲，一套生油岩同时可以作为其下面储集岩的盖层，因为生油岩都是细粒的非渗透性岩层，如图 2-20 所示。

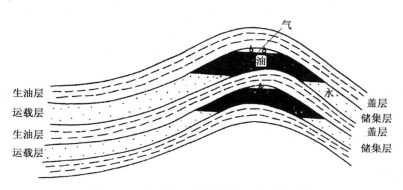

图 2-20　典型生、储与盖组合关系示意图

盖层的好坏直接影响油气在储集层中的聚集和保存。盖层要有一定的厚度，太薄了就承受不住油气对它的压力，就不能阻止油气逸散，起不到保护的作用。盖层的分布要稳定，即厚度的变化不能太悬殊，更不能有的地方有盖层，有的地方没有盖层。否则，就会在储集层的上方出现"漏洞"，油气就会从"漏洞"中逸散出去。还要求盖层不受地壳运动的破坏，如果一个完整的盖层被地壳运动破坏得支离破碎，也就失去了盖层的作用。

3.4　地质圈闭

地质圈闭（Geological Trap）是指储集层中能够阻止油气运移，并使油气聚集的一种场所。地质圈闭，简称圈闭（Trap），通常由储集层、盖层和遮挡物三部分组成。地质圈闭具备遮挡、封闭油气的条件并具有储集油气的能力，可阻止油气继续运移，使其聚集起来形成油气藏。因此圈闭是油气藏可能的所在地，是石油工作者要寻找的主要对象。

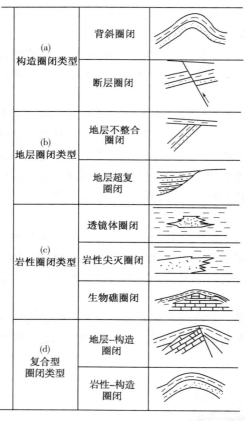

	背斜圈闭	
(a) 构造圈闭类型	断层圈闭	
(b) 地层圈闭类型	地层不整合圈闭	
	地层超复圈闭	
(c) 岩性圈闭类型	透镜体圈闭	
	岩性尖灭圈闭	
	生物礁圈闭	
(d) 复合型圈闭类型	地层-构造圈闭	
	岩性-构造圈闭	

图 2-21　圈闭分类

只有有效圈闭才能捕获油气。所谓有效圈闭是指：圈闭形成时间不能晚于油气大量运移的时间，否则它就不能捕获油气；圈闭所处位置离油源区不远，并在油气运移的通道上，否则也不利于捕获油气。因此有效圈闭的"有效"是指圈闭形成时间和分布位置能够有利于捕获油气。油气藏都是有效的圈闭。

地质圈闭的种类很多（如图 2-21 所示），但按圈闭的成因，可以分为三种类型，即构造圈闭、地层圈闭和岩性圈闭。

3.4.1　构造圈闭

构造圈闭（Structural Trap）是世界上发现最多、最常见的一种圈闭，它是由地壳运动使地层发生变形（褶皱）或变位（断裂）而形成的圈闭。这些褶皱和断裂，在条件具备时就可以形成构造圈闭，如背斜圈闭和断层圈闭等，见图 2-21（a）。

（1）背斜圈闭（Anticline Trap）。在构造运动作用下，地层发生褶皱弯曲变形而形成的地质圈闭，称为背斜圈闭。储集层正上方有盖层封盖，侧方有弯曲的盖层遮挡，下方和下倾方向被水体或非渗透性岩层联合封闭而成。形态如倒扣的锅。

（2）断层圈闭（Fault Trap）。指沿储集层上倾方向受断层遮挡而形成的地质圈闭。储集层正上方有盖层封盖，侧方有断层遮挡（油气层与断层面另一侧的非渗透岩石对接）。断层能否形成圈闭，在很大程度上取决于断层使岩层位移后，储集层上倾方向所接地层的封闭性。

3.4.2　地层圈闭

地层圈闭（Stratigraphic Trap）是因地壳升降运动引起地层超覆、沉积间断或风化剥蚀等形成的圈闭，如地层不整合圈闭或地层超覆圈闭等，见图 2-21（b）。

（1）不整合圈闭（Unconformity Trap）。不整合圈闭是不整合面与构造因素或岩性因素结合形成的圈闭，圈闭的分布，既可以在不整合面之上，也可在不整合面之下。古潜山圈闭是不整合面下的一种重要圈闭类型，在渤海湾地区广泛发育，是我国重要的油藏勘探目标之一。

（2）地层超覆圈闭（Stratigraphic Overlap Trap）。水进时沉积范围不断扩大，较新沉积层覆盖了较老地层，原在坳陷边部的侵蚀面沉积了孔隙性砂岩，后在其上沉积了不渗透性泥岩，就形成了地层超覆圈闭。

3.4.3　岩性圈闭

岩性圈闭（Lithologic Trap）是指在沉积盆地中，由于沉积条件的改变或成岩作用而造成储集层在横向上发生岩性变化，并为不渗透岩层遮挡而形成的圈闭。沉积过程中因沉积环境或动力条件的改变，岩性在横向上会发生相变。当砂岩层向一个方向上变薄，直至上下层面

48

相交于一点即尖灭在泥岩中，形成岩性尖灭圈闭，若向两边尖灭则形成透镜体圈闭，见图2-21(c)。

岩性圈闭主要是由储集层岩性的变化形成的，其变化既可以是沉积造成，也可以是成岩作用等引起。岩性圈闭的分布与沉积环境有着极为密切的关系。

3.4.4 复合圈闭

除上述三种单一因素的圈闭类型外，还有由它们彼此相结合而形成的复合圈闭。复合圈闭(Combination Trap)是指由两种或多种因素共同作用而形成的复杂圈闭，如地层-构造圈闭、岩性-构造圈闭等，见图2-21(d)。复合圈闭存在于各个含油气盆地中，并在实际油气勘探中日益显示出它的重要性。我国的渤海湾地区存在大量由复合圈闭形成的油气藏。

3.5 油气藏类型

3.5.1 油气藏和油气田基本概念

油气藏是地壳上油气聚集的基本单元，是存在油气的地质圈闭(也称油气圈闭)，是油气勘探开发的对象。在勘探开发中，将单一圈闭中具有同一压力系统和统一的油气水界面的油气聚集称为油气藏(Oil and Gas Reservoir)。只有单相油存在的称为油藏(Oil Reservoir)，只有单相气存在的称为气藏(Gas Reservoir)。

一个地区成因相似，并且在同一面积内受同一构造(或同一地层，或同一岩性)因素控制的油藏、气藏和油气藏组合分别称为油田(Oil Field)、气田(Gas Field)和油气田(Oil and Gas Field)。

人们通常所说的大庆油田、胜利油田、长庆油田等则主要是从地理意义上或指行政管理单位而言。实际上，他们内部含有多个地质意义上的油田、气田或油气田。

一个大型的油气藏就可以单独成为一个油气田，也可以由多个油气藏组成一个油气田。一个油气藏存在于一个独立的圈闭之中，油气在其中具有一定的分布规律和统一的压力系统。图2-22(a)所示为在同一背斜构造中，三套储集层形成三个油气藏；图2-22(b)所示为同一套储层被断层错开，断层两侧具有不同的油水界面，属于两个油气藏。

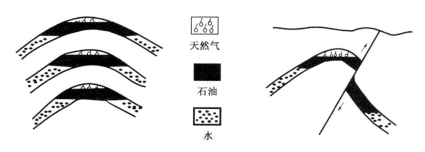

天然气

石油

水

（a）不同储层形成不同油气藏　　　　（b）同一储层被断层错开形成不同油气藏

图2-22　单一油气藏特征

3.5.2 油气藏类型

根据圈闭成因类型，油气藏可分为构造油气藏、非构造油气藏及复合油气藏。

（1）构造油气藏(Structural Oil/Gas Reservoir)

构造油气藏指储油气圈闭为构造圈闭的油气藏，包括背斜油气藏(Structural Oil/Gas Reservoir)和断层(或断块)油气藏(Fault-Screened Oil/Gas Reservoir)。

世界大油田中，背斜油气藏占总数75%以上，我国已发现的油气藏大多数也是背斜油气藏，如大庆油田。断层油气藏也常见，如新疆克拉玛依油田主要是断层油气藏，胜利油区东辛油田也是断层油气藏。

因为构造圈闭有特殊构造形态，特别是背斜油气藏的形成条件和形态较简单、油气聚集机理简单，这类油藏用地震勘探资料容易识别，有的甚至可以根据地表岩层的构造推断出来，因此一个地区勘探首先是寻找构造油气藏，非构造油气藏勘探则需要更复杂的手段。

（2）非构造油气藏（Non-Structural Oil/Gas Reservoir）

非构造油气藏的储油圈闭为地层圈闭和岩性圈闭，主要包括地层油气藏和岩性油气藏。地层油气藏主要有地层不整合油气藏、潜山油气藏、地层超覆油气藏。岩性油气藏有上倾尖灭油气藏和透镜体油气藏两类。我国长庆油田主要是岩性油气藏。

（3）复合油气藏（Combination Trap Oil/Gas reservoir）

有些圈闭是受多种因素控制的，如某些圈闭既有断层的作用又受地层的影响，故把受多种因素控制的油气藏称为复合油气藏。

3.5.3 油气藏中油、气、水的分布

油气藏中不仅有油、气，而且还有水。在油气进入圈闭前，圈闭常常是充满水体的，油气进入后只能将圈闭中的部分水驱赶出来，油气水即发生重力分异作用，最轻的气在上面，较重的油在中间，最重的水在油气的下部（见图2-23）。

根据水层在油藏中的分布范围，油藏可分为底水油藏和边水油藏两种类型。底水油气藏中水在油层下部，见图2-23（a）；边水油气藏中水在油气藏的四周，见图2-23（b）。

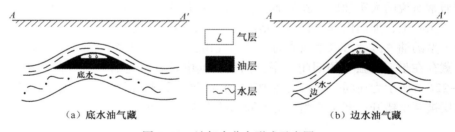

（a）底水油气藏   （b）边水油气藏

图2-23　油气水分布形式示意图

3.6 油气成藏条件

形成具有商业价值开发的油气藏，需要具备以下四个方面的基本条件：

（1）充足的油气来源。能否形成储量丰富的油气田，充足的油气来源是重要的前提。松辽盆地能形成大庆油田，是由于盆地有巨厚的、质量优良的生油层和大型生油凹陷。

（2）良好的生、储、盖组合。生油层上下有物性良好的储集层，生油层生成的油气能及时地运移到储集层中，并具有良好的运移通道，油气能通畅地向圈闭运移并在圈闭中聚集；而性能良好的盖层，则能保证储集层中的油气不会逸散。

（3）有效的圈闭。在油气运移前形成、并处在油气运移通道上的圈闭，才是聚集油气的有效圈闭。如果圈闭条件较好，油气聚集的数量较大，具有开采价值，则形成有商业开发价值的油气田。如果圈闭条件差，聚集油气的数量少，没有开采价值，则称为无商业价值的油气田。油气聚集规模大小不一。世界最大的油田，地质储量超过100亿t；中国最大的大庆油田，石油地质储量超过56.7亿t；而小油田的地质储量仅几百万t。

（4）良好的保存条件。在漫长的地质历史中，油气藏可遭到各种因素的破坏，地壳运动剧烈的地区，圈闭被破坏，储集层遭到风化剥蚀等，使油气散失，形成油气苗或沥青。能够得以保存下来的油气藏，一般是未经受严重破坏，以及油气性质未发生变质的油气藏。因此，必须对地质构造发展史、盖层和储集层发育条件、地下水活动情况以及岩浆活动等因素进行全面分析，正确判断油气藏的保存条件。

3.7　油气藏分布规律

从资源分布轮廓上看，地壳中油气资源的分布非常普遍，无论是大陆或海洋、高原或平原、沙漠或湖沼，在其之下的地层中都有油气田的分布。但是，地壳中油气资源的蕴藏量却很不平衡。全世界共有 600 多个沉积盆地，在全世界已产出工业石油的 160 个盆地中，只有 6 个盆地发现储量超过 70 亿 t 石油或当量天然气，这 6 个盆地的总储量占世界已发现石油总储量的 65%。

从产油气层系的地质时期看，油气藏分布也是普遍的，但在各个时期层系中蕴藏量是不均衡的。新生界地层石油储量占世界总储量的 24.3%，中生界占 65.2%，古生界占 10.5%。天然气资源量由多至少，依次属于中生界、古生界、新生界。从产油气层的岩性来看，以砂岩、石灰岩及白云岩最重要，占世界油气总储量 99% 以上。因此，石油在空间和时间上的分布都是不均匀的。

由于不同的地壳演化历史和沉积特征不同，世界上没有任何两个含油气盆地的地质特征完全相同。但是，从它们的共同特点中可以得出以下两点认识。

（1）沉积岩厚度大、面积广的晚元古代以后的沉积盆地都有希望发现油气藏。

世界上大油田都是在较大的沉积盆地中发现的。沉积作用具有旋回性，即在垂直剖面上，不同岩性交替出现，在几千米厚的沉积岩中，一般不会缺乏生油层、储集层和盖层，只要"生、储、盖"有效配合，并且有较大的有效圈闭和较好的保存条件，就有油气勘探潜力。

（2）生油凹陷内部及其周边的圈闭是油气藏分布的有利地带。

一个沉积盆地的生油区都位于沉积凹陷内，凹陷内生成的油气向周边运移，就好像由锅底向锅边运移。如果凹陷内或周边有圈闭，则最有利于捕集油气。远离凹陷的圈闭捕获油气的条件较差，除非生油凹陷中油气资源非常充足。在油气充满凹陷近处的圈闭后，就会向较远处的圈闭供应。按照这个规律，进行一个盆地的勘探时，首先应确定生油凹陷分布范围，并同时在凹陷内及周边寻找圈闭。

油气藏的形成是石油地质研究的核心问题，油气藏的形成过程就是在各种成藏要素的有效匹配下油气从分散到集中的转化过程，油气藏的形成和分布是生、储、盖、运、圈、保多种地质要素综合作用的结果。

思　考　题

1. 油气是如何生成的？其主要观点有哪些？
2. 什么是油气藏？油气藏形成的基本条件是什么？按圈闭成因，油气藏有哪些类型？
3. 板块构造学说的主要观点有什么？与地质构造及油气藏的形成有什么关系？
4. 什么是沉积盆地、含油气盆地？沉积盆地中，哪些区域可能存在油气藏？

5. 哪些类型的岩石能够生成和储存油气？

6. 油气在地层中是如何运移的？运移的主要动力和方向？运移到什么地方就可以聚集起来？

7. 生、储、盖组合与油气藏的形成有什么关系？

8. 试分析沉积环境与油气藏的形成和油气藏的类型、大小的关系。

参 考 文 献

[1] 李德生，罗群. 石油——人类文明社会的血液[M]. 北京：清华大学出版社，2002.

[2] 田在艺，薛超. 流体宝藏——石油和天然气[M]. 北京：石油工业出版社，2002.

[3] 陈鸿璠. 石油工业通论[M]. 北京：石油工业出版社，1995.

[4] 河北省石油学会科普委员会. 石油的找、采、用[M]. 北京：石油工业出版社，1995.

[5] 中国石油和石化工程研究会编，王毓俊执笔. 勘探[M]. 北京：中国石化出版社，2000.

[6] 蔡燕杰，许静华，魏世平，等. 石油勘探开发基础知识[M]. 北京：中国石化出版社，1999.

[7] 李茂林. 油气田开发地质基础[M]. 北京：石油工业出版社，1981.

[8] 张厚福. 石油地质学[M]. 北京：石油工业出版社，2003.

[9] 戴启德，黄玉杰. 油田开发地质学[M]. 青岛：中国石油大学出版社，2004.

[10] 赵澄林，朱筱敏. 沉积岩石学[M]. 3版. 北京：石油工业出版社，2001.

[11] 刘吉余. 油气田开发地质基础[M]. 4版. 北京：石油工业出版社，2006.

[12] 刘振宇，赵春森，殷代印. 油藏工程基础知识手册[M]. 北京：石油工业出版社，2002.

[13] 姜在兴. 沉积学[M]. 北京：石油工业出版社，2003.

[14] 石油工业标准化技术委员会油气田开发专业标委会. SY/T 6174—2012 油气藏工程常用词汇[S]. 北京：石油工业出版社，2013.

第3章 石油勘探

望茫茫大地，何处找寻油气？石油勘探（Petroleum Exploration），也称油气勘探，是指为了寻找和查明油气资源，利用各种勘探手段了解地下的地质状况，认识生油、储油、油气运移、聚集、保存等条件，综合评价含油气远景，确定油气聚集的有利地区，找到储集油气的圈闭，并探明油气田面积，搞清油气层情况和产出能力的过程。寻找地下的油气藏较一般固体矿产更复杂困难，因为一般的固体矿藏，如铁矿或煤矿，它们在哪里形成，就可以在哪里找到，而深埋在地下的石油和天然气却不然，因为它们是可挥发的烃类流体，可以在地层中流动、运移，极大地增加了寻找油气藏的难度。那我们怎样寻找油气藏，采用什么方法？本章将对石油勘探中的主要概念、过程、技术进行介绍。本章主要知识点及相互关系见图3-1。

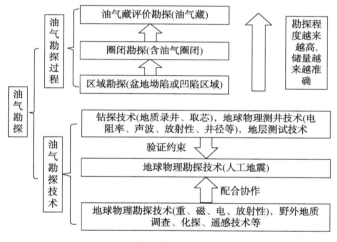

图 3-1　本章主要知识点及相互关系

第1节　石油勘探的基本过程

1.1　石油勘探的过程

概括地讲，石油勘探的过程就是定盆地、查凹陷、找圈闭、探油气的过程。即：

（1）要着眼于什么地方有盆地。只有沉积盆地才有厚度巨大的沉积地层和能生油的丰富的有机质。我国陆地和海上大大小小的沉积盆地已发现500多个，这是寻找石油的广阔天地。

（2）要在盆地中寻找生油凹陷。生油层在生油凹陷中最发育，是油气的发源地。

（3）要在生油凹陷附近寻找主要的油气聚集区。这个地区最靠近油源，是"近水楼台先得月"的好地方。

（4）要在主要油气聚集区内寻找圈闭，这是可能存在油气藏的所在地。

（5）在圈闭的最高部位钻第一口找油井。此井称为预探井（Preliminary Exploratory

Well），目的是了解圈闭有无油气。

（6）在预探井发现油气后，就要向外扩大布井范围，钻一定的详探井（Detailed Exploration Well），目的是了解油气藏含油气的边界，即探明油气藏面积的大小。在明确油田的范围以后，则要按一定距离部署开发井，将油田投入生产开发。

1.2 石油勘探的阶段及工作任务

石油天然气勘探工作是一个循序渐进的过程。根据对地下情况认识的程序和工作特点，石油勘探分为区域勘探、圈闭预探、油气藏评价勘探三个阶段。

1.2.1 区域勘探

区域勘探（Regional Exploration）是指从盆地的石油地质调查开始到优选出有利含油气区带的全过程。勘探对象是盆地（或坳陷及周缘地区，或凹陷及周缘地区）。

区域勘探的任务是搞清区域地质结构和油气生成、聚集条件，筛选出有利的生油凹陷，评价油气聚集的有利构造带，提出参数井位，为进一步开展的油气预探工作做好准备。

区域勘探阶段需要查明盆地和区域地层以下六个问题：

（1）地层情况。沉积地层的时代、厚度、岩性、岩相及其变化，特别是不整合面及砂体分布情况。

（2）构造情况。在划分了一级构造单元的基础上，初步查明二、三级构造的形态、特征及其分布，确定主要断层的性质、分布以及它们的发育历史，并分析研究圈闭类型及特点。

（3）生油条件。划分生油层系，了解其岩性、厚度及分布规律，并做岩性、地球化学、地温梯度及历史分析。

（4）储集层、盖层及生、储、盖组合分析。分析储集层岩性、孔隙类型、厚度及物性变化，盖层类型的厚度及分布，生油层、储集层接触及分布关系，生、储、盖组合情况。

（5）油气水资料。研究油气宏观及微观显示，油气直接显示，油、气、水的物理、化学性质和分类。

（6）基底概况。基底的岩性、起伏及断裂情况，重点是起伏情况。

区域勘探阶段又划分为建立项目、物探普查、钻参数井和盆地评价四个步骤。

1.2.2 圈闭预探

圈闭预探（Trap Preliminary Exploration）是指从盆地区域勘探优选出的有利含油气区带进行圈闭准备开始到圈闭预探获得工业性油气流的全过程。勘探对象是圈闭。

圈闭预探阶段的主要任务是：经过区域勘探后，对构造成藏条件进行对比评价，在选定的有利构造或圈闭上，进行以发现工业性油气流为目的的预探井钻探工作，探明圈闭的含油气性，推算含油、含气边界。

在圈闭预探工作中，应进一步查明地下构造的形态和断裂情况。发现油气藏后，应取得油气藏有关的产量、压力、油气层性质等初步资料，并推断油气藏类型。

圈闭预探可分为确定预探项目、地震详查、预探井钻探、圈闭评价四个步骤来完成。

1.2.3 油气藏评价勘探

油气藏评价勘探（Appraisal Exploration of Oil and Gas Reservoir）是指从圈闭预探获得工业油气流开始到探明油气田的全过程。勘探对象是获得工业油气流的圈闭（或油气藏）。

评价勘探的任务是在已发现存在工业油气藏的基础上，查明含油气边界，确定含油气面积、含油高度和油气储量，对油气层的岩性、分布及其连通情况进行分析，查清岩石物性及产能，对油气藏进行综合评价及经济效益预测分析，为编制油气藏开发方案做好准备。

油气藏评价勘探可分为项目建立、地震精查、评价井钻探、油气藏评价四个步骤来完成。

1.3 滚动勘探开发

国内外油气勘探的历史经验表明，复杂油气田被发现后，还需要经过一个相当长时间的勘探开发过程，方可全部探明油田地质储量。虽然油气田经过了区域勘探、圈闭预探，甚至评价勘探阶段，基本探明了油气藏地质情况，但有许多地质问题仍需在开发过程中逐步解决。

对某些油气田按一般情况布置的探井数量，往往控制不了绝大多数油藏，或者说可能有相当一部分油气藏被漏掉。加之油、气、水关系复杂，在剖面上油水层交替出现，同一油层在平面上会断续出现，这些必然会导致油田各区块的油气地质条件差异大。故从浅层油藏到深层油藏，从一个区块到另一个区块的勘探开发过程中，均需反复认识，多次勘探，甚至有可能当第一个区块投入全面开发后，在勘探第二个区块的启发下，反过来再补充勘探第一个区块的浅层或深层油气藏。因此相当多的油气田均有必要将勘探工作贯穿于开发的全过程中，即所谓滚动勘探开发。滚动勘探开发(Rolling Exploration and Development)是指对复杂油气聚集带(区)，在预探至全面开发阶段之间，采取在整体控制基础上探明一块开发一块，区块交叉，地震、探井、开发与建设交叉进行的边勘探边开发的工作方法，是结合油气藏开发对常规勘探过程的进一步深化的油气勘探过程。

对一个复杂的油气区、油气聚集带、油气田或在一个油田区块，在开发几十年，甚至更长时间后，随着对地下认识的提高，仍有可能发现新的油层或油气藏，即所谓新层位、新区块、新领域和深层(包括基岩)油藏，因此油气勘探与油田开发过程是并存的，直至油田开发结束。

1.4 油气地质储量及分类

地壳中由地质作用形成的油气自然聚集量称为油气资源量(Total Petroleum Resources)，它包括已发现资源量和未发现资源量。石油勘探的最终目的就是要找到这些油气资源，就是要得到油气藏(田)或勘探区域储层的油气地质储量。油气地质储量(Discovered Petroleum initially-in-Place)是指在钻探发现油气后，根据已发现油气藏(田)的资料估算求得的已发现油气藏(田)中原始储藏的油气总量。没有特别指明，一般的地质储量数据都是换算到地面标准条件(20℃，0.101MPa)下的数据。根据油气勘探的探明程度，可将油气地质储量分成以下三级：

(1) 预测地质储量

预测地质储量(Forecasting Petroleum initially-in-Place)是指在圈闭预探阶段预探井获取了油气流或综合解释有油气层存在时，对有进一步勘探价值的、可能存在的油气藏，估算求得的、确定性很低的地质储量。

(2) 控制地质储量

控制地质储量(Controlled Petroleum initially-in-Place)是指在圈闭预探阶段预探井获得工业油气流，并经过初步钻探认为可提供开采后，估算求得的、确定性较大的地质储量，其相对误差不超过±50%。

估算控制地质储量时，应已经初步查明构造形态、储层变化、油气层分布、油气藏类型、流体性质及产能等，具有中等的地质可靠程度，可作为油气藏评价钻探、编制开发规划和开发设计的依据。

（3）探明地质储量

探明地质储量（Proved Petroleum initially-in-Place）是指在油气藏评价阶段，经评价钻探证实油气藏可提供开采并能获得经济效益后，估算求得的、确定性很大的地质储量，其相对误差不超过±20%。

估算探明地质储量时，应已经查明油气藏类型、储集类型、驱动类型、流体性质及分布、产能等；流体界面或油气层底界应是钻井、测井、测试或可靠压力资料证实的；应有合理的井网控制程度，或开发方案设计的一次开发井网；各项参数均具有较高的可靠程度。

随着勘探工作的进展和认识程度的提高，控制、预测、探明三级油气地质储量是一个不断变化的地质–技术–经济参数。石油勘探的任务就是逐步将资源量升级为储量，将低级储量升级为高级储量的工作过程。

1.5 油气勘探技术手段

油气田分布的隐蔽性和复杂性决定了石油勘探是高投入、高风险、技术密集的复杂系统工程。这项工程可以概括为两类技术手段，一是钻前间接手段，二是钻探直接手段，这是勘探任何油气田必须采用的技术手段。所谓钻前间接手段是指不打探井而采用的各种勘探石油的方法，主要包括地质调查方法、物探（地球物理勘探）方法、化探（地球化学勘探）方法、遥感技术等。其中主要采用的是物探方法，钻前勘探的大部分投资用于物探，物探方法主要包括人工地震勘探、重力勘探、磁力勘探及电法勘探。钻探直接手段就是用钻井的方法钻穿可能存在油气的地层，运用测井技术、地质录井技术及地层测试技术等直接研究地层及其中的流体（见图3-2）。在所用的油气勘探技术手段中，人工地震勘探是勘探石油采用的最主要方法，其他勘探技术手段主要起配合协作和验证约束作用（见图3-3）。这是因为人工地震探查含油气地层、圈闭和构造相对更为精确和准确。

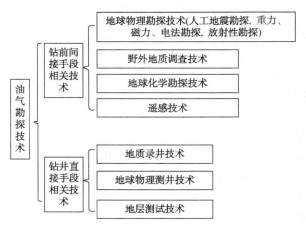

图 3-2 油气勘探主要技术分类

在石油勘探的整个过程中石油勘探技术是寻找和查明油气藏的关键，因此以下各节对石油勘探主要技术的基本原理、有关概念及基本过程进行介绍。

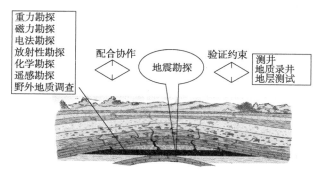

图 3-3 油气勘探各技术方法之间的相互关系

第 2 节 野外地质调查技术

野外石油地质调查 (Field Geological Survey for Oil and Gas)，是指以寻找石油和天然气为目的，对某一地区出露到地面上的岩石、地层、构造、油气苗、水文地质、地貌等进行地质填图或专题研究。出露的岩石和岩层也称为露头，通过露头可以直观研究地下含油气岩层及岩石的地质特征、岩石的性质及含油气性。如鄂尔多斯盆地延长组地层是盆地的主要含油层，其中部分地层在旬邑三水河地区出露，这样我们就可以根据这个露头，研究这个地区延长组地层的岩性、沉积相等地质特征 (见图 3-4)。

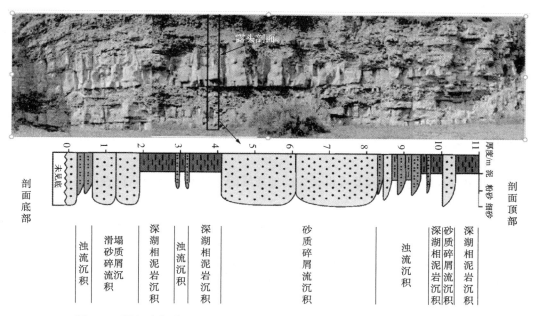

图 3-4 鄂尔多斯盆地延长组旬邑三水河露头剖面岩性及其深水沉积特征

在野外石油地质调查过程中，地质工作者携带简单的工具，通常包括地形图、指南针 (罗盘)、小铁锤、经纬仪等，在事先选定的地区内，按规定的路线和要求跋山涉水、穿越林海，或者是踏戈壁、卧沙漠，整日风餐露宿，艰苦工作，完全是以徒步"旅行"来进行找油找气的实地考察和测量。这项工作既是寻找油气田的开端，又是实施其他技术前的基础性工作。因此，野外石油地质调查是极有意义的开创性工作。

野外地质调查，一般要经过三个步骤。开始时，对情况不明的大面积的新地区进行普查（Reconnaissance Survey）；在普查基础上缩小范围，选出最有希望的地区进行详查（Detailed Survey）；最后在详查基础上，选出最有可能储藏油气的构造或地区进行细测（Detailed Structural Mapping）。野外地质调查的主要任务是：

（1）明确一个地区的地层状况。即要调查清楚预定范围有哪些岩石出现（火成岩、沉积岩、变质岩）以及它们的分布情况。通过地层分布情况，就可以明确古代的湖泊和海洋的分布范围。对沉积岩地层，还要进一步研究清楚它们分别属于哪个地质时代，是河流沉积、湖泊沉积还是海洋沉积，这些都要一一地填写到事先准备好的地形图上去，这称为"地质填图（Geological Mapping）"。根据寻找油气的需要，对于不同的地质时期的沉积地层，要调查清楚它们的岩性变化、地层厚度、沉积是否连续、有无破坏性的地质变迁的影响等等，这些都要在野外进行实地的观察、描述（记录）和测量。最后，在室内，根据这些资料整理和绘制出这个地区的地层分布图、地层厚度变化图等等。依据这些资料，也就可以研究出有无石油生成的可能性，以及提出哪里是有利的生油地区等具体结论。

（2）发现地质圈闭和调查其他地质构造情况。寻找油气的一个重要环节是要找到地质圈闭（Geological Trap）。

（3）发现和调查油气苗。油气苗（Oil or Gas Seepage）是指地下已经生成的石油或天然气，或在运移过程中，或已经储集以后又遭破坏，沿一定的通道跑到地面的产物。油气苗的形态很多。有的含油气地层大面积地裸露地表，像柴达木盆地的油砂山、克拉玛依的黑油山等。有的通过地层断裂，至今还在不断往地面冒出油气流，流向低洼地或沟川之中，称之为"石油沟""石油河"等。还有的从地下渗到地面后，由于在地面长时间地挥发和氧化，逐渐变成又黑又稠的石油，甚者变成沥青和地蜡。还有一种看不见的油苗，它们存在于岩石之中，包括碳酸盐岩的晶洞、砂砾岩的粒间孔隙或裂缝中的原油，在野外工作时，用小铁锤打开岩石，原油暴露出来，有着特殊的气味。气苗要比油苗活泼得多，出现在水塘中的气苗，水中会不断冒出气泡。根据单位时间单位面积内冒出气泡的多少，可以判别产气量的大小。

（4）采集样品。按要求采集不同地层的各类岩石样品、化石、油气苗、水化学分析样品、土壤样品等，分析是否存在生油区和聚油区、储集层的物理性质及判断地质时代及湖泊、海洋的沉积物等。

（5）提出有利的找油地区及可供钻探的地质圈闭。这是石油地质调查的目的，也是此项工作的根本性任务。

我国在60年代之前，野外石油地质调查是寻找油气田的主要方法，取得了很大成绩。早在抗日战争时期，为解决国家用油之需，由地质学家孙健初先生等先辈，在玉门找到了老君庙油田。一批新中国的石油工业的开创者们，又在新疆的准噶尔盆地发现了克拉玛依大油田，在青海的柴达木发现了冷湖油田等。到60年代以后，寻找油气田的主要力量已转到了大面积覆盖地区，使用的技术手段主要是地球物理找圈闭的勘探方法。现在地面区域地质的一些工作，也被遥感物探技术代替。

第3节　地球物理勘探技术

地球物理勘探（Geophysical Exploration），简称物探，是指应用地球物理学原理勘查地质特征、研究地下油气资源的一种方法和理论。地球物理勘探常利用的岩石物理性质有：密度、磁性、电性、弹性、放射性等，常用的地球物理勘探方法有人工地震勘探、重力勘探、磁力勘探、电法勘探、放射性勘探等，其中人工地震勘探方法是最主要的寻找含油气地层、圈闭和构造的方法。

3.1　人工地震勘探技术

3.1.1　人工地震勘探技术的特点

人工地震勘探技术(Seismic Exploration)，简称地震勘探技术，是利用岩层中地震波的传播速度和岩层岩石密度的差异，通过观测和分析大地对人工激发地震波的响应，推断地下岩层的性质和形态的一种地球物理勘探方法。地震勘探技术是寻找储集油气圈闭最普遍、最有效的一种手段。地震勘探技术具有四个方面的特点：

（1）地震勘探与其他物探方法相比，具有精度高的优点，而其他物探方法都不可能像地震方法那样详细而较准确地了解地下由浅到深一整套地层的构造特点。

（2）地震勘探技术除了可以获得地下几百米至几千米的地质构造外，还可以判断地层岩性，判断地质圈闭中是否含有油气。

（3）经过特殊处理的地震资料与钻井资料结合，可以研究储集层的特性(包括孔隙度、渗透率等)、生油层的分布等。

（4）地震勘探与钻探相比，具有成本低以及可以了解大面积地下地质构造情况的特点。

国内外在石油勘探方面的总投资中，有很大一部分是用于地震勘探的。在我国，自大庆油田发现以来，新发现的油田有90%以上是用地震勘探方法找到的。地震勘探是寻找油气圈闭、探查地下地质构造、地层岩性等最普遍、最有效的手段。其他的地球物理勘探方法如重力、磁力、电法勘探等使用得相对较少，但这些方法自身也都具有一些地震勘探不能取代的特点，它们是地震勘探的补充，配合协助地震勘探。

3.1.2　地震勘探的原理和步骤

3.1.2.1　地震勘探的原理

天然地震(Earthquake)是地球内部运动而引起的地震波的传播。人工地震勘探则是用人工的方法引起的地震波的传播。地震波(Seismic Wave)的传播速度与波的性质有关。地震波是既有横波(岩石质点振动的方向与传播方向垂直，S波)、又有纵波(岩石质点振动的方向与传播方向平行，P波)的复杂类型的机械波。但在同一种岩石中，纵波与横波的传播速度很不相同。据理论计算，纵波的传播速度是横波的1.73倍，这说明在岩层中地震波传播时纵波永远走在横波前面。纵波的反射强度远远大于横波的反射强度。无论在地表还是在水中纵波都容易被激发。因此，目前在地震勘探中主要是利用纵波(P波)来观测研究地下地质情况。

地下岩层一般是成层分布的，尤其是沉积岩，在沉积过程中往往形成层状结构。由于沉积时代不同，上下不同岩层的岩石密度及波速度不同，以及岩石孔隙内含有的流体性质和数量不同等，使岩层与岩层之间就有着不同的波阻抗界面存在。如图3-5所示，在地面上放炮或用震源车震动就会产生地震波，并能向地下传播；地震波遇到波阻抗(地震波速度与岩石密度的乘积)差界面，即上下岩层的波速度和岩石密度不同时(例如砂岩和泥岩两种地层的分界面)，就会发生反射；再向下传播又遇到两种岩石的分界面2(例如泥岩和石灰岩的分界面)，也会发生反射；在放炮的同时，在地面上用检波器把来自各个地层分界面的反射波所引起地面振动的情况记录下来，然后根据地震波从地面开始向下传播的时刻(即爆炸的时

59

刻）和地层分界面反射波到达地面的时刻，得出地震波从地面向下传播到达地层分界面，又反射回地面的总时间（也称为双程反射时间），再用地震模型反演等技术，计算出地震波在岩层中传播的速度（一般为 1500~7000m/s），就可以计算出地层分界面的埋藏深度。地震波在地下传播过程中遇到波阻抗差界面会有一部分能量反射回来而其余能量透射过去，透射下去的能量遇到下一个分界面又有部分能量反射回来，反射能量大小取决于波阻抗差的大小。记录不同层位分界面（往往是波阻抗差界面）反射到地表或水面的地震波，再在室内进行处理和解释，就可以了解地质构造，甚至岩性及含油气信息，这就是反射波地震勘探的基本原理，也是最常用的地震勘探方法。

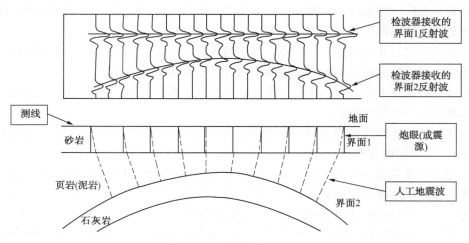

图 3-5　地震勘探原理示意图

　　地震勘探基本原理不难理解，但是真正运用这个原理来查明地下地质构造，需要解决很多技术问题。例如需要适应不同地表环境（如沙漠、山地、水面及海底等）的采集仪器和方法，在资料处理中需要提高分辨率、信噪比及构造定位精度的先进技术；在资料解释中需要能结合地震、测井及地质信息进行构造成图、储层预测及含油气分析的工业软件。地震勘探从 20 世纪 40 年代产生以来，已经发展成为集硬件与软件及应用方法为一体的成熟的工业技术。随着勘探难度的增加，地震勘探技术也在不断地提高。

3.1.2.2　地震勘探的步骤

　　地震勘探的生产工作，基本上可分为三个步骤：

　　第一阶段是野外采集工作（图 3-6）。野外资料采集包括钻浅孔、埋炸药、埋检波器，拉大线至仪器车。爆炸产生的地震波遇到岩层界面反射回来被检波器（Detector）接收并传到仪器车，就获得了地震记录。接收地震波需用灵敏度很高的检波器，它可以探测到仪器旁边一根小草的摇摆。将检波器接收到的地震波进行放大，记录在存储介质上（如磁带和磁盘）。这个阶段的任务，是在根据地质工作和其他物探工作初步确定的有含油气希望的地区，在地面上布置一条条的测线（见图 3-9），沿各条测线进行地震勘探施工，采集地下地层反射回地面的地震波信息。一条测线（Survey Line）上按一定比例尺等间距布置多个观测点，也可以部署多条测线，然后再人工激发地震，并用野外地震记录仪把地震波传播的情况记录下来。野外地震队承担第一阶段的工作。

　　第二阶段是室内资料处理。这个阶段的任务是根据地震波的理论，利用大型计算机，对野外获得的原始资料进行各种加工处理（包括时间校正、噪音去除、分辨率提高及偏移成像

60

等），以及计算地震波在地层内传播速度和深度等。这一阶段得出的成果是"地震剖面图"（Seismic Profiles）（图3-7）和地下地层传播的速度资料（也称地震波速度体）。资料处理工作在配备有计算机和有关专用仪器设备的计算站完成。地震剖面图就像从地面垂直向下切了一刀，在二维空间（长度和深度方向）上能够较为清晰地反映出地层岩性、构造形态等。

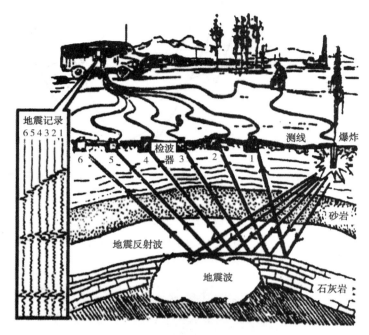

图 3-6　陆上地震勘探野外采集示意图

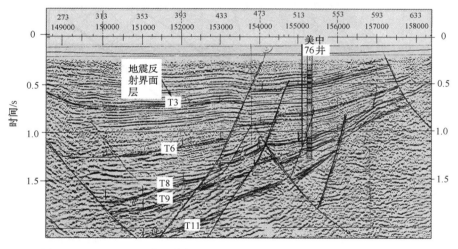

图 3-7　BL98-58 测线层位标定及地震解释剖面图（也称时间域等 T 图）

　　第三阶段是地震资料的解释和绘图。由于地下的情况很复杂，地震剖面上的许多现象，既可能反映地下的真实情况，也可能有某些假象。在地震剖面上只能看出地层沿剖面方向的起伏形态，而没有一个完整的立体概念。地震资料的解释工作（解释的目的），就是要综合地质、钻井及其他物探资料，对每一条测线对应的地震剖面进行深入分析、比对，对各反射层相当于什么地质层位做出正确的判断，对地下地质构造的特点做出说明，并绘制反映某些主要层位(可能含油地层)完整的起伏形态的图件——构造图(Structural Map)(见图3-8、图3-9),并精心落实构造圈闭,为钻探提供目标。

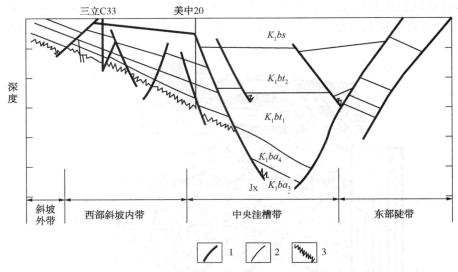

图3-8 BL98-60测线地质解释剖面图

1—断层线;2—地层线;3—不整合线

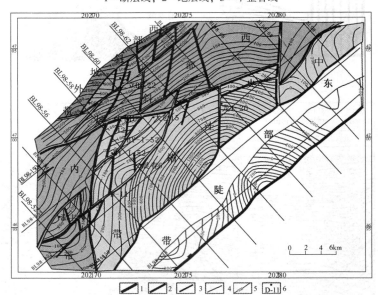

图3-9 宝勒根陶海凹陷北部主洼构造分区构造平面图

1——级断层;2—二级断层;3—三级断层;4—四级断层;5—等值线;6—井位

这就是地震勘探的三部曲:野外资料采集——室内资料处理——地震资料的解释和绘图。地震构造图是寻找油气田的重要基础图件,从某种意义上讲,没有地震构造图,现代油气勘探也就无法进行。

3.1.3 三维地震

由于地震勘探的测线只提供了二维信息,要了解一定面积内的地下情况,需要把二维地震各条测线的地震剖面进行对比分析,找出相关的信息,推断测线之间的地下情况,才能形成整体概念，得到三维构造图，但这就可能产生相当大的人为误差。三维地震（Three-Dimensional Seismic Exploration）就是通过三维空间（立体的）研究地下地质条件的地震勘探技术。三维地震勘探方法是在地面上按照设计要求布置测线，沿测线进行地震勘探施工，依靠震源（井炮或可控震源），采用面线接收方式采集地下地层（地质体）反射回地面的地震波信息，经过计算机处理后得到三维数据体（见图 3-10）。之后，地质工作者可根据工作需要提取地质信息，获得相关地质构造平面图、剖面图、三维可视图、构造图、断裂分布图、沉积相图等。平面上可以层层下切，得到不同深度的平面构造图，纵向上可以任意方向切片，获得不同方向的剖面图，通过相干切片可以清楚地反映断裂分布图，由此发现可能储有油气的构造或圈闭，则可确定其为油气钻探井位。这种方法可以提供剖面的、平面的、立体的地下地质构造图像（图 3-11），大大地提高地震勘探的精确度，对地下地质构造复杂多变的地区特别有效。三维地震勘探测线间距 20~50m（二维地震勘探测线间距在 1000m 以上），野外采集数据量极大，必须经过大型计算机处理之后，才能成为用于地质解释的基础资料。

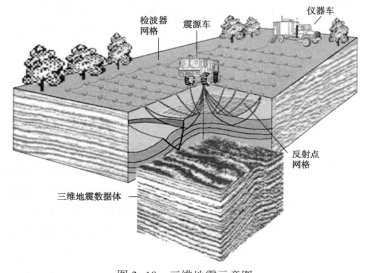

图 3-10　三维地震示意图

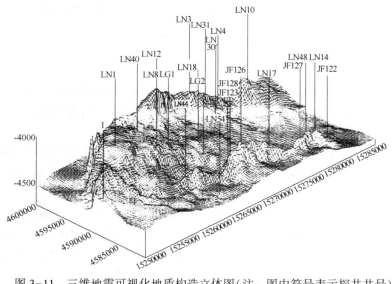

图 3-11　三维地震可视化地质构造立体图（注：图中符号表示探井井号）

目前油气勘探中，对二维、三维地震部署的要求是：①用二维地震获得地质构造，布置预探井；②发现油气层后，立即部署三维地震，精细落实圈闭及储集层变化，布置评价井，以提高钻探成功率。

断陷盆地断块复杂的构造，可以用三维地震构造图布置预探井。渤海湾盆地使用三维地震技术在查明细小断块及砂体方面，取得了显著效果，找到了二维地震没有发现的新断块。在油气藏描述和储层预测方面，三维地震发挥了不可替代的作用。

3.1.4　海洋地震勘探技术

海底中蕴藏着丰富的油气资源，海洋油气勘探十分兴旺发达。采用地震勘探方法，在海洋寻找石油和天然气，是最经济而有效的方法。海洋地震勘探（Marine Seismic Exploration），既能确定沉积盆地和生油凹陷的位置，又能落实储油气圈闭的位置、形态、埋藏深度等，在一定条件下，还能反映出圈闭的含油气情况，这是其他勘探方法难以做到的。

海上地震勘探作业时（图3-12），震源和检波器组是连续运动的，不需停下来，也不需为放炮而钻炮眼；还由于海上没有障碍物、特殊的地形和其他限制或影响，使得海上地震工作可以保持连续施工和测线的均匀分布，没有陆上常有的迫使测线间断或改变的情况。

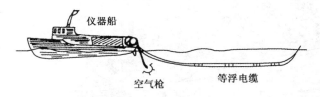

图3-12　海上地震勘探

海洋地震工作是在一条地震船（Seismic Vessel）上开展的，精密的数据记录、存储和处理系统以及生活供给品都装载在船上。地震船上设有雷达和导航系统，在航行中并不要求能见度，因此无论是白天还是夜里，是晴天还是雨天，一般都能连续工作，使得海上地震勘探速度快、成本低、效益高、质量好。与陆地勘探一样，在海洋也采用反射波法勘探技术，但由于海水只能产生压力波，就像空气中的声波一样，采集设备有很大不同，海洋地震勘探的震源一般用空气枪，在水中产生声波向地层传播，而检波器采用压力检波器接收反射波引起的海水压力变化，再由仪器把它记录下来。新的发展是海面激发、海底接收，这样检波器不仅能接收压力变化，还能接收不同方向的位移信息。

3.2　重力勘探

重力勘探（Gravity Exploration），是指以地壳中不同岩石之间的密度差异为基础，通过观测和研究天然重力场的变化规律，从而查明地质构造并判断矿产资源分布的一种地球物理勘探方法。

在一百多年前，人们才开始把地面重力加速度的变化和地球内部物质密度的不均匀性联系在一起，由此产生了重力测量。重力勘探是在重力测量的基础上发展起来的一门应用科学。

地面重力加速度的变化，主要取决于测点的纬度、高度、地形、地球潮汐和地球内各种岩石密度差异等五大要素。而从重力勘探的目的而言，这五种因素中的岩石密度差异所引起的重力变化对于找矿才有意义。一般情况下，地下岩石密度的不均匀性往往与某些地质构造、岩石类型或某些矿产分布有关。所以，地下岩石密度的不均匀所引起重力加速度的变化，可以作为研究地下地质构造或寻找某些有用矿产的地球物理信息，这就是重力勘探的基本原理。

人们为了纪念重力加速度的发现者伽利略，把重力加速度的测量单位，$1cm/s^2$定义为一"伽"。重力勘探中的重力，就是这种加速度，它是重力勘探中要测量的物理量，重力测量的基本单位定为"毫伽"（即千分之一"伽"）。重力测量编制的图件，称为"布格重力异常图"。

测量重力大小的仪器叫重力仪（Gravimeter），是根据静力平衡原理制成的。它有较高的灵敏度，能够测出微小的重力变化；同时它还具有一定的精确度，使平衡体的位移不受重力以外其他因素的干扰。重力仪的测读机构具有较高的放大能力，操作员可容易地读出平衡体微小位移所引起的数值变化。所以，重力仪能灵敏而准确地测出地球重力场的相对变化。重力场总强度$9.8×10^5$毫伽，一般重力仪能测至十分之一毫伽。

重力勘探的步骤分为野外资料采集和室内资料整理。野外资料采集是根据地质要求布置重力测线，按要求在野外测取各个网点的重力值，记录到数据表上。回到室内对测取的重力进行必要的校正，消除与地下岩石密度变化无关的干扰因素的影响，这叫"重力异常校正"。经过校正而得出的重力值，就是与地下岩石密度变化有关的地质信息。

重力测量数据校正后得到的重力异常值，分为区域重力异常和局部重力异常。区域重力异常是指在正常沉积岩区，没有局部矿体的区域背景上的重力异常。局部重力异常是指在包含矿体为测量目标的地区所测得的重力异常。从局部重力异常中消除区域重力背景后，就得到剩余重力异常。根据重力异常值绘制出布格重力异常图或剩余重力异常图，其中的正异常，通常叫重力高，是沉积岩厚度小、基底抬升高的凸起或隆起（图3-13）；其中的负异常，通常叫重力低，是沉积岩厚度大、基底埋藏深的凹陷，是有利生油区。在渤海找到的几个大油田，都在重力高所反映的凸起上。

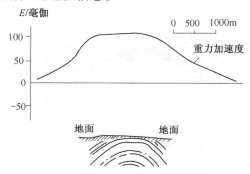

图3-13　重力勘探寻找的背斜构造

重力勘探成果能解决哪些地质问题呢？一是研究地壳深部构造包括康式面（地壳内硅铝与硅镁层分界面）和莫霍面（地壳与地幔的分界面）的起伏。二是划分盆地区域构造单元，诸如凹陷、凸起、斜坡、大的火成岩侵入体。三是确定区域性深大断裂，布伽重力异常图上的重力线密集带，通常是深大断裂的位置。四是研究油气聚集的构造圈闭。这需要重力测线十分密集，网点众多的高精度重力测量。一般把重力勘探作为一种重要的普查手段，利用重力测量直接寻找储存石油和天然气的构造。

重力勘探的地质解释要和地震、磁力等勘探成果结合起来，相辅相成，相得益彰。

3.3　磁力勘探

磁力勘探（Magnetic Exploration）是指通过观测和分析由岩石磁性差异所引起的磁异常，进而研究地质构造和油气矿产资源的一种地球物理勘探方法。

地球自身存在的磁场，称地磁场（Geomagnetic Field）。组成地壳的岩石有着不同的磁性，它使地磁场在局部地区发生变化形成磁异常。磁异常（Magnetic Anomaly）是指主要由地壳内磁性不同的岩石受地磁场磁化而产生的附加磁场。利用仪器测定这些磁异常，研究它与地质构造的关系，根据磁异常特征做出关于地质情况及矿产分布的预测，这就是磁力勘探的实质和主要任务。

地层、岩石、矿石之所以有磁性是因为它们含有磁性矿物，特别是铁磁性矿物，如磁铁矿、磁黄铁矿、钛铁矿及含铁尖晶石矿物等。这些铁磁性矿物在地磁场中被磁化而具有磁性。岩石的磁性除和铁磁性矿物的含量成比例外，同时也和它们的形状、大小以及在岩石中的排列方式有关。自然界中火成岩的磁性最强，某些变质岩有磁性，沉积岩一般磁性很弱。火成岩中以超基性岩磁性最强，基性岩次之，中性岩更弱些，酸性岩最弱。火山岩中以安山岩和玄武岩磁性较强。

用磁力勘探可以圈定地表覆盖层下非磁性岩层和磁性岩体的接触边界及其形状，发现隐伏的火成岩体，找寻与岩浆活动有关的断裂带和构造带以及圈定磁性矿物成矿带等。因此，在磁力勘探工作过程中，要注意研究对象与周围岩石是否具有明显的差异，这样才能取得较好的地质效果。实际工作表明，磁异常大多与一定走向的地质构造有关。通过测量磁力值的变化，就可以大致确定火成岩或变质岩离地面的深浅。

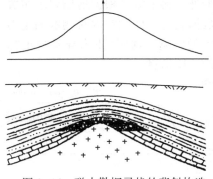

图 3-14　磁力勘探寻找的背斜构造

磁力勘探所用的仪器就是磁力仪（Magnetometer）。它的灵敏度很高，只要约有相当于普通小块吸铁石的千分之一到万分之一的磁性，就能被测量出来。飞机携带的航空磁力仪，可在不同高度的飞行中测量地面磁力值的变化，大大提高了工作效率。

磁力勘探也要根据地质要求部署测线，测量测线上各点的磁力值，并据此编制磁力异常图（图3-14）。

3.4　电法勘探

电法勘探（Electrical Exploration），是指利用岩石和矿物（包括其中的流体）的电阻率不同，在地面测量地下不同深度地层介质电性差异，从而研究地下地质构造的一种地球物理勘探方法。地球是一个导电体，各岩层的电性（电阻率、极化率等）存在差异，如果地下埋藏着导电性与周围岩石不同的矿体，电场就会发生扭曲（见图3-15），从而探知地下地质构造。

电法勘探技术对研究盆地区域结构、基底起伏状况等，能提供一定信息。

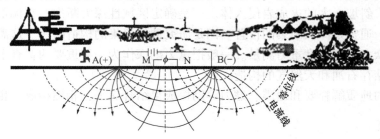

图 3-15　电法勘探施工示意图

3.5　放射性勘探

放射性勘探（Radiometric Exploration），是指通过测量岩石的放射性元素的射线强度或射气浓度来寻找放射性矿床以及解决有关地质问题的一种地球物理勘探方法。

放射性勘探的主要应用，开始时是为了发现放射性铀矿（Uranium Mine），后来该方法也应用于勘探石油和天然气。原子武器和核能燃料工业的发展促进了找铀工作，观测原理和观察技术不断改进和完善，先是在地面上观测，后又在空中和井中观测，同时核物理科学的应用范围也有所扩大。

自然界存在的放射性元素在放射性衰变中放出 α、β、γ 射线，α、β 射线常被吸收，γ 射线则被吸收较少，因此，观测的主要是 γ 射线。自然界主要放射性元素可列为 3 系：即铀（U，^{238}U）系、钍（Th）系和锕铀（AcU，即 ^{235}U）系。地壳各类岩石中均含有少量的放射性元素（见表 3-1），此外还有 180 种不成系列的天然放射性元素。

表 3-1　地壳岩石中主要放射性元素表　　　　　　　　　　μg/g

岩石类型	岩石名称	钍	铀	镭
岩浆岩	酸性岩	20.5	7.01	2.4
	中性岩	11.0	5.6	1.9
	基性岩	0.1	3.0	0.95
	超基性岩	2.36	0.6	0.19
沉积岩	石灰岩	0.5	1.5	0.5
	白云岩	—	0.3	0.11
	砂　岩	0~0.6	0~4	0~1.5
	页　岩	13.0	3.0	1.09
	黏　土	—	4.3	1.3

放射性测量的方法技术有天然放射性观测，该方法记录的是自然界放射的 γ 射线、β 射线、α 粒子、自然裂变中子、热中子等；人工放射性观测，它是利用人工 γ 辐射源的辐射使岩层中原子核产生散射 γ 射线，其所记录的是 γ 射线、伦琴射线或核反应产生的中子；还有同位素中子源的辐射观测，它是使岩层中原子核发生核反应、散射和俘获，其所记录的是中子和 γ 射线等。

放射性测量应用于石油和天然气的面积式普查（地面的或航空的），是通过发现某些地表放射性异常来探知油气藏存在的可能性。石油和天然气在圈闭中成藏与一定隆起构造有关，背斜构造的顶部与其两翼常由不同岩性的地层所组成，例如一些类型的背斜顶部常分布着粗粒沉积物，两翼凹陷处常分布着细粒沉积物。粗粒沉积物中有时可观测到放射性元素降低现象，而细粒沉积物中则出现相对的升高现象。因此，在进行放射性测量时，背斜顶部可观测到 γ 强度降低 20%~30%，而在两翼则升高 10%~15%，这种 γ 强度变化主要是铀含量变化所引起的。为此，采用天然放射性面积式测量有可能圈出含油气的远景地区。

第 4 节　地球化学勘探技术

地球化学勘探（Geochemical Exploration），简称化探，是指利用化学、物理化学和生物化学的原理发现地球化学异常，从而进行找油找气的一种方法和理论。

地球化学勘探需要研究与油气藏有关的气体成分、烃类含量、稀有金属、细菌种属等地球化学异常，主要研究方法有：气体测量法、发光沥青法、水化学法和细菌法等。由于大多数油气藏的上方都存在着烃类扩散的"蚀变晕"的特点（见图 3-16），用化学的方法寻找这类异常区，从而发现油气田。地表化探与井中化探相配合，可以提供油气层中烃类组成成分的信息。

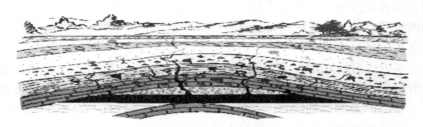

图 3-16　油气微渗漏示意图

根据化探异常展布趋势和组合特征，结合地质地震资料在生油区可以成功预测与岩性有关的各类油气藏。在鄂尔多斯盆地、长庆油田根据 ΔC 及吸附烃异常，发现了安塞、子长等岩性圈闭油气藏。美国达拉斯城的地球化学勘探公司用土壤热释碳酸盐岩及其碳同位素法发现了 38 个油气田，其中 22 个是岩性圈闭。

油气化探与地震方法相配合可提高勘探效果。化探能够直接指明圈闭中是否有油气存在以及含油层范围，而地震勘探则是寻找构造和地层圈闭的有效方法，但在检测石油方面的效果就差些，化探则以测定地震确定的圈闭中是否有油气的手段来弥补地震资料之不足。在从地震剖面上难以识别圈闭的情况下，烃类气体化探可以帮助选择地震资料的有利部分，以详细地探测微小圈闭。化探与电法（如大地电磁力）、重力等方法配合也能提高勘探效果。电法或重力勘探确定构造、埋深并圈定盆地后，化探则在有希望的构造、盆地中开展工作，探明是否有油气存在，发挥其能直接揭示地下油气藏存在的作用。总之，每种勘探方法都有其优点和不足，综合勘探就是要扬长避短，以提高勘探的成功率。

第 5 节　遥感技术

在地球上空日夜飞行的地球资源卫星，不断向地球发回图像信息，既反映了地球各区域的地形、地物，也反映了地质构造和岩石矿物，为地质研究和勘探提供十分宝贵的信息，这就是遥感物探。"遥感"即遥远的感知，野外地质是近距离观察，而遥感物探，则是运用遥感技术的远距离观察。

5.1　遥感物探技术原理

遥感技术（Remote Sensing Technology），指在距离相当遥远的位置上，用各种传感器感知或探知地面物体辐射（或反射）的电磁波信息，对地面各种景物进行探测和识别的一种综合技术。遥感物探（Geophysical Exploration by Remote Sensing），又称遥感地质（Geoinformatics），是指借助遥感技术主要研究地球上各种地质体和各种地质现象，进行地质和资源调查研究的一种技术方法。

现代遥感技术有两种，一种是被动遥感，指利用传感器被动地接收地面物体对太阳光的反射以及它自动发射的电磁波，以了解物体性质的方法，被动遥感又简称为遥感。另一种是主动遥感，指从卫星（或飞机）上向地面发射电磁波（脉冲），然后利用传感器接收地球反射回来的电磁波，以了解物体性质的方法。这种方法可以不依赖太阳光而昼夜工作，通常把这种方法叫"遥测"（Telemetry）。用形象比喻，被动遥感就如同人物照相一样，而主动遥感就像 X 光透视一样。

不同地质体，由于组成它们的分子和原子数量和排列组合方式的不同，它们本身特有的发射和吸收电磁波的性质也不相同，它们反射外来电磁波的性质也就不同。科研人员通过仪器将图像的光信息转化成电信息，再将不同电压用不同的数字来表示，这样就可以用计算机进行运算。根据不同的目的，对不同地质体的光谱进行运算，运算的目的有两个：一是消除与物体光谱无关的干扰光谱；二是突出目标物的光谱，或以光谱的比值来显示人们所需要的调查目标。消除干扰后的新图像，能够反映目标物的真实亮度灰标(或色标)，这样，它就可以由计算机自动解释出具体目标物可能是什么东西了。

通过 350~1500km 高空的地球资源卫星，拍摄地球表面的照片，然后进行地质解释，认识和掌握地质情况和规律，为寻找矿产服务，这就是遥感物探基本技术原理。遥感物探是20 世纪 60 年代发展起来的遥感技术与地球科学相结合的一门科学技术，它应用了现代物理的电磁波理论、电子光学技术、电子计算机技术等。由地球资源卫星向地面拍摄的照片，是按一定比例缩小了的、客观的、真实的地表自然景观的详细记录，放大以后，就是一幅立体的地形图。按照地质工作的需要，采取合适的遥感器所拍摄下来的照片，就能够把地形和各种岩石分布、地质现象、构造现象等一览无余地记录下来，还能把地下一定深度的地质构造等反映出来，经过地质解释和绘制工作，就成为勘探人员所需要的"地质图"。如图 3-17 中鄂尔多斯盆地南部的环形构造，应该与深部构造有很大关系。因此，遥感物探在一定程度上代替了野外地质人员跋山涉水，人工填图，特别是在地形艰难、高寒缺氧的"生命禁区"。卫星在地球上空拍摄照片，可以说是"居高临下""高瞻远瞩"，人们在地面上看不到的地质现象、矿产露头，卫星都能"看到"并且能够准确无误地拍摄下来。

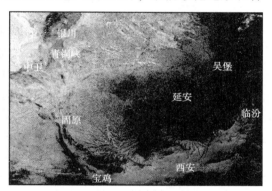

图 3-17　鄂尔多斯盆地南部
中巴卫星影像中的环形构造

5.2　遥感物探在油气勘探中的应用

遥感物探有 4 个主要特点：

(1) 可获取大范围数据资料。遥感用航摄飞机飞行高度为 10km 左右，陆地卫星的卫星轨道高度达 910km 左右，可及时获取大范围的信息。

(2) 获取信息的速度快、周期短。由于卫星围绕地球运转，从而能及时获取所经地区的各种自然现象的最新资料，以便更新原有资料，或根据新旧资料变化进行动态监测，这是人工实地测量和航空摄影测量无法比拟的。

(3) 获取信息时受限条件少。在地球上有很多地方，自然条件极为恶劣，人类难以到达，如沙漠、沼泽、高山峻岭等。采用不受地面条件限制的遥感技术，特别是航天遥感可方便及时地获取各种宝贵资料。

(4) 获取信息的手段多，反馈信息的数量大。遥感技术应用电磁波的范围有：紫外波段、可见光波段、红外波段和微波波段的电磁辐射。其中的红外线，具有特殊的穿透能力，凡是具有半导性质的物质，对红外线来说，都是透明的。根据不同的任务，遥感技术可选用不同波段和遥感仪器来获取信息，例如可采用可见光探测物体，也可采用紫外线、红外线和微波探测物体。地质体能发射的电磁波段,从红外波段、远红外波段,直至微波波段,其范围是很宽的。利用不同波段对物体不同的穿透性,还可获取地物内部信息,例如,地面深层、水的下层、冰层下的水体、沙漠下面的地物特性等。微波波段还可以全天候地工作。根据地质要求,在摄像前,正确地选择工作波段和传感器,就能分别获得地面或地下一定深度的地质图像。卫星摄影要注意选择季节,冬季地面植被少,地质体裸露清楚,能增强摄影效果。

遥感物探在新区,特别是沙漠、山地、高寒地区的勘探中,起到了先行作用,可以省略部分野外地质调查工作;帮助地质家根据已知油区地质构造推断未知区地质构造,从露头区地质构造向覆盖区延伸;发现新区埋藏较浅、规模较大的地质构造等,为勘探指出方向。

由于遥感物探技术可为石油、天然气勘探指明方向,揭示圈闭、油气渗漏等,遥感物探已成为辅助配合油气勘探不可缺少的技术。

第 6 节　地质录井技术

野外地质调查、物探和化探等勘探技术的运用,都是为了寻找可能含有油气的地质圈闭,也就是通常说的勘探目标。但是,地质圈闭是否含有油气,还需要通过石油钻井勘探(钻探)来进行直接验证。在探井钻探过程中,为了及时捕捉住油气层,要及时并小心谨慎地进行地质录井。地质录井(Geological Logging)就是在钻探井过程中随着钻井进行利用多种资料和参数观察、检测、判断和分析地下岩石性质和含油气情况的方法,是配合钻井石油勘探的一种重要手段。地质录井有两项任务:①了解地层岩性,了解钻探地区有无生油层、储集层、盖层、火成岩等。②了解地层含油气情况,包括油气性质、油气层压力、含油气丰满程度等。

地质录井包括泥浆录井、钻时录井、岩屑录井、定量荧光分析、气测录井、地化录井、岩芯录井等方法。

6.1　泥浆录井

探井开钻后,在钻探的全过程泥浆(钻井液的俗称)不停地循环,从钻杆空间下去,通过钻头后再从钻杆与井壁之间的环形空间上来,通过井口、振动筛,把携带的岩屑放下。泥浆录井(Drilling Liquid Logging),是指在钻井过程中观察、记录泥浆的性能变化及油气显示情况的一种录井技术,见图3-18(a)。

泥浆录井是判断油气层的重要手段,也是确保钻井安全的重要环节。地质录井人员要细心观察泥浆中是否有油花、气泡,是否有泥浆涌动或数量变化。当钻开高压油气层后,大量油气进入泥浆,甚至发生井喷;钻开常压油气层,在泥浆中可以看到色彩斑斓的油花气泡,闻到油香;钻到灰岩缝洞,泥浆有进无出,可以漏失泥浆几百、几千立方米。泥浆性能(包括密度、黏度、失水量、含砂量等)的变化,通常与钻遇油气水层有关,油气进入泥浆使其密度下降,黏度上升,流动不佳;地层水进入泥浆,使其黏度下降,失水量增加。

6.2　钻时录井

钻时录井(Drilling Time Logging),是指在钻井过程中,记录钻头钻穿每米岩层的时间,并画出钻时曲线的一种录井技术,见图3-18(b)。

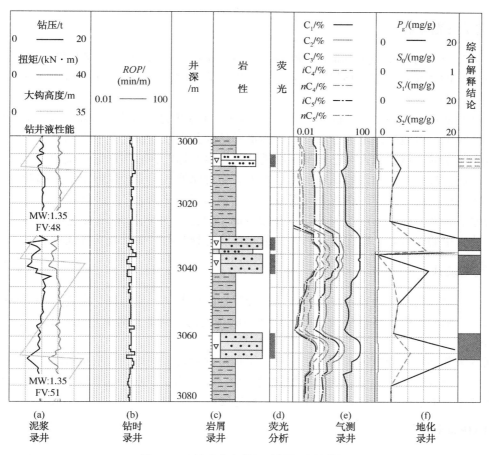

图 3-18　某油井东营组油层段录井数据

不同的地层岩性、不同的钻头等情况都会造成钻时有很大变化。疏松的砂岩，很短时间就钻穿了；泥页岩、火成岩等的钻时较高。钻时曲线呈锯齿状，可以配合岩屑录井，画出砂岩、泥页岩的部位；有时钻进石灰岩的大洞，发生放空，钻时突变，需要引起重视，并可能发生泥浆漏失、井壁垮塌或发生井喷。因此，地质录井人员要密切注意钻时变化，及时做出判断，保证钻探正常进行。

6.3　岩屑录井

岩屑（Cutting），是指钻井过程中被钻头破碎的岩石小碎块。岩屑录井（Cutting Logging），是指在钻井过程中，地质人员按照一定的取样间隔和迟到时间，连续收集和观察岩屑并恢复地下地质岩性剖面的一种录井技术，见图 3-18（c）。岩屑是钻井过程中直接反映地层的一种实物资料，是地层岩性（地层岩石的性质）及含油气情况最直接的证据。在钻井过程中，岩屑被泥浆携带出井口，应随着钻探随时获取。岩屑录井时，要将在振动筛上取到的岩屑，冲洗干净、晒干，进行观察描述，荧光湿照、干照等后装进岩屑袋，标明井号、井深等收藏起来，供地质研究人员观察和研究。

油气层的岩屑形态和颜色不同，所钻岩屑的数量也有限，需要认真查找。特别是轻质油的岩屑，更难发现，而含重质油的岩屑易识别，有点像红砂糖；含油灰岩（碳酸盐岩）被钻头破碎后，星星点点难于发现，需要借助荧光灯将其捕获。

6.4 定量荧光分析

定量荧光分析技术(Quantitative Fluorescence Analysis),是指利用某些物质被紫外光照射后所发生的能反映出该物质特性的荧光,进行定性或定量分析原油的一种录井技术,见图3-18(d)。

通过便携式井场荧光测定仪对岩屑进行检测。其过程是用非荧光溶剂(异丙醇)将岩屑中的原油脱出,再通过固定的过滤荧光计测量样品的荧光强度,此强度表明来源于某一地层深度岩样的原油含量,通过对已知量原油进行荧光强度标定,可实现定量检测。

在钻进过程中对生油层的识别:由于黏土矿物对原油各组分吸附性不同,因此生油层与原油之间会产生组分差异。在芳香烃组分中,生油岩除二苯环/三、四苯环易运移外,其他成分与原油相似。而二苯环的波长基本在290nm以上,故可利用定量荧光仪的固定波长来测出生油岩中的芳香烃。即在生油岩中,荧光强度是异常的,而常规荧光无法看出来。

6.5 气测录井

为了找到油气层,地质录井人员还用一种特别的仪器——气测仪,来定时测量钻井过程中泥浆带上来的可燃气体(甲、乙、丙、丁烷)的含量,这就是气测录井(Gas logging),见图3-18(e)。

气测录井不仅对判断纯天然气层有用,而且对判断含有气体的油层也有效。纯气层甲烷含量很高,一般占95%以上;油层甲烷含量较少,乙、丙、丁烷含量较高,一般可达25%~35%。因此,通过对可燃气体组合分析,可确定气层或油层。

6.6 地化录井

地化录井(Geochemical logging),是指在钻井过程中,测定地球化学参数和油气参数的一种录井技术,见图3-18(f)。

该技术主要是对储集层岩石(砂岩、砾岩、灰岩等)进行热解分析,测得 S_0、S_1、S_2 等峰值(S_0 为 C_1~C_7 气态烃化合物,S_1 为 C_7~C_{32} 液态烃化合物,S_2 是原油的 C_{33}~C_{40} 重质烃化合物和部分胶质、沥青质的热解烃),这对发现油气显示、判断原油性质、计算含油饱和度和解释油气水层有独特作用。比如,对低成熟油用热解的派生参数 TPI 就可以预测含油岩石的原油密度;对低孔、低渗的含油岩石,用热解参数 P_g 来衡量其含油饱满程度;对于钻井事故中泡解卡剂污染的岩层,用热解主峰值的相对含量就可以辨别真假油气显示等。

6.7 岩芯录井

岩芯录井(Core Logging),是指在钻井过程中,利用取芯工具取出一些地下岩石(这种岩石样品称为岩芯 Core,见图3-19),以获取地层的各项地质资料、恢复原始地层剖面的一种录井技术。

钻井过程中有了岩屑,为什么还要取芯、进行岩芯录井?这是由于岩屑体积甚小,只有几毫米大小,难以测定岩石物性;另外岩屑混杂,既有新钻的岩屑,也有已钻过岩层的岩屑,需要进行判断,并有可能判断不准。为了了解储集层的物理性质、含油气层的真实情况、生油层的生油指标等,在钻井过程中要取岩芯,这是探井的一项重要内容。

取芯长度根据地质要求而定。在取芯过程中记录并整理取芯深度、岩芯长度、收获率（岩芯长度占取芯钻井长度的百分比）、岩芯岩性、含油气情况的描述，取样送实验室分析（包括物性分析、油气水分析等），写出岩芯描述报告。

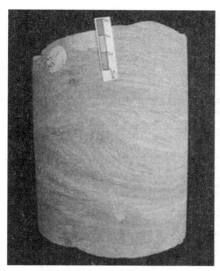 

(a)鄂尔多斯盆地某油井延长组岩芯　　　(b)鄂尔多斯盆地某气井马家沟组岩芯

图 3-19　鄂尔多斯盆地某探井取芯

总之，钻探录井技术，同地球物理勘探技术一样，在不断创新，新技术、新方法层出不穷，为发现油气田创造了十分有利的条件。

第7节　地球物理测井技术

钻探过程中的探井和油气田新建过程中的开发井都要进行多种方法的地球物理测井，这是研究油气层地质特征、验证约束地震解释、含油气性、确定开采层位的主要手段和基本手段。地球物理测井（Geophysical Well Logging），简称测井，是指利用岩层的各种物理特性（如化学特性、导电性、声波特性、放射性及中子特性等），采用专门的测井仪器，沿井身剖面测量地球物理参数，进行地质和工程研究的技术。

测井仪器（Well Logging Instrument）可以直接接触和紧靠岩层或油气储集层，其目的是测知井壁岩石的性质，由此可以确定油气水层、储集层物性、地层中缝洞孔的分布、地层倾角变化等。为了提高钻探效率，减少取芯量，测井工作十分重要。

地球物理测井方法主要有电法测井、声波时差测井、放射性测井和井径测井等。一般测井技术是通过测量岩层的某些物理量（如电阻率、自然电位、声波速度、介电常数、温度、密度等）来判断岩层的性质。因此，常常需要对比几种测井资料才能做出正确判断。

7.1　主要的测井技术及其原理

（1）电法测井（Electrical Logging）

不同类型的岩石其电性参数（如电阻率）有一定差异，并且其中所含流体的类型及数量对电性参数有影响。电法测井是指以测量地层电阻率和介电常数等物理参数为主的一种测井方法，包括电阻率测井、微电极测井、自然电位测井、感应电导测井等，见图 3-20(b)。电法测井的原理与电法勘探相近。该方法常用于判断储层岩性及渗透性，划分岩层界面，划分油、气、水层。由图 3-20 和图 3-22 可以看出，油、气、水层的电法测井曲线有明显不同。

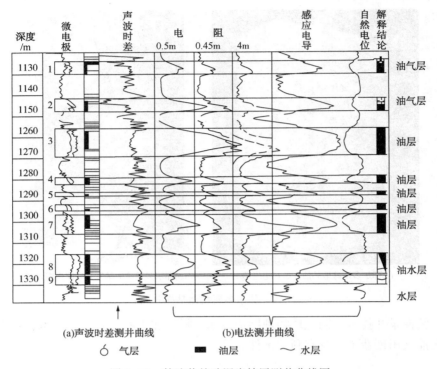

图 3-20　某油井的砂泥岩储层测井曲线图

（2）声波时差测井（Acoustic Logging）

声波时差测井是指测量声波在地层或井筒周围其他介质中传播特性的一种测井方法。不同岩层中，声波传播存在速度差异，因此，研究声波在岩石中的传播速度或者经过单位距离的时间，在已知岩性和孔隙中所含流体的情况下，可以确定岩石的孔隙度。声波时差测井主要用于岩层对比及划分和岩层孔隙度估算，见图 3-20(a)。

（3）放射性测井（Radioactive Logging）

放射性测井是指利用不同岩层中放射性物质含量不同或吸收放射性物质的性能不同，用以判断岩性及含油气性的一种测井方法，包括探测伽马射线的自然伽马测井法和探测中子的中子测井法。自然伽马测井配合其他测井资料或地质录井资料进行综合解释确定岩层岩性。泥岩常常含有较多放射性元素，在自然伽马测井曲线上幅度值高；砂岩、碳酸盐岩、石膏等岩层在曲线上显示低幅度值；对于含泥质岩层，根据泥质含量多少，它在曲线上的幅度值介于上述两者之间，见图 3-22。

（4）井径测井（Caliper Logging）

在钻井过程中，由于泥浆、钻头和钻杆对地层的撞击等原因，使岩性不同的井段的井径大小不一样。在地球物理资料解释和解决某些油气井技术问题时，需要了解沿井身的井径变化情况。井径测井是指测量井眼尺寸或通过测量套管内径来检查套管管壁状况的一种测井方法。不同岩石的胶结程度、坚硬性、可溶性和可塑性等种种差别，造成井径大小的差异。井径测井资料是判别岩性、划分岩性界面和计算固井水泥用量的依据，见图 3-22。

7.2　测井装备及施工

现代化的测井装备有大型车载自动绞车，有成系列配套的电子技术制成的测井下井仪器，以计算机为中心组成的地面控制测井记录仪器(图3-21)。

测井施工时，可以将多种仪器呈积木式组合串接在一起，一次下井测量，就可以取得多项测井曲线资料(见图3-20和图3-21)。地面是人机对话的计算机操作系统，记录下井仪器采集到的测井资料。

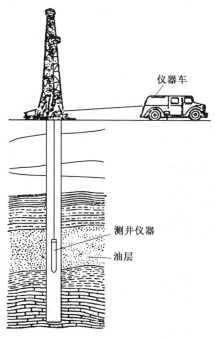

图3-21　地球物理测井施工示意图

装备现代电子技术的测井仪器，不仅能做到在野外井场测井采集资料、现场进行计算机处理、解释出测井成果报告，同时还可利用地球通信卫星或载波技术把资料传送到遥远的测井解释处理中心，做进一步室内精细资料处理，为油气田勘探开发更好地利用测井资料提供条件。

7.3　测井解释及应用

测井资料记录的一般都是随深度变化的各种物理参数，如电阻率、自然电位、声波速度、岩石体积密度等，可统称为测井信息。而测井资料解释与数字处理的成果则反映了随深度变化的油气层性质，如岩性、泥质含量、含水饱和度、渗透率等，可统称为地质信息。测井解释就是把测井信息转化成地质信息、含油气信息，这样就可以知道地下油气层的性质及位置。

测井解释包括单井解释和精细解释两部分。

7.3.1　单井解释

单井评价中完井解释(称为一次解释)，是油气勘探和生产中及时评价油气层的主要技术，它是以测井资料为主，结合各项录井资料、岩芯分析化验资料、测试资料等对地层进行地质解释、含油气解释与评价，初步提供各项储层参数(见图3-20和图3-22)。从图3-20和图3-22可以看出，测井曲线都解释出了油气层的位置。同时从图3-22也可以看出，通过测井曲线计算的渗透率、孔隙度和含水饱和度与取岩芯分析化验的参数基本吻合,因此,用测井的方法也可以知道地层的性质,就不用每口井取岩芯获取地层参数,这极大地节省了人力和物力。

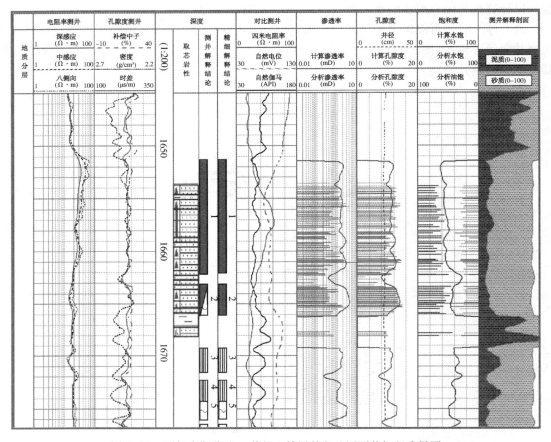

图 3-22　鄂尔多斯盆地××井长 6 储层某段地层测井解释成果图

7.3.2　精细解释

测井精细解释(又称二次解释),其任务是单井测井解释的再评价,也是多井测井解释的预研究阶段。它是在获得了目的层段的某些地质、取芯分析、测试等结果后,将测井得到的信息与油气层岩石的岩性、电性、物性(孔隙度、渗透率、油层有效厚度)、含油(含气)饱和度等性质相关联,得到测井解释中所谓的"四性"关系(见图 3-22)。根据这些关系,针对目的储集层进行再评价,提供准确的储层参数及测井相剖面。

测井相又名电相,是从测井资料中提取与岩相有关的地质信息,并将测井曲线划分为若干个不同特点的小单元,经与岩芯资料详细对比,明确各单元所反映的岩相(或岩石的类型),即是测井相(见图 3-23)。在一个地区建立了测井相后,可以利用测井曲线解释出井的柱状岩性剖面图和地层岩石的沉积相(见图 3-23)。

多井测井解释是在关键井(Key Well)研究的基础上,用多口井测井资料研究一个独立的油气藏内油气饱和度分布规律。充分发挥测井精度高、分辨率高、多种测井信息的优点,立足岩石物理与岩芯研究,确定以含油饱和度、孔隙度为主的各种储层参数,以及开展测井地质学研究(见图 3-24)。

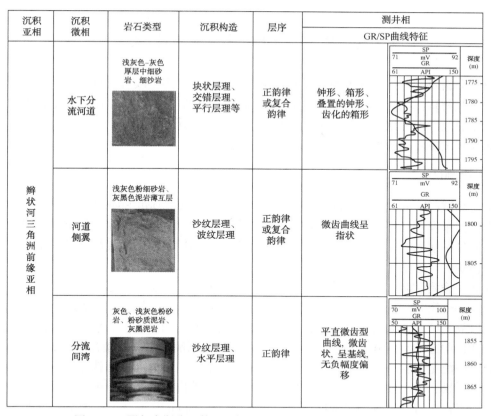

沉积亚相	沉积微相	岩石类型	沉积构造	层序	测井相	
					GR/SP曲线特征	
辫状河三角洲前缘亚相	水下分流河道	浅灰色-灰色厚层中细砂岩、细沙岩	块状层理、交错层理、平行层理等	正韵律或复合韵律	钟形、箱形、叠置的钟形、齿化的箱形	
	河道侧翼	浅灰色粉细砂岩、灰黑色泥岩薄互层	沙纹层理、波纹层理	正韵律或复合韵律	微齿曲线呈指状	
	分流间湾	灰色、浅灰色粉砂岩、粉砂质泥岩、灰黑泥岩	沙纹层理、水平层理	正韵律	平直微齿型曲线,微齿状,呈基线,无负幅度偏移	

图 3-23 鄂尔多斯盆地某地区长 8 地层不同沉积微相测井相标志

SP—自然电位测井曲线；GR—自然伽马测井曲线

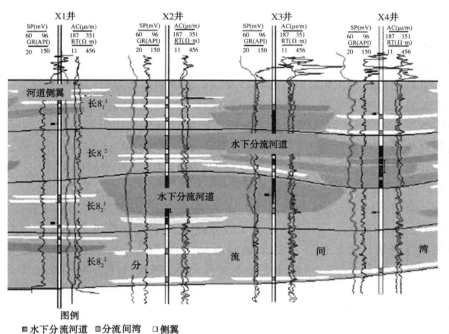

图 3-24 鄂尔多斯盆地某地区长 8 地层沉积微相剖面图

SP—自然电位测井曲线；GR—自然伽马测井曲线；AC—声波时差测井曲线；RT—真电阻率测井曲线

第8节　地层测试技术

当一个圈闭经钻探发现了油气显示，测井确定有油气层（或有可疑油气层）后，需进行中途或完井测试（又称试油、试气），以确定能否产出油气、产量大小及油气水性质等。地层测试是油气勘探的重要环节，是发现油气田的关键步骤。

探井测试主要有两种，即中途测试和完井测试。

8.1　中途测试

中途测试（Testing In Drilling Progress），又称钻杆测试（Drill Stem Testing），是指在钻井过程中，如果发现良好油气显示即停止钻进、起出钻头，对可能的油、气层进行测试求产的技术。通过中途测试，能及时发现油气层并简单了解测试层的产油气情况及性质，对测试层有一个初步的定性估计和认识。

开展中途测试时，利用钻井设备，用钻杆把封隔器和地层测试器下到油层顶部附近，封隔器（Packer）像"青蛙肚皮"一样，经加压后"青蛙肚皮"就鼓胀起来并贴紧井壁，把油层与上部地层隔离开来，同时使油层与钻杆中心的空间连通。如果油层能量比较大，油气即会自动进入钻杆中心的空间并流到井口，在井口可以计算原油产量，收集需要分析的油气样品。如果油层的能量比较小，不能自喷，只能在钻杆中上升一定的高度后就停止下来，则相应采取抽吸或提捞，求出油柱在单位时间内上升的高度，求出原油产量。中途测试完成后，继续进行钻井工作，直至钻达预定深度。地层测试器（Formation Tester）是一个组合仪器，包括井下产量计、井下压力计、井下温度计、井下取样器等。

8.2　完井测试

完井测试（Testing After Completion），是指在完井后，对有利的或可能的含油气层进行全面细致的测试求产技术。完井测试的试油气时间比较长，主要用于求取油气产能等地层参数。无论是探井还是开发井都需要进行完井测试，求取地层产量后，投入生产。

完井测试的方法和步骤是：根据录井、测井和中途测试资料确定测试层位和井段、射孔方案、诱导油气流的方法（包括降低井筒液面、抽吸、换柴油降低回压等），当油气流进入井筒并上升到井口，有自喷能力后，使用不同尺寸的油嘴，测试油气产量（通过油气分离器，对油气分别计量）并及时取到油气水样，送化验室测定。若油层压力低，不能自喷，则采取抽吸方法，计算原油产量。

影响探井测试质量的因素主要有三个：①油气层污染，造成堵塞，油气不能顺畅流到井筒。这是由于钻到油气层后，油气活跃，工程技术人员担心井喷失火，井毁人亡，酿成大祸，进而采用重泥浆压井使泥浆中的固体颗粒钻入油气层，堵塞孔隙。为防止油气层污染，普遍采用优质泥浆，实施平衡或欠平衡钻井（即钻井液柱压力等于或略小于油气层压力，使油气层不被污染，遇有危险及时关闭旋转防喷器），充分保护油气层。②固井质量差，发生串槽，测试不能反映油气层的真实情况。当井眼与套管之间的环形空间出现水泥固结不严时，油气层和其他可渗透层之间会发生流体串通。③射孔质量差，油气层中的油气不能充分进入井筒。射孔质量差包括射孔弹未充分射出及穿透套管、水泥环强度不够等。

因此，对测试成果要认真分析，如果发现有上述情况，应及时采取措施，确保测试质量，避免因测试质量而漏掉油气层。

思 考 题

1. 油气地质储量的定义是什么？分为哪几种类型？
2. 石油勘探与常规的固体勘探相比，为什么更为复杂？
3. 用于寻找油气的石油勘探技术主要有哪些，其基本技术原理是什么？它们之间的关系是什么？
4. 钻探井过程中发现油气或完井后为什么要进行地层测试？

参 考 文 献

[1] 常子恒. 石油勘探开发技术(上册、下册)[M]. 北京：石油工业出版社，2001.
[2] 王群. 矿场地球物理测井[M]. 北京：石油工业出版社，2002.
[3] 石油工业标准化技术委员会油气田开发专业标委会. SY/T 6174—2012 油气藏工程常用词汇[S]. 北京：石油工业出版社，2013.
[4] 全国国土资源标准化技术委员会. GB/T 19492—2020 油气矿产资源储量分类[S].
[5] 李德生，罗群. 石油——人类文明社会的血液[M]. 北京：清华大学出版社，2002.
[6] 田在艺，薛超. 流体宝藏——石油和天然气[M]. 北京：石油工业出版社，2002.
[7] 陈鸿璠. 石油工业通论[M]. 北京：石油工业出版社，1995.
[8] 河北省石油学会科普委员会. 石油的找、采、用[M]. 北京：石油工业出版社，1995.
[9] 中国石油和石化工程研究会编，王毓俊执笔. 勘探[M]. 北京：中国石化出版社，2000.
[10] 蔡燕杰，许静华，魏世平，等. 石油勘探开发基础知识[M]. 北京：中国石化出版社，1999.
[11] 高海仁，李云，弓虎军. 二连盆地宝勒根陶海凹陷北洼槽下白垩统构造-沉积响应特征[J]. 西北地质，2012，45(1)：324-348.
[12] 何耀春，赵洪星. 石油工业概论[M]. 北京：石油工业出版社，2006.
[13] 王振，张元福，张娜，等. 鄂尔多斯盆地南部地区延长组深水沉积构造特征及地质意义[J]. 现代地质，2018，32(1)：121-132.
[14] 汪芯，胡云，李鸿儒，等. 复杂井况条件下录井综合解释在现场试油实时决策中的应用[J]. 录井工程，2021，32(3)：69-75.
[15] 杨锋杰，王明镇，李增学，等. 鄂尔多斯盆地南部环形影像特征及地质意义[J]. 地球科学与环境学报，2006(3)：37-41.
[16] 席家辉. 鄂尔多斯盆地合水地区长8储层特征及石油富集规律[D]. 西安：西安石油大学，2021.

第4章 石油钻井

石油与天然气是流体矿产，它们具有一定的挥发性，并且埋藏在一定深度的地下，这就决定了要把石油和天然气从地下开采出来，不能采用挖坑道和掘进的办法，而是要用钻井的方法。钻井开采油气藏类似于钻井开采地下水。钻井（Well Drilling）是指利用钻机设备和破岩工具破碎地层并形成井筒的工艺过程。石油井（Oil Well），统称为油气井（Oil and Gas Well），是指以勘探和开发油气为目的，在地层中钻出的具有一定深度的圆柱形孔眼（钻孔）。钻井是石油工业的"龙头"，钻井的投资占整个石油工业上游投资的一半以上。钻井工程技术水平直接关系到石油勘探开发的成败，决定着石油上游业务的发展潜力和竞争能力。如何钻成一口油气井，有哪些方法，钻井工艺过程有哪些关键步骤？本章就石油钻井工程中的主要概念、技术方法、设备及工艺过程进行了介绍。本章主要知识点及相互关系见图4-1。

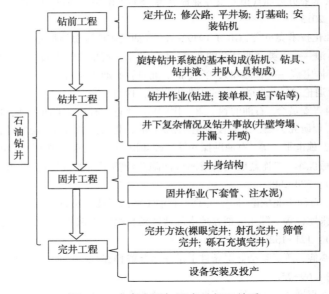

图 4-1　本章主要知识点及相互关系

第1节　石油钻井方法

油气勘探和油气田开发的各个环节都离不开钻井，诸如取得地质资料、寻找和证实含油气构造、将油气从地下开采到地面上来等工作，都是通过钻井来完成的。

钻井的两个基本目的：①打开一个窗口，用以窥视地层，获取各种信息；②提供一条通道，用以采集油气和起下工具（提起和下放工具的简称）。

尽管各阶段所钻井的名称、用途、井径大小以及深度各不相同，但它们的钻井过程相差不多，而且井的深度越大，钻井难度也越大，要求的技术水平也就越高。一般油气井的井眼直径为 100~500mm，井深为几百米到几千米，但世界上有些油井深度超过 1 万 m。

钻井技术发展的主要目标：①满足油气勘探开发的目标需求及提高勘探开发整体效益；②提高钻井工程效率，降低钻井工程直接成本。

1.1 钻井技术发展简况

1.1.1 中国简况

我国古代钻井技术的发展可分为两个阶段：大井眼阶段和小井眼阶段。

（1）大井眼阶段

时间约在公元前 3 世纪到公元 11 世纪，是人下入井内挖掘而成。

公元前 3~公元前 1 世纪，战国时期，李冰在四川兴修水利，钻凿盐井。公元前 189~公元前 147 年，在四川邛崃钻出一口天然气井，称为"火井"。公元前 61 年在陕北鸿门（今神木市一带）发现天然气。当时四川的井多是为取盐水而挖掘的。

人工挖坑、凿井，深度很有限。后来发明了用简单的机械，用冲击的原理来"打井"，标志着顿钻的开始。这种没有动力机，靠人力或畜力来带动的钻井技术，其发源地在中国。世界著名科技史学家李约瑟，在他所著的《中国科学技术史》中这样写道："今天在勘探油田时所用的这种钻探井或凿井的技术，肯定是中国人的发明。"

（2）小井眼阶段

井口直径如碗口大小，即"卓筒井"，时间为宋朝中叶（1041~1048 年），以顿钻方式用人力向下钻凿成井。

卓筒井，意为直立之筒，井眼直径很小，约 3~5in（1in = 2.54cm，下同），井深达千余尺。用冲击方式破碎井底岩石后，用立轴大滚筒卷绕竹质绳索，利用竹质绳索悬持的捞砂筒捞出井底已破碎的岩石，再向井内下入竹制套管固定井壁、封隔地层淡水。卓筒井目前在四川遂宁市大英县境内还保留有 41 口，分布在方圆 6km 范围内。

1253 年用牛做动力，代替人力转动滚筒以起下井内工具。

1521 年，明正德末年，四川嘉州（今乐山）钻盐井时偶得原油，是为我国第一口油井。

1821 年，清道光初年，在四川钻到了自流井构造顶端（今自贡一带）三叠纪嘉陵江灰岩，这是主要产气层。

1840 年，磨子井钻穿了嘉陵江灰岩主要产气层，井深 1200m，井喷后失火，火高几十丈，地表冲裂，几里内烧成一片。估计压力约 10MPa，日产气约 20 万 m^3。

清初，四川有盐井 5637 口，清末有 8456 口，分布于 40 个州县。到 1915 年，四川盐井至少有 64987 口（自流井构造上有 11800 口），总进尺约有 $2×10^6$m。

这些情况说明，我们祖先对钻井技术的发展作出了重大贡献。而欧洲是在 19 世纪初才开始用顿钻打井的。

1907 年日本技师使用金属制钻机钻井（它不同于老式木制架子用顿钻法钻井）在陕西北部钻了一口油井，井深 81m，日产油 400~500 斤。这就是我国陆地上第一口油井。

1939 年在甘肃玉门用德国制造的钻机钻成了一口油井，井深几十米。1941 年玉门 4 号井钻到 L 油层（井深 439.17m）。

全国从 1907~1948 年共 41 年间用新法钻井 169 口，总进尺 67020m。1949 年前，井深小于 1500m。

1949 年后，我国石油钻井技术得到了长足的发展，保证了石油、天然气储量与产量的高速增长。目前，我国现代化的钻井技术也正在迅速地发展着，无论是陆地、海洋还是沙漠，各种类别的石油井都能自行设计、自行施工，而且已经参与国际石油市场的竞争。

1.1.2 世界简况

美国、西欧等西方发达国家一直处于钻井技术的前沿，与之相配套的各种工艺技术，如化学处理剂应用开发、冶金铸造技术、工具设计制造、精密仪器的研制加工等都有了长足的进步，从而有力推动了地球科学、石油工业及其他有关行业的发展。钻井技术从 20 世纪初至今不断发展，经历了 4 个发展阶段。

（1）概念阶段（1901～1920 年）。这个阶段，开始将钻井和洗井两个过程联系在一起，并使用了牙轮钻头和注水泥封固套管的工艺。

（2）发展阶段（1920～1948 年）。这个时期的钻井工艺、固井工艺、牙轮钻头、钻井液等得到进一步发展，同时出现了大功率钻井设备。

（3）科学化钻井阶段（1948～1968 年）。在此阶段开展了大量的科学研究，使钻井技术得以迅速发展。提高钻井速度的突出技术有：高压喷射钻井、高效牙轮钻头（镶齿、滑动密封轴承钻头）、优质钻井液（低固相、无固相不分散体系钻井液）、优选参数钻井（优选钻压、转速和水力参数）；使钻井速度产生更大提高的技术有：地层压力检测技术、油气井压力控制技术、钻井液固相控制技术、平衡压力钻井技术。

（4）自动化智能钻井阶段（1969 年至今）。这个时期主要体现在电子仪表、自动测量和计算机在钻井工程中的应用，例如钻井参数的自动测量、综合录井仪、随钻测量技术等。由于以上技术的应用，才得以实现最优化钻井、自动化钻井。

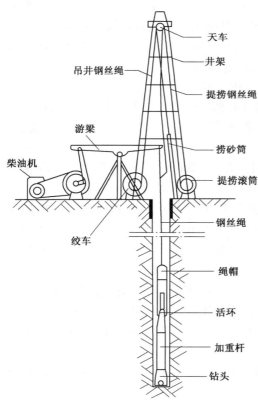

图 4-2　顿钻钻井示意图

天车
井架
吊井钢丝绳
提捞钢丝绳
游梁
捞砂筒
柴油机
提捞滚筒
钢丝绳
绞车
绳帽
活环
加重杆
钻头

1.2　钻井方法

钻井方法（Drilling Method）是对钻井所采用的设备、工具和工艺技术的总称。

在长期的生产实践中，人类创造和发明了多种钻井方法，并且随着生产的发展，钻井设备也在进步和完善。根据岩石破碎方式和所用工具类型，常用的钻井方法有两类。

1.2.1　顿钻钻井

顿钻钻井（Cable Drilling）（图 4-2），也叫冲击钻井（Percussion Drilling），是指通过钢丝绳交替地升起和降落钻头（Drilling Bit），以冲击方式破碎岩石形成井眼的钻井方法。

采用顿钻钻井方法时，在地面通过提拉井中钢丝绳，将钻头提离井底，然后依靠钻头自身重力再向下冲击，不断地冲击地下岩石并使之破碎；再不时向井内注水，将岩屑和泥土混成泥浆，下入捞砂筒捞出岩屑（Cutting）以清洁井底；再下入钻头，如此反复逐渐增加井深，直至钻达目标。

顿钻钻速慢，效率低，它不能适应快速钻井、石油井的井深日益增加和复杂地层的钻井要求，因此石油钻井采用的更多的是旋转钻井方法。但顿钻钻井方法具有设备简单、成本低廉等优点，一些浅的低压油气井也有少量使用。

1.2.2 旋转钻井

旋转钻井（Rotary Drilling）是指利用钻头旋转时产生的切削或研磨作用破碎岩石，同时循环钻井液以清洁井底的钻井方法。旋转钻井是当前最通用的石油钻井方法。1901 年美国首先使用，中国在 30 年代中期开始使用。它比顿钻钻井的速度快，并能处理井塌、井喷等复杂情况。

旋转钻井按动力传递方式不同，分为三种方式。

（1）转盘旋转钻井（Turntable Rotary Drilling）

转盘旋转钻井，简称转盘钻井（Turntable Drilling），是指利用转盘和钻柱带动钻头旋转的钻井方法。

转盘钻井是从顿钻钻井演变而来的。转盘钻井时（图 4-3），通过一套地面设备，即钻机、井架以及一套提升系统，通过提升系统将井下钻具提起、下放；在钻台的井口处装有转盘（Turntable），转盘中心旋转部分有方孔，钻柱最上端的方钻杆穿过该方孔，方钻杆下接钻柱和钻头；动力机驱动转盘时带动钻柱和钻头一起旋转，破碎岩石，井眼随钻柱不断加长而加深，岩屑随循环钻井液返至地面。

钻杆代替了顿钻中的钢丝绳，它不仅能够完成起下钻具的任务，还能够传递扭矩和施加钻压到钻头，同时又提供了钻井液的入井通道，从而保证了钻头在一定的钻压作用下旋转破岩，提高了破岩效率，并且在破岩的同时，井底岩屑被清除出来，因此提高了钻井速度和效益。目前这种方法在世界各国被广泛使用。

（2）井底动力钻井（Downhole Motor Drilling）

井底动力钻井是指利用井底动力钻具带动钻柱和钻头旋转的钻井方法。采用井底动力钻井方法时，在钻柱下边接上井底动力钻具，其他的和转盘钻井一样。钻头转动不是靠转盘而是靠井下动力钻具带动，因此大部分钻具不转动，节省了大量功率，钻具磨损小、使用寿命长。

该方法主要用于钻定向井、丛式井和水平井。

（3）顶部驱动旋转钻井（Top Drive Drilling）

顶部驱动旋转钻井，简称顶驱（Top Drive），是指利用安装在钻柱顶部的动力装置带动钻柱和钻头旋转的钻井方法。一般钻机都是将钻井动力通过转盘传给方钻杆，再由方钻杆带

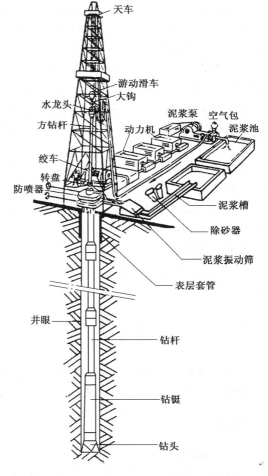

图 4-3 转盘旋转钻井示意图

动井下的钻柱和钻头钻进。但是，顶驱装置是以电动机从钻杆顶部驱动钻具取代柴油机带动钻机转盘的一种新装置；它将钻井动力（交、直流电机或液压马达）从转盘直接移至钻机上部的水龙头处，不再使用转盘和方钻杆，而将动力直接施加给钻杆顶部后驱动钻柱和钻头旋转钻进。该装置由于其自动化程度高、安全性能好、钻井速度快、可大幅度减少钻井事故等优点，在深层、复杂地层等高难施工中大显身手，并且经济效益尤为显著。目前国内外的深井钻机、海洋及浅海石油钻井平台、特殊工艺井的钻机大多配备了顶部驱动装置。

顶驱装置由美国人于1982年研制成功，目前已成为用于取代传统转盘—方钻杆钻井模式的一种新型钻井装备，代表着钻井装备技术的发展方向和机、电、液、通信一体化石油专用设备的最高水平。

1.3 石油井的类型

石油井（Oil Well），又统称为油气井（Oil and Gas Well），是指以勘探和开发油气为目的，在地层中钻出的具有一定深度的圆柱形孔眼（钻孔）。井眼的顶部开口端称为井口（Wellhead），井眼的底端称为井底（Well Bottom），井眼的圆柱形内壁称为井壁（Well Wall）。

石油勘探和开发的过程由许多不同性质、不同任务的阶段组成。在不同阶段中，钻井的目的和任务也不一样。一些是为了探明储油气构造，另一些是为了开发油气田、开采油气。

根据不同阶段和不同任务，石油井按用途可分为两大类别（即井别）：探井和开发井。

探井（Exploratory Well），是指对在油气田预探和详探阶段所钻的井的统称，分为地质探井、预探井、详探井等。

开发井（Development Well），是指为了开发油气或其他资源所钻的井，分为生产井、注入井、检查井等。

除上述石油井类型之外，对于未钻遇油气层的井或钻遇的油气层无商业开采价值的井，一般称为干井（Dry Well）。

按照钻井井深，中国将钻井分为浅井（≤2.5km）、中深井（2.5~4.5km）、深井（4.5~6.0km）和超深井（>6.0km）。与浅井、中深井相比，深井、超深井钻井和采油的难度明显增大。

第2节 旋转钻井系统的基本构成

旋转钻井系统主要由钻机、钻进工具、钻井液、钻井作业人员四部分构成。本节主要对转盘旋转钻井系统的基本构成进行介绍。

2.1 钻机

钻机（Drilling Rig）是全套钻井设备的总称。转盘旋转钻机，一般由柴油机、传动轴、泥浆泵、绞车、井架、天车、游动滑车、大钩、水龙头和转盘等组成。

整个钻井设备通常由六个系统组成。

（1）动力系统（Dynamical System）

钻机好像是一座流动性大的独立作业的小型工厂。钻机所含的各工作系统大多数是用柴油机做发动机，通过变速箱直接驱动或由柴油机发电来驱动钻井设备。钻井动力功率的配备要根据钻井的深浅而定，一般需要1490~4470kW。

（2）提升系统（Lifting System）

提升系统主要用来提升钻具和下套管等。

一套钻具的质量可达到数十吨到一百多吨，下套管的质量最大可达到四五百吨，这套设备由井架、天车、游车、大钩、吊环等组成。一般用最小的提升速度和最大的负载来确定提升系统的能力。例如2000m钻机的大钩最小提升速度为0.24m/s，大钩的最大提升负载为140t，钻机的提升功率约为370kW。

（3）旋转系统（Rotating System）

旋转系统用来旋转钻柱，向钻头提供扭矩。

旋转系统是由转盘、转盘变速箱、水龙头、方钻杆组成。转盘有钻机驱动和马达直接驱动两种。旋转系统还有接、卸钻柱和钻具的功能。旋转系统的能力根据钻井设备的能力而定，中型钻机为370~447kW，大型钻机为745kW左右。

（4）循环系统（Circulating System）

循环系统的作用是将钻井液由泥浆泵泵入高压管线到钻台立管，经过水龙带和水龙头进入钻柱再到井底钻头，经钻头水眼喷出，携带井底岩屑，沿环形空间返回地面；在地面上再经过泥浆振动筛和除砂、除泥和除气器，清除钻井液中的岩屑后，返回到泥浆池，构成一个从地面到井下再返回的循环通路。与循环系统配套的还有钻井液的处理装置和储存罐等，见图4-4。

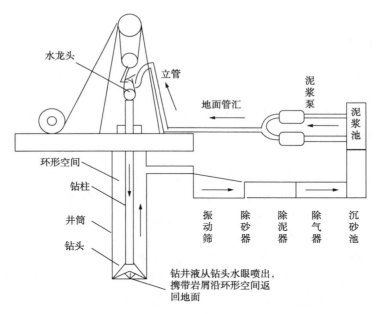

图4-4　钻井液在循环系统中的循环及循环系统主要设备示意图

钻井液通过循环系统将钻头切削地层产生的热量和岩屑带出井筒（也称井眼），同时将泥浆泵的一部分水功率通过钻头喷嘴的喷射来冲击地层。近代钻井利用泥浆泵的水功率进行喷射钻井取得显著的效果，这也是"喷射钻井"的基本原理。

（5）井控系统（Well Control System）

在整个钻井作业过程中，井控系统要对井下可能发生的复杂情况进行控制和处理，以恢复正常作业。井控系统包括四个主要部分。

① 防喷器组。一般由三到六个防喷器组成，这组防喷器组要能封住下入井内的钻杆、

钻铤、套管、油管、电缆，测试钢丝绳和空井封闭，以避免钻井事故扩大，形成灾害。防喷器和闸门全部用液压遥控。防喷器组要依据井的深浅和地层压力选择不同的尺寸和压力等级。防喷器的通径与套管尺寸配套，从7in到20in。压力等级有21MPa、35MPa、70MPa和100MPa。目前在海洋上钻高温、高压深探井使用的是150MPa级的防喷器组。

② 储能器机组和防喷器组遥控面板。储能器机组产生并储备足够的高压液体，即使动力源被切断，储能器内的高压液体仍能对防喷器组和闸门进行有效的控制。防喷器组可由装在储能器机组上的遥控阀、钻台上的遥控面板和值班房内的遥控面板进行控制。

③ 测试管汇。钻进中遇到高压油气水层，因钻井液密度不够压不住油气水而进入井内时，要关闭防喷器，利用测试管汇控制井内压力和流量，同时测算井底压力，做压井准备。

④ 压井管汇。根据测算的地层压力，调整钻井液密度。在控制井口压力和排出流体的状态下，开动压井泵，通过压力管汇逐步地用调整后的钻井液压住地层中的油气水，直到井下恢复正常。

（6）监测系统（Monitoring System）

通过地质和钻井综合录井对井下的作业情况进行监测。

通过司钻操作台的仪表对钻进参数如大钩负载、钻压、转速、扭矩、泵压、排量、钻速等进行记录和测量；另外，通过泥浆振动筛、泵房、钻杆堆场等地的探测器对钻井液中的天然气和硫化氢进行监测。

2.2　钻进工具及组合

钻进工具（Drilling Tools），简称钻具，包括钻头、方钻杆、钻杆、钻铤、井下动力钻具、稳定器、减振器等。其中，由方钻杆、钻杆、钻铤等由上至下顺序通过接头连接组成的位于地面水龙头和井底钻头之间的钢管柱，统称为钻柱（Drill Stem）或钻具。以下对主要的井下钻井工具及作用进行了介绍。

2.2.1　钻头

钻头（Drilling Bit 或 Bit）是直接破岩、造就井眼的重要工具。钻头主要通过切削、冲压、研磨作用对岩石进行破碎。塑性岩石一般强度较小，钻头以切削破碎为主；塑脆性和脆性岩石一般强度较高，以冲击和压挤破碎为主；对强度和硬度都很大的岩石，则以研磨破碎为主。

常见的钻头有刮刀钻头、牙轮钻头、金刚石钻头和PDC钻头等（图4-5），每种钻头有自己的适用性和技术特点（见表4-1）。在钻井的过程中，钻遇的地层是不断变化的，因此选择合适的钻头，是提高钻速的重要保证。目前使用最多的是牙轮钻头和PDC钻头。

表4-1　各类钻头对地层的适用性

钻头名称	钻头类型	适用地层
刮刀钻头	切削型钻头	软
PDC钻头	切削型钻头	较软—中硬
金刚石钻头	研磨型钻头	软—坚硬
牙轮钻头	冲击压碎剪切型钻头	软—硬

图 4-5　不同类型的钻头

（1）刮刀钻头（Drag Bit）

钻头体上固定了若干个切削刃，钻进时在钻压的作用下吃入地层岩石，切削刃随钻头一起旋转而将刃前的岩石刮起。刮刀钻头用于非固结的软地层效果极佳。由于新型结构钻头的出现，钢质刮刀钻头在很多场合已被取代。

（2）PDC 钻头（PDC Bit）

PDC 钻头，即聚晶金刚石复合片钻头（Polycrystalline Diamond Compact Bit），钻进原理同刮刀钻头，都属于切削型钻头。它的切削刃上使用了人造金刚石和烧结碳化钨，比刮刀钻头强度性能好。

PDC 钻头适用于比较软、但不易形成泥包的地层，或中硬、非研磨性地层，如泥质砂岩、页岩、石膏岩，钻进中需要的钻压较小。大复合片 PDC 钻头则可以有效地防止泥包，可在极软的地层中使用。

（3）金刚石钻头（Diamond Bit）

其切削刃用天然金刚石制成。天然金刚石颗粒越大，硬度越大。钻进时通过对岩石的研磨，破碎岩石，适用于坚硬地层。近年发展到可用于较软地层。但金刚石钻头怕高温，所以使用时需特别注意冷却钻头。

（4）牙轮钻头（Roller Bit）

它是目前使用最广泛的钻头。钻进时通过对岩石的压碎、冲击、剪切作用达到破岩的目的。由于切削刃与岩石接触面小，每个齿上分得的钻压大，易于吃入地层，并且切削刃能自由转动，受到的阻力小，因此，牙轮钻头可适用于从软到硬的各种地层。

2.2.2　钻铤

钻铤（Drill Collar）是一种钢质厚壁的筒形管材，主要特点是壁厚大（一般为 38～53mm，相当于钻杆壁厚的 4～6 倍），具有较大的重力和刚度。

钻铤处在钻柱的最下部，向钻头施加钻压、传递扭矩。根据钻头尺寸选择不同尺寸的钻铤。钻铤的尺寸为 $3\frac{3}{8}$～11in，最重的钻铤每米可达 300kg。钻铤两端的连接丝扣是锥形公

87

母扣。因为钻铤是在受压的状态下钻进，为降低丝扣根部的应力集中，在公扣的根部设有应力消失槽。钻铤在外形上有光滑钻铤和螺纹钻铤之分；在用途上则有钢质钻铤和无磁性钻铤。

2.2.3　钻杆

钻杆(Drill Pipe)是指用高级合金钢制成的无缝厚壁钢管，用于钻井延伸、传递扭矩和输送钻井液。钻杆的长度一般在 9m 左右。

钻杆在起下钻(提起和下放钻头的简称)中要负担最大的拉伸力(钻柱重量加上井壁摩擦力)，例如 4000m 的 5in 的钻柱重量约 150t，钻杆断面每平方厘米要承担 4.5t 重量。而钻柱在旋转时，上部钻杆要负担 2000m·t 的扭矩，同时顶部钻杆要承受输送钻井液产生的 20~24MPa 的内压，所以说钻杆是负担最重的钻井工具。

2.2.4　方钻杆

方钻杆(Kelly)是指用高级合金钢制成的、截面外形呈四方形或六方形而内为圆孔的厚壁管子。方钻杆壁厚比钻杆大三倍左右，具有较高的抗拉与抗扭强度。方钻杆的长度一般在12m 左右。

方钻杆是整个钻柱的驱动部分，主要作用是传递扭矩和承受钻柱的重量。采用转盘钻井方法时，方钻杆与方补心、转盘补心配合，将地面转盘扭矩传递给钻杆，以带动钻头旋转。方钻杆旋转时，上端始终处于转盘面以上，下部则处在转盘面以下。

2.2.5　井下动力钻具

井下动力钻具(Downhole Drilling Motor)，是指能把钻井液的能量转化为钻井破岩动力的井底钻具，主要有螺杆钻具、涡轮钻具。

转盘旋转钻井法虽然大大提高了破岩效率和钻进能力，但由于用长达数千米的钻柱从地面将扭矩传递到钻头进行破岩，钻柱在井中旋转时不仅消耗掉过多的功率，而且可能发生钻杆折断事故。

井下动力钻具钻井方法是把转动钻头的动力由地面移到井下，直接接在钻头之上，其他的钻具和转盘钻井一样。钻柱下部接上井下动力钻具，钻头转动时，不是靠转盘而是靠井下动力钻具。特点：①由于钻柱不转动，可以减少动力消耗，减轻钻具和套管的磨损和破坏；②用井下动力钻具钻定向井、水平井和大斜度延伸井，能有效地控制井眼轨迹。

螺杆钻具(图 4-6)是靠钻井液流在螺杆钻具的定子和转子间的容积挤压得到扭矩和转速(如同绞肉机的反作用)，也可以简单地理解为螺杆钻具转动是靠钻井液冲击转子转动。

涡轮钻具(图 4-7)则是靠钻井液流冲击装在涡轴上的转子而得到扭矩和转速，就像水车一样，靠井内钻井液冲击转子转动。两种井下动力钻具各有优缺点，螺杆钻具转速低、扭矩大，在地面上可通过钻井液排量控制钻头转速。但是制成定子的合成橡胶抗高温及耐油的能力差，只能使用在不深的井段。涡轮钻具则转速高扭矩低、结构复杂，配合金刚石钻头在中硬地层上使用效果较好。

2.2.6　其他钻井工具

为保证钻井质量如防斜、造斜、防卡、解卡和钻柱稳定的钻井工具，有稳定器、振击器、安全接头、安全截止阀以及偶尔使用的取岩芯钻具和事故打捞工具等。

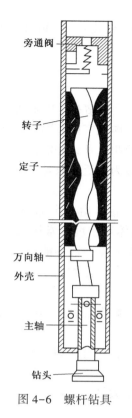

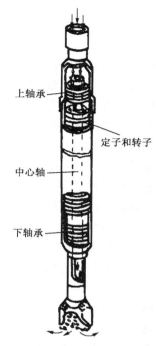

图 4-6 螺杆钻具   图 4-7 涡轮钻具

2.2.7 钻台上的操作工具

用来起下钻柱换钻头、下套管和油管等的操作工具，包括：吊卡、卡瓦、上卸和大钳、动力大钳和吊环等。

2.2.8 钻具组合

所有的钻井工具都必须组合起来或配合其他设备使用。钻具的合理组合是确保优质快速钻井的重要条件。钻具尺寸的选择，首先取决于钻头尺寸和钻机的提升能力，还要考虑井身结构及防斜措施。通常钻具组合考虑的原则是：在供应可能条件下选用大尺寸方钻杆；在钻机提升能力及钻杆下入深度允许的条件下选用大尺寸的钻杆；钻铤长度根据钻压及防斜措施来选择，一般情况下钻铤总重量应大于最大钻压的20%～30%，以保证钻杆在不受压条件下正常工作。

基本钻具组合(见图4-8)有：①正常钻进直井段时，钻具组合是(b)组合+(a)组合，即钻头+钻铤+钻杆+方钻杆；②钻斜井段时需要用井下动力钻具组合，钻具组合为(c)组合+(a)组合，即钻头+螺杆钻具+

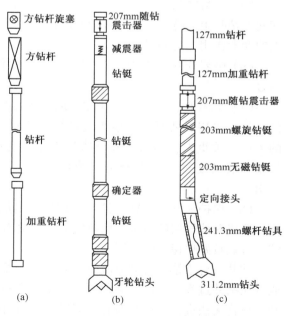

图 4-8　基本的钻具组合类型

(a)钻杆组合；(b)直井段钻具组合；(c)斜井段钻具组合

钻铤+钻杆+方钻杆。钻柱的最上方连接的是水龙头（或顶驱装置），钻井液从那里进入钻杆。

2.3 钻井液

钻井液（Drilling Fluid），俗称钻井泥浆（Drilling Mud），是指钻井时用来清洗井底并把岩屑携带到地面、维持钻井操作正常进行的流体。它可以是液体或气体，因此钻井液应确切地称为钻井流体。根据组成类型分类，以水为连续相的钻井液叫水基钻井液，以油为连续相的钻井液叫油基钻井液。水基钻井液使用方便、便宜，应用最为广泛，只是在特殊井如取芯或高难度定向井中才使用油基钻井液。

为了有效地携带钻屑，钻井液一般是溶胶悬浮液体系，常常由四个部分组成：①液相，可以是淡水或盐水，或某种类型的油品；②固相，为增加体系密度，常用重晶石、碳酸钙等，为改善流变性和滤失性常用膨润土；③处理剂，用以调整钻井液性能，常用各种有机或无机化学处理剂；④污染物，钻井中带来的岩屑及地层中的各种盐类等。

钻井液在钻井中主要作用如下：

（1）清洗井底。只有将钻碎的岩屑及时地冲离井底，才能保证钻头继续有效地接触并破碎井底岩石。

（2）携出岩屑。既可将岩屑携带出井口用除砂设备清除，又可使地质人员通过岩屑录井获取地下油气信息。

（3）冷却钻头。钻头在高速旋转、破碎地层岩石时产生大量的热量，钻井液的循环可及时冷却钻头，增强钻头的耐磨性和使用寿命。

（4）保护井壁。地层有多种多样，有的松散易碎，有的易吸水膨胀、分散坍塌，这就要靠钻井液把井壁"撑"住，靠泥饼把井壁"糊"住，以稳定井壁、防止坍塌。

（5）润滑钻具。一般来说，井不是笔直的，井眼也大小不一，井眼越大越深，钻具旋转和起下钻时阻力越大。钻井液的润滑作用可以减小这种阻力，特别是在定向井钻井中，钻井液的润滑作用尤为明显。

（6）破岩作用。喷射钻井中，钻井液能传递水力能量使机械破岩和水力破岩作用相结合。

（7）平衡地层压力。钻井时，地层压力是靠钻井液的液柱重力来平衡的，尤其是高压油、气、水层更要靠钻井液来使地层保持稳定，做到"压稳而不死"。因此，钻井液密度的大小事关重大，如果钻井液密度太小，有可能因压不住地层压力而导致井喷事故；如果钻井液密度过大，则会引起油层伤害，严重时会导致油气层完全被堵死，油气无法采出。

（8）保护油气层。钻开油气层以后，地层孔隙和油气通道易被钻井液中的固体微粒堵塞，造成对油气层的损害，使油气流动通道不畅，影响后面的油气井的生产。采用优质钻井液，就能较好地保护油气层。

钻井液对于钻井就像血液对于人体一样重要。如果没有性能良好、足够数量的钻井液，或者在钻井过程中，由于某种原因（如地层漏失、钻具折断）而不能正常循环钻井液时，钻井工作将无法进行，严重时有可能发生井喷（Blowout）等严重的钻井事故。

现代钻井技术对钻井液的性能要求很高，要具有一定的密度、黏度、滤失量、泥饼、切力及含砂量等，并要求随着钻遇地层的变化能及时做出调整。

2.4　钻井作业人员

钻井工作是一年四季连续进行的野外露天作业，作业对象是看不见、摸不着的地下岩层，钻井时会随时碰到复杂情况。钻井又是多工种相互配合、工序轮换交替的高强度体力工作。因此，要求从事钻井作业的人员有扎实的岗位作业基本功、熟练的操作技巧和强壮的身体。

钻井队基本上由三类人员组成。

（1）钻井操作人员，包括钻工、井架工、副司钻、司钻和钻井班长；设备的操作人员有机械工、电工、材料工和通讯员等。司钻是操作钻机、实施钻井作业最关键的人员之一，如铁人王进喜最早的岗位就是司钻。

（2）技术人员，包括钻井工程师、机械工程师和电气工程师等。

（3）管理人员，包括钻井经理、会计、器材管理员和生活管理员等。

第 3 节　钻 井 工 程

一口井从开始到完成，大致要经历准备工作、钻进、固井、完井等工序。首先是钻井作业，本节主要介绍了钻井工程的基本概念和作业过程。

3.1　准备工作

（1）定井位

根据地质或生产的需要确定井口位置，做出钻井工程设计方案。

（2）修公路

为了将各种设备与物资运入井场，需要修公路。由于钻井设备是重型物资，公路应确保能通行重型车辆。

（3）平井场

在井口附近平整出一块方地供施工之用。井场面积随钻机而异，形状大致为长方形。大型钻机(钻机型号 ZJ70)井场长 120m，宽 100m。中型钻机(钻机型号 ZJ40)井场长 100m，宽90m。钻机占地大小亦可因地制宜。

（4）打基础

为了保证设备在钻井过程中不会下陷或歪斜，要打基础。小型的基础可用方木或预制件，大型的基础在现场用混凝土浇灌。

（5）安装

立井架，安装钻井设备、泥浆泵，安放或挖掘泥浆池等。

3.2　钻进

当钻井准备工作就绪后，钻进作业就可以开始进行了。广义的钻进是指从开钻到完钻一段地层或完钻一口井的过程。旋转钻井法的钻进大致可分为以下几道工序。

（1）钻进

用钻头直接破碎岩石。钻进时用足够的压力将钻头压到井底岩石上，使钻头的刃部吃入岩石中。钻头上连接着钻柱，用钻柱或井下动力钻具带动钻头旋转以破碎岩石，岩屑会随着钻井液循环被带出，井就会逐渐加深。加到钻头上的压力叫钻压。

钻柱把地面上的动力传给钻头，因此，钻柱从地面一直延伸到井底。随着井的加深，不断增加钻杆，钻柱渐渐增长，其重量也渐渐加大，以致超过所需的钻压。过大的钻压将会引起钻头、钻杆、设备的损坏，必须将大于钻压的那一部分钻杆的重量吊悬起来，使之不作用在钻头上。钻进中，由司钻适时地控制加到钻头上的压力，有效地均匀钻进。

（2）洗井

井底岩石被钻头破碎后形成小的碎块，称为钻屑（也常称为砂）。钻屑积多了会影响钻头钻凿新的井底，引起机械钻速下降。必须依靠钻井液及时地将钻屑从井底清除掉，并携带到地面，这个工作称为洗井（Well Flushing），洗井是通过钻井循环系统循环钻井液完成的（见图4-4）。

钻屑在地面上从钻井液中分离出来并被清除掉称为除砂。清除了钻屑的钻井液再被注入井中重复循环使用。在钻进时，钻井和破碎岩石同时进行。为了保证钻井液不间断地循环，需要用泥浆泵连续注入。

（3）接单根

在钻进过程中，随着井的不断加深，钻柱也要及时接长，因为一根钻杆的长度一般为8~13m，而井的深度远远大于单根钻杆的长度。在钻井中接一根钻杆的作业就称为接单根。

（4）起下钻

为了更换磨损的井下设备，如钻头，须将全部钻柱从井中取出，换上新的钻头以后，再重新下到井中继续作业，这个作业称为起钻和下钻（简称为起下钻）。

一口井有时要用好几只钻头才能钻成，所以起下钻的次数较多，尤其是深井。为了提高效率，节省时间，需要选择合适的钻头，减少起下钻次数。一般起下钻时不是以单根钻杆为单位进行接卸，而是三根钻杆为一个接卸单位，称为立根（或立柱）。为了配合长的立根能够安靠在井架上，井架高度一般为40m左右。

由于其他原因，如打捞井底落物、解决卡钻等问题时也需要起下钻。

（5）其他作业

在钻井过程中，还要进行地质录井、地球物理测井、地层测试等作业。

在钻井过程中，安全钻进、尽可能提高钻井速度、降低成本，是钻井工作的核心。因此，就要在钻井工程设计中，选定合理的井身结构和钻具结构，使用优质泥浆，采用一系列适合地层条件的钻井技术和措施。如，钻井时对钻头施加多大的压力？转盘旋转速度是多少？泥浆泵排量多大？钻压、转速、排量的合理选配问题，是钻井中随井深和地层变化需要及时调整并加以解决的重要问题。

一口井一旦开钻，如果没有特殊情况，就按照施工设计正常施工，钻达设计深度即可交井。但是，探井有可能根据地下出现的新情况，或提前完钻，或继续加深。

3.3　常见的钻井事故

在正常钻进过程中发生的各种不正常并影响正常钻进的工况，一般称为钻井复杂情况，当导致一些不良后果时就会引起严重后果，甚至造成井眼报废，对环境和人员造成严重伤害，这就是钻井事故。复杂情况常常是随着井眼的形成、地层的平衡状态破坏、井壁的地层直接裸露在钻井液所致。常见的钻井事故如下。

（1）井漏

井漏就是指在钻井过程中钻井液大量漏入地层。钻井过程中发生井漏时，常表现出泥浆池液面明显下降或泥浆不从井中返出（泥浆不再循环），严重时泥浆只进不出，全部流入地层中。此时井内泥浆液柱压力降低，可以引起井壁坍塌，严重时引起井喷事故。发生井漏的原因是：地层疏松，处于渗透性地层，有地层断裂带或有裂缝。

（2）井喷

井喷就是钻井过程中，油气不受控制地喷出，其根本原因是由于井中钻井液液柱压力小于地层压力所致。如在钻进过程中，当钻遇高压油、气、水层时，如果该油、气、水层的压力大于循环泥浆液柱的压力，或者由于起下钻作业对井筒产生抽吸作用，井筒液柱压力低于油气层压力，油、气、水就会从地层进入循环泥浆中，引起泥浆的密度下降，黏度升高，泵压下降，泥浆进少出多，泥浆池液面升高。当油气侵入严重时，从井中返出的泥浆中有强烈的天然气和原油的气味，泥浆有气泡，井口有外涌现象，当不受控制时，进而就会产生井喷（图4-9）。如果井喷不能及时控制住，往往引发火灾、爆炸，常常会造成严重的人员和财产损失，甚至环境灾难。尤其是海上钻井，一旦井喷失去控制引起火灾，可能酿成井毁人亡，同时可能使一个有价值的油气田枯竭失去开发价值，造成难以估量的损失。这是石油钻井中最严重的灾难性事故。中国钻井历史上最感人的一次控制井喷事故是铁人王进喜带领的井队创造的。1960年3月王进喜带领1205钻井队钻到约700m深时，突然发生井喷，当时可行的办法只有用加水泥的办法提高泥浆密度压井喷；但由于当时没有合适的搅拌装备，水泥加进泥浆池就沉底，为了控制井喷，王进喜和工人们跳进泥浆池，用身体搅拌水泥浆，压住了井喷，保住了钻机和油井。

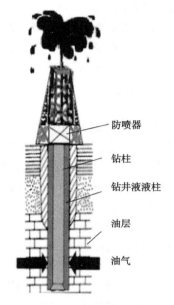

图4-9　油气井井喷示意图
（当油气层压力大于钻井液液柱压力，地面没有控制住油气流出时，就会发生井喷）

（3）卡钻

卡钻是指在钻进过程中钻柱转动和上提下放活动受阻。常见的卡钻故障如能及时妥当处理便可消除，否则，就发展成钻柱卡住、完全不能活动的事故。在这种情况下，如采用硬拔、硬转，则可能导致钻柱折断；如钻柱折断处理无效，可能造成井眼报废。从原因上看，常见的卡钻事故有沉沙卡钻、落石卡钻、地层膨胀卡钻、泥饼黏附卡钻、键槽卡钻。

（4）钻柱折断

在钻进过程中，钻柱承受着拉、压、弯、扭（力矩）力，以及井壁摩擦力、泥浆冲刷力、岩屑磨蚀等复杂的作用力，往往由于操作不当和钻柱疲劳而引起钻柱折断事故。一般折断发生在钻杆连接的螺纹部位。钻柱折断后必须进行打捞，如打捞不上来，可在折断部位旁钻侧眼。

（5）井下落物

井下落物是指在钻进过程中或起下钻时，由于检查不严、措施不当、操作不慎而将工具、钻头牙轮、刮刀片、测井仪等物件掉落井中。发生落物而不能继续钻进时，必须及时进行打捞。

第4节 固井工程

固井(Well Cementing)，就是在钻出的井眼内下入套管柱，并在套管柱与井壁之间部分或全部注入水泥浆，使套管与井壁固结在一起的工艺过程，是油气井建井过程中的一个重要环节。一口井从开始到完成，时常需进行数次固井作业。固井质量的好坏不仅影响到该井能否正常钻井，而且影响到油井开采期能否正常作业和安全生产。

固井的主要目的是：①加固井壁，防止浅处井壁坍塌及钻井液污染地下水；②隔离钻开的油、气、水层，防止开采时各流体层之间的相互干扰，影响油气生产(见图4-10)。

固井工程包括下套管和注水泥两个作业过程。

4.1 下套管

套管(Casing)是用于封隔地层、加固井壁的一种无缝钢管。套管长8~13m，常用的标准套管外径范围在114.3~502mm，壁厚范围在5.21~16.13mm。套管柱(Casing String)通常是由同一外径、相同或不同钢级及不同壁厚的套管用接箍连接组成的。套管柱应符合强度和生产的要求。下套管(Running Casing)就是在已经钻成的井眼中按规定下入一定直径、由某种或某几种不同钢级及壁厚的套管组成的套管柱。

由于石油井较深，钻遇地层常常比较复杂，因此开钻前每口井根据可能钻遇的地层情况都要进行井身结构设计。井身结构就是指井的套管下入层次、下入深度及与钻头尺寸配合的套管尺寸的大小(见图4-11)。在不同地区因地层情况和井深的不同，井身结构也有所不同，固井实施的情况也不同。有的井可以一直钻到底，最后下入套管进行一次固井即可；而有的井，则需下两层或三到四层套管，分别进行固井，才能最终完成。

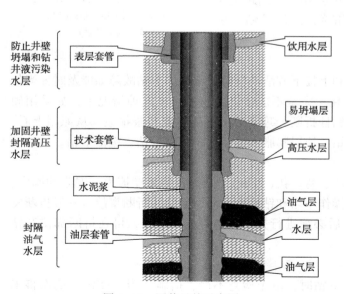

图4-10 固井目的示意图

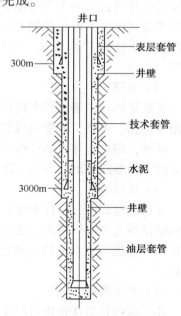

图4-11 某油井井身结构示意图

如图4-11所示为某地区一口4000m的油井，井身结构设计下入三层套管，其目的和实施步骤是：钻井开孔(简称"一开")后钻到表土层以下的基岩或钻达一定深度(一般为30~

100m），提起所有井下钻具，然后下入第一层套管，称之为表层套管（Surface Casing）。表层套管的作用是封住井眼上部井段的黏土层、流沙层、砾石层及水层，并在表层套管井口安装防止井喷的装置。

第二次开钻（简称"二开"）后，改用小于表层套管直径的钻头，往下钻至 2000～3000m 处再停钻，下入第二层套管，称之为技术套管（Technical Casing）。技术套管又称为中间套管（Intermediate Casing）。技术套管的作用是封固易塌层和高压水层，或为保护浅部的油气层等。

第三次开钻（简称"三开"）后，再改用更小的钻头，一直钻到目的层以下，最后下入第三层套管，称为生产套管（Production Casing）或油层套管。生产套管的作用是为生产层建立一条牢固通道并保护井壁，满足分层开采、测试及改造作业的要求。深井或超深井有时需要下两次技术套管，依据具体需要而定。

有的地区井虽较深，但地层条件较好，可以省去技术套管，只下表层套管和生产套管；有的地区井不太深，如果浅部地层条件允许，深部油气水层的压力不高，还可以省去表层套管，则在全井中，只有一层生产套管。

4.2 注水泥

注水泥（Cementing）就是在地面上将水泥浆通过套管柱注入到井眼与套管柱之间的环形空间中的过程，见图 4-12。

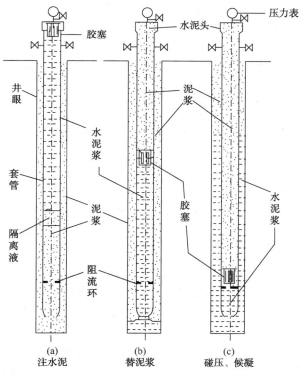

图 4-12　注水泥流程示意图

固井用的水泥浆（Cement Slurry）是指干水泥与水（经常还要加入缓凝剂、减阻剂等外加剂）混合而成的浆体。将配置好的水泥浆，通过一定的设备和工艺注入套管，并按照设计要求使水泥浆在管外环形空间上返到一定的高度。注水泥是套管下入井后的关键工序，其作用是将套管和井壁的环形空间封固起来以封隔油气水层，使套管成为油气通向井中的通道。

在水泥浆注入套管之前，要泵入一定量的前置液，用来隔离钻井液和水泥浆，以避免混浆。而且隔离液返出套管后，也起到清洗环形空间的作用。

水泥浆的顶替速度要根据井下的情况而定，如无特殊情况应采用高速紊流顶替。但在地层破裂压力低的情况下，只能采用低速顶替。

通常注入水泥浆后应候凝约2天，用井温或声波幅度等测井方法检测固井质量，如套管处水泥返高、水泥胶结与封固状况等，符合设计要求者为固井质量合格。

总之，固井要根据实际地质情况来确定，既要保证钻井安全和井身质量，又要尽可能地节约套管和水泥，以降低钻井成本，提高经济效益。

第5节　完井工程

完井（Well Completion），顾名思义，指的是油气井的完成，即根据油气层的地质特性和开采的技术要求，在井底建立油气层与油气井井筒之间的合理连通渠道或连通方式。完井是油气井生产前的最后一道工序。

油气层钻开以后，井筒和油气层的连通方式与井下油、气、水层的直接测试结果以及以后的油气田开发、开采有密切的关系。在井底建立的油气层与油气井井筒之间的不同连通渠道，也就构成了不同的完井方法。对各种完井方法的要求是：

（1）使油气层与井底有效地连通起来，尽量减小油、气流动阻力；

（2）妥善地封隔油、气、水层，防止各层之间互相干扰；

（3）克服井壁坍塌和油层出砂的影响，保证油气井长期稳定生产；

（4）能为今后的井下修井作业和增产措施（压裂、酸化）提供方便；

（5）工艺简便、完井速度快、成本低。

根据油井与油气层的连通方式，有裸眼完井、射孔完井、衬管完井和砾石充填完井等完井方法。

5.1　裸眼完井

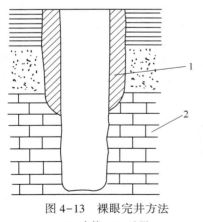

图4-13　裸眼完井方法
1—套管；2—油层

裸眼完井（Open Hole Completion），是指钻井至油气层顶部后，下生产套管，注水泥，然后用较小直径的钻头钻开油气层进行裸眼开采的一种完井方法（图4-13）。

最大优点是：①井眼完全裸露，井内不下任何管柱，油气层没有任何遮挡地直接与井底相通；②油气层不仅具有最大的渗滤面积，而且流线平直，油、气流入井内的阻力最小。

缺点是：①井底容易坍塌，不易防止油层出砂；②不易进行分层作业，油、气、水层易互相干扰。

裸眼完井方法的适用范围较小，仅能适用于那些岩层坚固、稳定，而且无油、气、水夹层的单一油层、单一气层和一些油、气层性质相同的多油层井。

5.2 射孔完井

射孔完井(Perforated Completion)是指将套管下至产层底部固井，然后射孔开采的完井方法(图4-14)。

这种方法是目前国内外使用最为广泛的一种完井方法。先钻开整个油气层后，下生产套管至井底，注水泥加固，然后下入射孔枪向油、气层部位射孔，穿透套管和水泥环，为油、气流入井内打开通道。

这种完井方法的优点是：

（1）能比较有效地封隔和支持疏松易塌的生产层；

（2）能够分离不同压力和不同特点的油、气层，便于进行分层测试、分层开采及分层增产等工艺；

（3）可根据钻井取芯、电测和地层测试等取得的生产层的实际资料，确定是否下入生产套管，可以减少或消除因无油、气而下生产套管的盲目性；

（4）可进行无油管完井及多油管完井；

（5）除裸眼完井外，比其他完井方法经济。

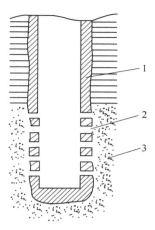

图4-14　射孔完井方法
1—套管；2—套管被射开的孔；3—油层

缺点：（1）在钻井和固井过程中生产层受到的钻井液和水泥浆的侵害带有时难以穿透，影响油气产量；（2）由于射孔数目和射孔深度有限，油、气层与井底的连通面积小，而且流线弯曲向射孔孔眼集中，导致油、气流入井内的阻力较大，不易防止地层出砂。

5.3 衬管完井

衬管完井(Liner Completion)，是指将套管下至生产层顶部进行固井，然后钻开产层，再下入带孔或割缝套管的完井方法。衬管(Liner Tube)是指在管体上加工有孔、缝的用来支撑井壁的套管。

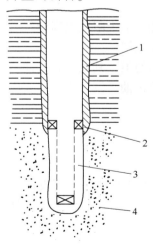

图4-15　衬管完井方法
1—套管；2—封隔器；
3—衬管；4—油层

当油层是由胶结差的疏松砂岩组成时，如果采用裸眼完成，油层就容易坍塌，井底被砂堵，使油、气流渗滤面积减小。为此，在裸露的油气层部位，下入一根预先钻好孔眼的衬管并通过衬管顶部的衬管悬挂器，将衬管挂在生产套管上，并密封套管和衬管之间的环形空间，油、气经衬管上的孔眼流入井中(图4-15)。

衬管完井是利用来自油层中的砂粒在衬管外自然成拱防砂，故不易人工控制，在裸眼井中无法封隔油、气、水层。

5.4 砾石充填完井

砾石充填完井(Gravel Pack Completion)，是指在衬管与井壁之间或管内充填一定规格砾石达到防砂和保护生产层的完井方法。

常用的砾石充填方法有：裸眼内砾石充填、套管内砾石充填(图4-16)。前者是先将衬管下入井内，然后用钻井液将砾石送至衬管与井壁的环形空间内；后者是在地面上将砾石充填在预制的砾石衬管中，然后下入井内。

97

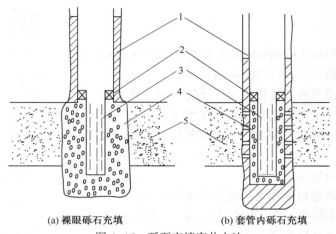

(a) 裸眼砾石充填   (b) 套管内砾石充填
图 4-16　砾石充填完井方法
1—套管；2—封隔器；3—衬管；4—砾石；5—油层

　　砾石充填完井的优点是油、气流的渗流面积大，阻力较小，同时可以防止油层坍塌出砂和堵死油井，因而油井寿命较长。但是，它在完井工艺上比较复杂，应用要求油层条件比较简单。如果条件复杂，如油层中含有水层，油层又是由压力、渗透率不同的若干小层组成，则不宜选用，以免将来采油时难以进行选择性压裂、酸化、分层开采、分层注水等措施。

5.5　压裂完井

5.5.1　压裂充填完井

　　压裂充填完井，也称为压裂砾石充填完井，就是利用水力压裂的设备与工艺，将符合要求的支撑剂兼做防砂砾石，以高于地层破裂压力的充填压力充填到压开的裂缝内，为确保充填效果，单个充填段长度一般控制在 60m 以内，这样即可解除近井地带的污染，又可以增大泄油面积，降低近井地带流体渗流速度，从而也可以起到防砂的作用。这种完井工艺多应用于物性较好，但地层胶结不好的油气层。

5.5.2　油气层压裂完井

　　油气层压裂完井，就是利用水力压裂技术，将地层压开形成裂缝，最大限度提高油气层流体流动能力的完井方式。这种完井方式常用在低渗、致密、页岩油气层。

　　完井作业完成后，就可以安装井口装置，并连接好井下到地面的通道，到此为止，油气井的建井任务就完成了。建井完成后，就可以诱导油、气入井，进行试油、试气作业，完成后，井就可以投入油田开发生产。

第 6 节　特殊钻井技术

　　一般来讲，钻的石油井常常是直井，但是，根据油气藏的地质条件及油气田开发的需要，还有几类特殊的钻井技术，并且这些钻井技术在油气田开发中，占据越来越重要的地位，尤其是在非常规油气的开发和海洋油气的开发中。

6.1　定向钻井技术

6.1.1　井型

　　一口井井眼的中心线称为井眼轴线（Well Bore Axis），又称为井眼轨迹或井筒轨迹（Well

Bore Trajectory）。井眼轴线上某一点沿钻进方向的切线与该点重力线之间的夹角称为井斜角或斜度（Inclination）。按照井眼轨迹的形状，可将井分为两种类型（即井型）：直井和定向井。当井身轴线按铅垂线设计时，井口位置和井底位置在同一垂线上，这就是直井（Vertical Well）。如果井身轴线偏离铅垂线，则井口位置与井底位置不在同一铅垂线上，这就是斜井，见图4-17（a）。当然一般的直井，也并非人们所想象的那样是垂直的，实际也都有大小不等、方位不一的斜度，但这个斜度都不是很大，是要求加以控制的；按井身质量标准的规定，直井井斜不得超过3°~5°。

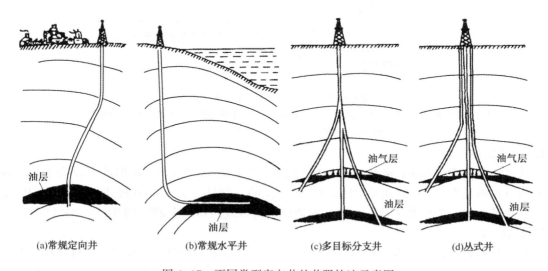

(a)常规定向井　　(b)常规水平井　　(c)多目标分支井　　(d)丛式井

图4-17　不同类型定向井的井眼轨迹示意图

6.1.2　定向井

定向钻井技术（Directional Drilling）是靠使用定向井仪器、工具、钻具和技术，使井眼沿着预定的斜度和方位钻进，直到钻达目的层的钻井技术，所钻的井都是斜井，也称为定向井，有很多类型的定向井，图4-17只展示了最主要的几种定向井类型。与钻直井不同，在钻定向井的过程中必须要进行随钻测量，英文简称MWD（Measurement While Drilling），通过测量井的方位、井斜、工具面（磁力、重力）等，指导钻井不偏离预期的井眼轨迹；更先进的是地质导向钻井，即在钻定向井过程中，除了测量井的方位、井斜、工具面之外，还测量电阻率、自然伽马、井压、孔隙度、密度等地层参数指导钻井，简称LWD（Log While Drilling）。

6.1.3　水平井

按照井眼轨迹的形状在油气藏中钻开产层的井段斜度超过85°，其水平井段延伸长度约为产层厚度10倍以上的定向井称为水平井（Horizontal Well），见图4-17（b）。水平井极大地提高了油气井的泄油面积和油气井的产量。

根据钻井工艺的不同可分为常规水平井和特殊工艺水平井。特殊工艺水平井包括径向水平井、侧钻水平井和分支多底水平井，见图4-17（c）。径向水平井又称超短半径水平井；侧钻水平井目前在国外应用相当普遍，主要用于老井的改造以进行老油田的挖潜开采；分支多底水平井技术近年来发展极为迅速，该技术允许在同一主干井眼中侧钻多口分支井眼，以便高效开发多套储层。

按照造斜率的大小，水平井基本上可分为三种类型，即大曲率半径水平井、中曲率半径水平井和小曲率半径水平井（见图4-18）。造斜率是指钻井过程中每米或每百米进尺井斜变化的度数。

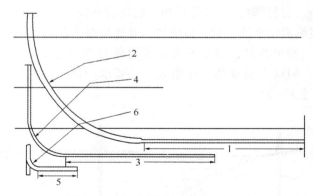

图4-18　水平井的三种类型示意图

1，2—大曲率半径水平井，曲率半径914~1305m；3，4—中曲率半径水平井，曲率半径50~213m；

5，6—小曲率半径水平井，曲率半径6~12m

6.1.4　丛式井

丛式钻井技术（Cluster Well Drilling）是指在一个井场或平台上，钻出若干口油水井，各井的井口相距数米，各井的井底则伸向不同方位的一种钻井方式。丛式井（Cluster Well）是在一个井场上或一个钻井平台上，有计划地钻出两口或两口以上的定向井（可含一口直井），见图4-17(d)。

丛式井最初多用来开发海上油气田，但由于丛式井便于管理，节约用地，目前在陆上油田也得到了广泛的应用。陆地和海上钻井平台的丛式井整体设计核心是确定井口的布局。

首先，要考虑好井口位置和地下井位之间距离的布置。根据目前钻定向井的能力，钻15°~45°的斜井，水平位移在2000m以内的井，经济效益最好，所以，平台设计的位置要尽量在这个范围内。

其次，井口的间距要满足钻井、采油气和修井作业的要求。陆地上丛式井井口之间的距离设计为2.5~3m。海上钻井平台因造价昂贵，一般设计为2~2.3m。

丛式井各单井的设计，在陆地上要求单井之间保持间距，要避开井眼交叉和碰头，在上部井段要利用井的方位变化将井底的距离拉开，各走各自的轨迹。

6.1.5　定向井优缺点

定向井优势主要表现在以下几个方面：

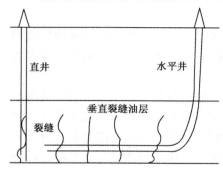

图4-19　水平井比直井钻穿裂缝多增大泄油面积示意图

（1）可以避开不可越过的地面障碍，例如居民住宅区、工业建筑、文化古迹、江河湖泊等。

（2）少占农田，节约修公路和平井场的土地、资金和时间，可在同一口井或同一井场按需要钻丛式井（Cluster Well）。

（3）对于某些有裂缝的油气层或低渗透油气层，为了增大井筒内油气层裸露的面积，以扩大油流通道，减小渗流阻力，提高油井产量，可以在油气层内钻一定长度的大斜度定向井或水平井（见图4-19）。大斜度井（High Angle Well）是指井身轴线最大斜度在60°~85°的定向井。

据统计，一口水平井的造价是一口直井的 1.5~2 倍，而在相同地质条件下，一口水平井的产量是一口直井的 3~7 倍。

（4）对某些特殊油田，用一口井钻过多套油气层，使一口井起到多口井的作用，这种井叫多目标井，见图 4-17（c）。多目标定向井（Multi - Target Directional Well），又称多靶定向井，是指具有两个或两个以上目标点的定向井。

（5）开发海洋油气田时，在一个钻井平台上钻多口定向井，既可节约钻机搬迁时间和钻机成本，也有利于油气集输。

（6）当油气井发生强烈井喷、着火而失去控制时，可以采取钻定向救援井的办法，进行压井止喷或引流灭火。

（7）由于定向井技术的提高和测量仪器的发展，定向井的水平位移（指井口和井底在水平面上的直线距离）一般可以从几百米到十几千米。海上钻井时，一个平台上可以钻几十口定向井。开发海上油气田要用定向井的钻井方法钻丛式井、水平井、大斜度延伸井、大位移井、分支井等，以勘探和开发更远更深处的石油资源。

6.2 平衡压力钻井与井控技术

平衡压力钻井（Balanced Drilling）是指作用于井底的井筒最小液柱压力等于地层压力时的钻井。当略大于或略低于地层压力时，则分别称为近平衡压力钻井（Near Balanced Drilling）、欠平衡压力钻井（Underbalanced Drilling）。

平衡压力钻井的发现是钻井技术的一大进步，它是美国 1948~1968 年间科学化钻井时期发展起来的。钻井时井筒内液柱压力与油气层压力差值的大小的控制，反映了钻井水平的高低，这是因为压差值越小，对油气层损害越小。但差值越小，钻井越易发生事故，因此要实行平衡压力钻井，又要不发生事故，就要有高水平的井控技术和钻井技术。井控（Well Controlling），即实施油气井压力控制的简称，指采取一定的方法控制住地层压力，基本上保持井内压力平衡，保证钻井顺利进行的技术，不发生钻井安全事故。平衡钻井的主要优点有：

（1）有利于发现油气层，不会钻失油层。

（2）不会将低压油层压死，对油气层的损害小。

（3）能够获得高的钻井速度。

20 世纪 80 年代末到 90 年代初又发展了欠平衡压力钻井技术。欠平衡压力钻井又称有控制的负压钻井，在钻井过程中钻井液液柱压力略小于地层压力，允许油气层流体流入井眼，并可将其循环到地面，进行有效控制，有利于油气层保护。欠平衡压力钻井具有以下优点：

（1）避免井内液体进入地层，减少对油气层的污染和损害。

（2）及时发现新的油气层，特别是低压低渗油气层。

（3）消除了钻井时井内液柱压力对岩屑的"压持效应"，可大幅度提高机械钻速，并避免钻井液漏入地层和黏附卡钻事故。

（4）可边钻井边开采油气，提早使油气井投产。

但采用欠平衡钻井是有条件的，主要条件是：①应有完善的井控设施；②无水层；③井壁稳定性良好。

欠平衡压力钻井技术，适应了勘探过程中及早发现油气层和开采过程中提高油井产能和油气采收率的要求，得到了越来越广泛的应用。

6.3　喷射钻井技术

喷射钻井（Jet Drilling），是指利用钻井液流经钻头喷嘴所形成的高能射流充分地清洗井底，使岩屑免于重复切削，并与机械作用联合破碎井底岩石的钻井方法。

喷射钻井 1948 年出现在美国，60 年代被大量推广应用，使钻井速度有了大幅度的提高。它曾被誉为钻井技术的重大革命。喷射钻井的技术特点有：

（1）喷射钻井要求高泵压，喷嘴小，喷射速度高，适当排量，使用喷射式钻头；而普通钻井要求重压、快转、大排量。

（2）钻井液从钻头喷嘴喷出的速度高，水功率大，冲刷井底好，清岩快，携岩好，与机械因素起联合破岩作用，从而提高了钻井速度。

（3）喷射钻井还要求有好的钻井液，具有抑制泥岩膨胀，有利于井壁稳定，剪切稀释性能好、黏度低、摩阻小、携岩好等特点。

除上述几种特殊钻井技术外，我国未来钻井技术发展的主要方向有：①智能化钻机、旋转地质导向测控系统等关键技术；②纳米钻头、高强轻质特种合金钻杆、高性能钻完井液等关键钻探工具和材料；③多层水平井立体井网、工程地质一体化钻井技术等。

第 7 节　海洋石油钻井

海洋拥有丰富的油气资源，尤其是近年来全球获得的重大勘探发现中，近 50% 来自深水（水深超过 500m 为深水，大于 1500m 为超深水）。

海洋石油钻井与陆地相比，主要有五点不同：

（1）如何在水面之上平稳地立起井架，并要经受得住风浪的袭击。

（2）在钻盘至海底之间，如何建立一个特殊的井口装置把海水与井筒隔绝开来。

（3）海洋钻井，直井少、斜井多，必须有保证钻机等钻井设备正常工作的海洋钻井平台。

（4）海洋钻井费用高，要比陆上钻井高 3～10 倍。就同样一口勘探井的钻井成本来比较，陆上石油、浅海石油、深海（水）石油的比例，为 1：10：100，深水油田的开发可能比这个比例还要略高一些。

（5）海上钻井更需要注重安全生产和保护环境，避免对海洋造成污染。

海上钻井设备与陆上钻井设备的不同，主要表现在海上钻井平台和井口装置方面。

7.1　海上钻井平台

与陆上钻井设备最大的不同之处，海上钻井必须要有钻井平台（Offshore Drilling Platform），钻井平台就是将钻井设备（包括附属设备）、管材、工具及其他材料等承托在海面上的装置。按结构特点，钻井平台可分为固定式和移动式两类。在钻井过程中选择哪种钻井平台，水深和离岸的远近是主要的参考因素（图 4-20）。

固定式平台（Offshore Fixed Drilling Platform）是指用桩将结构物固定于海底或依靠自身的巨大重量坐落于海底、不能再移位的钻井平台，包括桩基式平台（图 4-21）、重力式平台

（图 4-22）和人工岛三种。人工岛（Artificial Island）是指在海上油气田开发中，为进行钻井、生产等活动而在海上建造的一片人工陆地。人工岛是进行滩海和沼泽地油气勘探和开发的良好形式。对于浅海油气，人工岛较海上平台具有成本低、维护方便、可实现全天作业、生产效率高等优点，综合效益高。

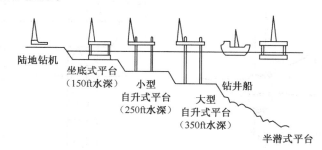

图 4-20　钻井平台的类型与水深

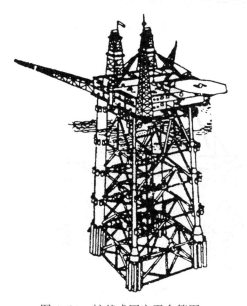

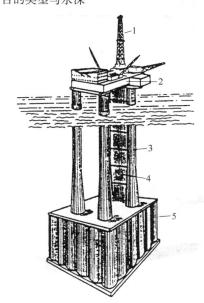

图 4-21　桩基式固定平台简图　　　　图 4-22　重力式平台简图

1—井架；2—钢甲板；3—水泥柱；4—导管；5—水泥制油料仓

移动式平台（Mobile Platform）是能够重复实现就位、起浮、移航等操作，可以改变作业地点的钻井平台，有坐底式和浮动式。坐底式包括沉浮式平台（图 4-23）和自升式平台（图 4-24）；浮动式包括浮式钻井船（图 4-25）和半潜式钻井平台（图 4-26）两种。

中国目前最先进的钻井平台是半潜式钻井平台"蓝鲸 2 号"，"蓝鲸 2 号"与传统单钻塔平台相比，配置了高效的液压双钻塔和全球领先的 DP3 闭环动力管理系统，可提升 30% 作业效率，节省 10% 的燃料消耗。

在海洋石油钻井工程中，钻井工程对钻井平台的依赖性较大，钻井平台技术水平的高低直接决定着钻井技术水平的高低。大型化、自动化的钻井平台是海洋石油钻井平台技术的主要发展方向。而且，已经有越来越多的海洋石油钻井技术采用 FPSO 装置（浮式生产储油卸油装置），这种装置的甲板上密布了各种生产设备、管路，有特殊的火炬塔、系泊系统，与井口平台管线连接，既能满足深水海洋石油钻井工程需要，又能保证钻井工程的安全性和效益性。

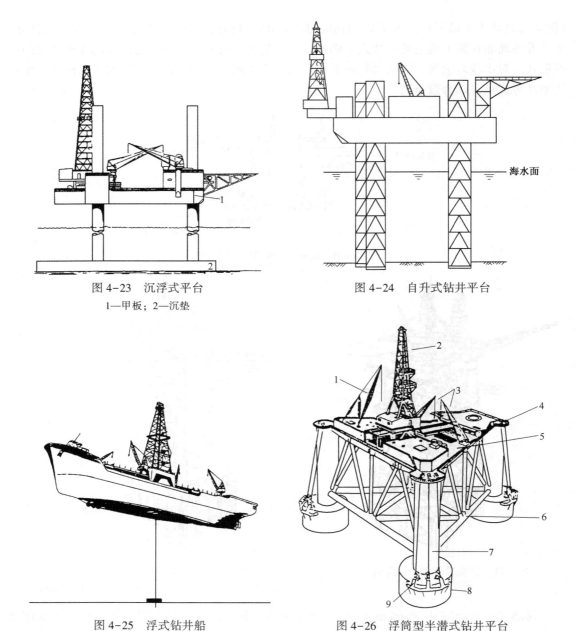

图 4-23　沉浮式平台
1—甲板；2—沉垫

图 4-24　自升式钻井平台

海水面

图 4-25　浮式钻井船

图 4-26　浮筒型半潜式钻井平台

1，3—起重机；2—井架；4—船舱；5—甲板；
6—钢筒；7—稳定筒；8—浮筒；9—停泊系统

7.2　海洋钻井井口装置

　　海洋钻井井口也与陆地的有所不同。在使用固定式钻井平台钻井时，平台井口和海底井口是固定不动的，这种井口装置类似于陆上钻井导管的加长，用以隔绝海水，连接海底井口和平台井口，形成泥浆返回的通路。这种固定不动的井口导管，可以用打桩的办法打入海底一定深度，或者在海底钻出一定深度的井眼，然后下入导管，并与平台基础构架紧固在一起，从而达到能够正常钻井的要求。

在使用浮动平台钻井时，井口装置就比较复杂。由于海水的运动，整个钻井装置就会发生升降、平移、摇摆活动。这样，平台井口与海底井口之间，即产生相对运动。因此，这种井口装置必须装有能够伸缩和弯曲的部件，也能随着水面和水下两个井口的相对运动而活动着，否则就不能适应正常钻井的需要。

这种井口装置，主要由三个系统组成，有关部件结构见图 4-27。

（1）导引系统（Guidance System）

导引系统包括井口盘、导引架、导引绳以及导引绳张紧机构等。

导引系统的作用是引导井口装置和其他部件对正，以便安装和拆卸；引导钻具和其他下井工具进入海底井口。

（2）防喷器系统（Blow Out Preventer System, BOP System）

防喷器系统对海上钻井的安全防火非常重要。为了安全钻井，一般要求装有三个防喷器：一个钻杆防喷器，一个全闭式防喷器，一个万能防喷器；或者用两个钻杆防喷器，一个全闭式防喷器。

防喷器开关闸门安装在近海海底的水域中，不在平台上，所以必须遥控。在钻井过程中，因为每次固井要换井口，或因改变钻具尺寸需要换防喷器芯子等等，为了拆装方便迅速，而且当水深超过潜水员的潜深能力时，仍能准确拆装，所以需要有遥控连接器或快速接卸器等部件。

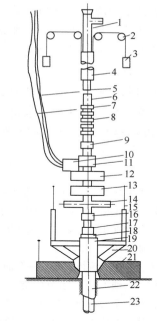

图 4-27　海洋钻井水下
井口装置组成示意图

1—溢出管；2—滑轮；3—平衡重物；
4—伸缩隔管；5—油压管线；6—隔水管；
7—电缆；8—接头；9，16—快速接卸器；
10—阀箱；11—万能防喷器；
12，13—钻杆防喷器；14—四通及放喷管线；
15—导引绳；17—套管头；18—导管头；
19—导引架中心管；20—导引架；
21—井口盘；22—导管；23—套管

（3）隔水管系统（Marine Riser System）

隔水管系统是装在防喷器的上部，由隔水管、伸缩隔管、弯曲接头和隔水管张紧器等组成。

其作用是隔绝海水，导引钻具入井，形成泥浆回路，并且承受浮动平台的升降、平移运动。其中伸缩隔管和弯曲接头就是分别解决升降、平移运动的装置。隔水管张紧器是防止隔水管在海浪、潮流的作用下产生弯曲，以免影响它的寿命和工作，因此，要有较大的张紧力来维持隔水管正常工作状态。

以上三个系统的完整装置，就构成了海洋钻井的特殊的水下井口装置。

思 考 题

1. 钻井的目的是什么？

2. 钻井技术经历了哪四个发展阶段？钻井技术发展的主要目标是什么？

3. 简述用旋转钻井方法钻一口井的过程。

4. 依据不同阶段和不同任务，石油井有哪些类别？各自用途是什么？

5. 什么是钻机？包括哪几大系统？钻井液的用途是什么？

6. 什么是固井、井身结构？固井的目的是什么？

7. 什么是定向井、水平井？为什么要钻定向井？

8. 平衡钻井或欠平衡钻井的主要优点是什么？

9. 对各种完井方法的要求是什么？射孔完井的优缺点是什么？

10. 海洋钻井和陆地钻井有什么不同？

参 考 文 献

[1] 陈平. 钻井与完井工程[M]. 北京：石油工业出版社，2005.

[2] 陈庭根，管志川. 钻井工程理论与技术[M]. 青岛：中国石油大学出版社，2000.

[3] 石油工业标准化技术委员会油气田开发专业标委会. SY/T 6174—2012 油气藏工程常用词汇[S]. 北京：
石油工业出版社，2013.

[4] 田在艺，薛超. 流体宝藏——石油和天然气[M]. 北京：石油工业出版社，2002.

[5] 陈鸿璠. 石油工业通论[M]. 北京：石油工业出版社，1995.

[6] 河北省石油学会科普委员会. 石油的找、采、用[M]. 北京：石油工业出版社，1995.

[7] 中国石油和石化工程研究会编，陈宝万执笔. 钻井和完井[M]. 北京：中国石化出版社，2000.

[8] 何耀春，赵洪星. 石油工业概论[M]. 北京：石油工业出版社，2006.

[9] 叶俊放. 海洋石油钻井工程技术现状及发展趋势[J]. 中国石油和化工标准与质量，2016，36（20）：
89-90.

[10] 刘合，匡立春，李国欣，等. 中国陆相页岩油完井方式优选的思考与建议[J]. 石油学报，2020，41
（4）：489-496.

[11] 雷群，翁定为，罗健辉，等. 中国石油油气开采工程技术进展与发展方向[J]. 石油勘探与开发，
2019，46（1）：139-145.

第5章 油气田开发与开采

通过地质勘探发现有工业价值的油气田以后，就可以着手准备开发油气田的工作了。所谓油气田开发（Oil-Gas Field Development），就是依据详探成果和生产性开发试验成果，在综合研究的基础上对具有工业价值的油气田，按照国家对油气生产的要求，从油气田的实际情况和生产规律出发，制定出合理的开发方案，并对油气田进行建设和投产，使油气田按预定的生产能力和经济效果长期生产，直至开发结束的全过程。油气开采（Oil-Gas Production）就是根据开发目标，通过产油气井和补充地层能量的注入井对油气藏采取各项注采工程措施，最大幅度地将油气从地层中开采出来的过程。

由于油气田埋藏在地下，是个隐藏的实体，而且在开采过程中，其内部油、气、水是不断流动、变化着的，这种流动性是其他固体矿藏所不具有的特点，因此，要有效地开发油气田，就得在开发过程中不断调整各项措施，以适应地下流体的变化情况。此外，针对地下情况变化，需采用合适的、先进的采油气工艺技术、监测与观察技术、油气层改造及管理技术，以保证油气田开发获得好的经济效益和高的最终采收率。本章对油气田开发的过程、主要的开采工艺及其相关的基本概念进行了介绍。本章主要知识点及相互关系见图5-1。

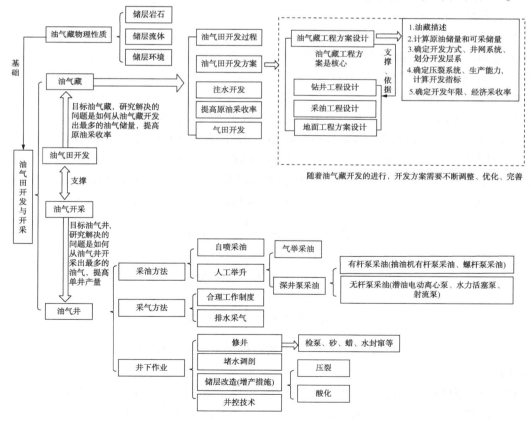

图5-1 本章主要知识点及相互关系

第1节　油气藏及流体物理性质基础

油气藏(也称为油气储层)及流体的性质对油田开发方式、油井产量、油气藏储量的计算等有着直接的影响。油气在储层中聚集形成油气藏,如何定量评价表征油气藏和流体的性质,这是本节要讨论的主要问题。

1.1　油气藏基本物性参数

1.1.1　孔隙度

储层流体是在储层岩石的空隙(储集空间)中储集和流动的,常用有效孔隙度(Porosity)直接反映油气储层储集流体的能力,简称孔隙度,即式(5-1)。

$$\phi_e = \frac{V_{ep}}{V_b} \times 100\% \qquad (5-1)$$

式中　ϕ_e——储层岩石有效孔隙度,%;

　　　V_{ep}——储层岩石有效孔隙体积,m^3;

　　　V_b——储层岩石表观体积,m^3。

由于油、气、水只能在相互连通的空隙中流动,所以在油田生产中,只有相互连通的空隙才具有实际意义。因此油气藏岩石有效孔隙度中的孔隙体积是指相互连通的孔隙体积,也称为有效孔隙体积(Effective pore volume)。

孔隙度是评价油气藏储集能力相对大小的基本参数,其数值越大,表明油气藏储集流体的能力越强。不同岩石类型的储层孔隙度存在较大的差异,砂岩储集层的孔隙度一般在5% ~25%之间,碳酸盐岩储集层的孔隙度一般小于5%。

1.1.2　含油(气)饱和度

油气储层中的流体,常常并不是单一的原油或天然气,常常是油水、气水或油气水三相共存,因此常用储层中流体的饱和度(Fluid Saturation)表示某相流体在储集空间中所占的比例。如储层含油饱和度是指储层岩石孔隙中油的体积与岩石孔隙体积的比值,常用百分数表示[式(5-2)]。如储层含油饱和度为60%,表示储集空间中只有60%是原油,其他40%可能是水或/和气。同理可以根据式(5-3)和式(5-4)计算出储层中气和水的饱和度。

$$含油饱和度 \quad S_o = \frac{V_o}{V_p} \times 100\% \qquad (5-2)$$

$$含气饱和度 \quad S_g = \frac{V_g}{V_p} \times 100\% \qquad (5-3)$$

$$含水饱和度 \quad S_w = \frac{V_w}{V_p} \times 100\% \qquad (5-4)$$

式中,V_o、V_g、V_w分别代表油、气、水所占据的岩石孔隙体积(m^3);V_p为岩石的总孔隙体积(m^3)。

储层含油饱和度越高,表示单位孔隙体积中的原油数量越多。若储集空间被几种流体所充满,则这些流体的总饱和度之和等于1,即流体的总体积等于孔隙体积。

含油(气)饱和度对原油(气)储量的大小有很大影响。其他条件相同时,储层含油气饱和度越高，油气储量越大，储层存储的油气越多。油气储层中含油气饱和度一般都小于1，未打开油气藏时的原始含油气饱和度常常分布在50%~80%范围，这与油气藏的成因有关。储存油气的沉积岩形成之后，其储集空间常被水所充满。油气生成之后，从生油层运移到储油气层，有一个油气驱水的过程。在油气藏逐步形成的过程中，原来储存水的空间被油气所占据，但是由于储集空间的复杂性和孔喉细小，油气很难占据储层的所有空间。因此，除被油气占据之外，储集空间中还会残留一部分水，这种水一般称为束缚水（Irreducible Water）。储层束缚水所占孔隙体积的百分数称为储层的束缚水饱和度（irreducible Water Saturation）。

1.1.3 渗透率

储层流体（油、气、水）在一定的压差下，在储层岩石孔隙空间中的流动，称为渗流（也叫渗透）（Porous Flow）。

流体在储层中的流动规律一般认为符合达西定律。即对于100%充满某种流体的如图5-2的储层岩芯，当岩芯的断面 A 和长度 L 一定时，通过岩芯断面 A 的流体流量 Q 与岩石两端压力之差（p_1-p_2）成正比，而与通过的流体黏度 μ 成反比，其关系式如式（5-5）所示，式中的比例常数 K 称为岩石对某种流体的渗透率（Permeability）。

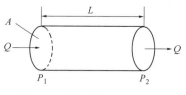

图 5-2　储层岩石渗透率
测试实验示意图

$$Q = KA\frac{(p_1 - p_2)}{\mu L} \qquad (5-5)$$

渗透率直接反映了储层岩石在一定压差下允许流体（油、气、水）通过的能力，或直接反映了岩石的渗透性。渗透率的数值愈大，储集层的渗透性愈好，油气越容易流过。

渗透率的实用单位为达西（符号为 D），以纪念法国工程师达西（Henri Darcy）在此领域所作出的突出贡献。渗透率的国际单位为平方微米（符号为 μm^2），根据量纲换算，1D = $1\mu m^2$。世界上除裂缝和极疏松的砂岩外，一般油气层岩石的渗透率很少高于1个达西，故又采用毫达西（符号为 mD）来衡量其大小，1D = 1000mD，1mD = $1\times10^{-3}\mu m^2$。

储层渗透率的大小对油田的生产能力影响很大。渗透率高的可能成为高产油气藏（田），而渗透率低的多数成为低产油气藏（田）。根据储层渗透率大小可对储层进行分类（表5-1），我国东部油区的大部分储层为中高渗储层，而西部的长庆和延长油区的储层均属于低渗透、特低渗储层，甚至超低渗储层。如胜利河滩油田沙2油藏平均渗透率 $1981\times10^{-3}\mu m^2$，长庆安塞油田长6油藏平均渗透率仅为 $0.49\times10^{-3}\mu m^2$。

表 5-1　油气藏储层类型划分标准

储层类型	超低渗透	特低渗透	低渗透	中渗透	高渗透
渗透率范围/（$10^{-3}\mu m^2$）	0.1~1	1~10	10~50	50~500	>500

注：参考石油行业标准 SY/T 6169—2021《油藏分类》。

孔隙度、渗透率、含油（气）饱和度，也称为孔、渗、饱，是评价油气藏性质的最基本参数。

1.2　地层压力与温度

油气藏的温度和压力直接影响油气藏中流体的性质及油藏能量的大小，对油气产量有直接影响。

1.2.1 地层压力

地层压力(Reservoir Pressure)，是指油气层中某一点的流体(油、气、水)所承受的压力，又称油气藏压力或油气层压力。

地层压力来源于静水柱压力，静水柱压力的产生是由于当初油气在烃源层生成之后，在水柱压力及其他一些力作用下发生运移，运移到地质圈闭后形成油气藏，同时油气藏中的流体承受着静水柱压力。

油气藏在钻井开采之前，地层压力处于平衡状态，其中流体所承受的压力称为原始地层压力。原始地层压力的高低，与油气层埋藏深度有直接关系。一般来说，油气层埋藏越深，压力越高。油气层深度每增加100m，压力近似增加1MPa。

地层压力系数是指某一深度的原始油气层压力与同深度的静水柱压力之比[式(5-6)]，用 K_p 表示。

$$K_p = \frac{100p_i}{h} \tag{5-6}$$

式中　p_i——原始油气层压力，MPa；

　　　h——油气层深度，m。

油气层压力系数为1左右(0.8~1.2)的称为压力正常油气藏，大于1.2的称为高压异常油气藏，低于0.8的称为低压油气藏。油气层压力系数从一个侧面也反映了油气藏能量的大小，压力系数越高，油气藏的能量越大。

随着开采时间的延长，油气藏自身的能量会慢慢消耗，压力会逐渐下降；但是油气藏各点的压力下降程度不一样，生产井的井底和井筒周围的油气层压力下降幅度最大，而油气层深处的压力下降相对较小。

1.2.2 油气藏温度

油气藏温度(Reservoir Temperature)，是指地层中某一点的流体(油、气、水)温度。油气层的埋藏深度，从几百米到几千米，从地质上讲，这一深度属于地热增温带，油层温度受地热影响。随着油气层埋藏深度的增加，油气层温度有规律地增加。

地温梯度指地层深度每增加100m，地层温度增高的度数。一般来说，平均每加深33m，地层温度增加1℃。但是由于各含油气盆地的地质特征和岩性不同，各地区油气田地温梯度也不相同。如东北松辽盆地的地温梯度为4℃；华北地区一些盆地接近一般规律，地层梯度在3.5~3.6℃；新疆克拉玛依地区地温梯度为2℃。

油藏温度对于油田生产有直接关系。如井底附近温度下降较大，结果有可能造成地层或井底结蜡，油层被堵塞，影响生产。对一些黏度高、产量低的稠油油田，可以通过向油层注入高温蒸汽的办法来提高地下原油的温度，降低原油的黏度，从而提高油井产量。

1.3 油气藏流体的性质

1.3.1 原油的高压物性

地下原油一般处在较高的压力、温度条件下，将地下原油在此条件下的物理性质统称为原油的高压物性(Physical Properties Of High Pressure)，或称为地层原油的PVT性质(Pressure-Volume-Temperature)。反映地层原油高压物性的主要参数有地层原油黏度、溶解气油比、饱和压力、体积系数等。

(1)地层原油黏度是反映地层原油流动能力的重要指标，地层原油黏度由于地下温度高，且溶解有一定的烃类气体，一般明显低于地面原油黏度。

（2）地层原油与地面原油相比最大的特点是在油层压力、温度下溶有大量烃类气体。通常把在某一压力、温度下的地下含气原油，采样到地面标准状态下（20℃，1个大气压）进行脱气后，得到 $1m^3$ 原油时所分离出的气量，就称为该压力、温度下的地层原油溶解气油比（Solution Gas-Oil Ratio）。

（3）地层原油的饱和压力（Saturation Pressure），又称为泡点压力（Bubble Point Pressure），是指在一定的温度下，地层原油中的溶解气在压力下降过程中从原油中开始脱出、形成第一批气泡时的压力。当油层压力下降并低于饱和压力时，原油会由单相状态变成油气两相状态；当低于饱和压力的程度越大，原油脱气越严重，则原油黏度急剧增加，导致原油向井流动能力大大下降，油井产量大大减少。

（4）地层原油的体积系数（Formation Volume Factor）为原油在地下的体积（即地层油体积）与其在地面脱气后的体积之比，常用 B_o 表示。原油的体积系数一般都大于1。

（5）地层原油的弹性大小通常用压缩系数表示。压缩系数（Compressibility Factor）是指等温条件下发生单位压力变化时，单位体积原油的体积变化值，常用 C_o 表示。地层原油的等温压缩系数一般为 $(10 \sim 140) \times 10^{-4} MPa^{-1}$，地面脱气原油的等温压缩系数一般为 $(4 \sim 7) \times 10^{-4} MPa^{-1}$。

地层原油中的溶解气越多，地层原油的气油比、饱和压力和压缩系数越大。一些国内外油田的地下原油的部分高压物性见表 5-2。

表 5-2　我国和国外一些油田地层原油的部分高压物性资料

油田名称	油层温度/℃	油层压力/MPa	饱和压力/MPa	溶解气油比/（Nm³/m³）	体积系数	压缩系数/（10⁻⁴MPa⁻¹）
大庆油田某层	45	7~12	6.4~11	45	1.09~1.15	7.7
华北油田某层	90	16	13	7	1.10	10.4
胜利油田某层	65	23	19	27.5	1.095	7.3
中原油田某层	109	37	24.6	69	1.21	18.3
罗马什金（俄）	40	17	8.5	58.4	1.17	11.4

1.3.2　天然气的高压物性

地下的天然气同样也具有高压物性，又称为地下天然气的 PVT 性质。反映地下天然气高压物性的主要参数有压缩因子、压缩系数、体积系数等。

（1）天然气处于地下高温、高压状态时，其行为常常偏离理想气体，此时常常采用压缩因子进行修正。压缩因子（Compression Factor）的物理意义是指在相同的压力和温度下，实际气体所占有的体积与理想气体所占有的体积之比，常用 Z 表示。当 Z 等于 1 时，实际气体相当于理想气体；当 Z 大于 1 时，实际气体较理想气体难以压缩；当 Z 小于 1 时，实际气体较理想气体易于压缩。

（2）天然气体积系数（Formation Volume Factor）表示天然气在气藏条件下所占有的体积与同等数量的气体在标准状态下所占有的体积之比，其数值永远小于 1。

1.3.3　地层水的组成和分类

这里的地层水（Formation Water）是指储集在油气藏中的水。地层水与油气组成一个统一的流体系统，它们以不同的形式与油气共存于油气藏的空隙之中。油气的生成、运移、聚集，都是在地层水存在的情况下进行的，因此研究油气藏的地层水可以了解油气藏的形成条件，同时地层水在油气藏的分布和性质对油气开采也有重要影响。

1.3.3.1 地层水的组成

地层水的化学组成，实质上是指溶于地层水中溶质的化学组成。按离子类型可划分为阳离子和阴离子两种类型；其中，含量较多的有以下几种离子。

阳离子：Na^+（钠）、K^+（钾）、Ca^{2+}（钙）、Mg^{2+}（镁）、Fe^{3+}（铁）、Fe^{2+}（铁）。

阴离子：Cl^-（氯根）、SO_4^{2-}（硫酸根）、CO_3^{2-}（碳酸根）、HCO_3^-（重碳酸根）。

在地层水的离子中，以 Cl^- 和 Na^+ 含量最多，SO_4^{2-} 很少。所以地层水中氯化钠（NaCl）含量最高，其次为碳酸钠（Na_2CO_3）和碳酸氢钠（$NaHCO_3$）、氯化镁（$MgCl_2$）和氯化钙（$CaCl_2$）等。为了表示油气田地层水中所含盐量的多少，常以油气层水中的各种离子、分子盐类的总含量表示，称为地层水的矿化度（Total Salinity），单位为 mg/L。

1.3.3.2 地层水的分类

从油气藏的生产实践发现，同一油气藏的不同油气层，或者同一油气层的不同构造部位，地层水的成分变化很大，这是因为水的化学成分的形成，取决于它们所处的环境。这里主要按照成因来表述油气层水的类型，从一些主要盐类的组合可以反映出地层水形成的地质环境。

地层水主要有以下几种类型：

（1）硫酸钠（Na_2SO_4）水型——开启型。这种水型代表着大陆环境，是环境封闭性差的反映，不利于油气聚集保存。

（2）碳酸氢钠（$NaHCO_3$）水型——还原氧化型。这种水型的水 pH 值常大于 8，为碱性水，我国油、气田水属于这种水型的很多，其储层多是陆相淡水潮湿的湖盆沉积，是含油气的良好标志。

（3）氯化镁（$MgCl_2$）水型——氧化还原型。这种水型的典型代表是海水，生成于海洋环境，说明油层与地面不连通，封闭条件好。很多情况下，$MgCl_2$ 水型存在于油气田内部。

（4）氯化钙（$CaCl_2$）水型——还原封闭型。在完全封闭的地质环境中，地层水与地表完全隔离不发生水的交替，这与油气聚集所要求的环境相同，是含油气的良好标志。

我国油气田水的基本类型是碳酸氢钠型和氯化钙型，总矿化度变化范围在 3000 ~ 300000mg/L。

1.4 油气藏的驱动方式

油气藏驱动方式，也称驱动类型（Drive Type），是指开发油气藏时，驱使油气流向井底的主要能量来源（即动力来源）和能量作用方式。

油气藏中存在着各种天然驱动能量，这些能量在开采过程中驱使油气流向井底，并举升到地面。根据天然能量的来源和作用方式，油气藏中主要包括五种驱动方式及驱油动力。

1.4.1 水压驱动

当油气藏与外部的水体相连通时，油气藏开采后由于压力下降，使其周围水体中的水流入油气藏进行补给，这就是天然水压驱动（Water Drive），简称为天然水驱。分为刚性水压驱动和弹性水驱两种。

（1）刚性水压驱动

油气藏中驱使油气流动的动力主要来源于有充足供水能力的边水或底水的水头压力，这种驱动方式称为刚性水压驱动（Rigid Water Drive）（图5-3），也称为边水或底水驱动。

当供水区水源充足，供水露头与油层之间高差大，油气层连通好，渗透性高，油气藏开采时，油井自喷时间长，油气层压力、产油气量、气油比都能保持稳定。国内已经投入开发的油气藏，属于这种驱动类型的较少。

（2）弹性水压驱动

油气藏驱油动力主要依靠与油气藏含油气部分相连通的广大水体的弹性膨胀，这种驱动方式称为弹性水压驱动（Elastic Water Drive）（图5-4）。

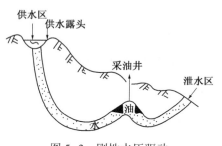
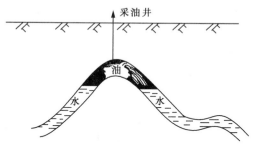

图 5-3 刚性水压驱动   图 5-4 弹性水压驱动

它形成的条件，主要是地面没有供水露头或供水区，与油气层之间连通性差，而含水区的面积比含油气区的面积要大得多。水体在原始地层压力下处于受压缩状态，当油气开采时，油气层压力首先在井底附近降低，再逐渐传到油气层内部，直到油、水（气、水）边界处的水体。油气层水的压力降低，释放出弹性能量。水的体积膨胀使油气藏的容积缩小，从而补偿了部分油气层压力，使水体的弹性膨胀成为主要驱油气动力。

1.4.2 气顶驱动

油藏驱油动力主要依靠油藏气顶中压缩天然气的弹性膨胀力，这种驱动方式称为气顶驱动（Gas Cap Drive）（图5-5）。气顶（Gas Cap）是指积聚在油藏圈闭高处的天然气。

气顶驱动通常出现在构造比较完整、地层倾角大、有气顶、油层渗透率高、原油黏度小的油藏中。

1.4.3 弹性驱动

油气藏驱油动力主要来源于油气藏本身岩石和流体的弹性膨胀力，这种驱动方式称为弹性驱动。

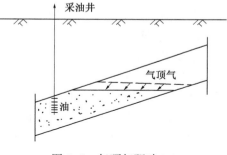

图 5-5 气顶气驱动

当油气层压力降低时，岩石和流体发生弹性膨胀作用，把相应体积的油气驱入井底。

1.4.4 溶解气驱动

油藏的驱油动力主要来源于原油中溶解气的膨胀。当油层压力下降时，天然气从原油中逸出，形成气泡，依靠气泡的膨胀，将原油驱向井底，这种驱动方式称为溶解气驱（Solution Gas Drive）。

1.4.5 重力驱动

油藏的驱油动力主要靠原油自身的重力，由油层流向井底，这种驱动方式称为重力驱动（Gravity Drive）（图5-6）。重力驱动通常出现在油田开采的后期，因为此时，其他天然驱动能量都已枯竭，重力就成为主要驱油动力了。重力驱动一般出现在地层倾角陡、油层厚度大的油藏中。

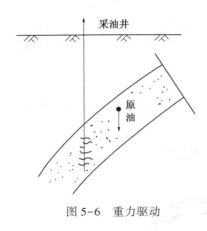

图 5-6　重力驱动

总体来说，一个油气藏可能同时存在着两三种天然能量，同时起作用时称为综合驱动（Combination Drive）。但是，在不同的开发阶段，主要依靠的驱油气动力不同，油气藏的驱动方式是变化的。

我国陆地及海上已经投产的油藏中，主要的天然驱动能量为弹性水压驱动、弹性驱动和溶解气驱，而刚性水压驱动和气压驱动的油藏很少，多数油藏的天然能量不足。气藏主要的天然驱动方式为弹性气驱，其次为弹性水压驱动。

除了天然驱动方式外，对于油田开采还有注水、注气等人工驱动方式；对于气田，则很少采用人工驱动方式，一般只采用天然驱动方式开采。

第 2 节　油气田的开发过程

任何一个矿藏的开发都要讲究其经济有效性，即要能够实现投入少（即少花钱）、产出多（即多采出），即采收率高。对一个油气田的开发来说，讲究其有效性的目标就是尽可能地延长油气田高产、稳产期，使得油气田最终能采出最多的油气，有一个高的最终采收率及好的经济效果。

2.1　油气田的开发过程

一个油田的正规开发过程一般要经历三个开发阶段，即开发前的准备、开发设计和投产、开发方案的调整和完善阶段。

2.1.1　开发前的准备

油田开发前的准备包括详探和开发试验等。在详探程度较高和地面建设条件比较有利的地区，要开辟生产试验区（Pilot Test Area of Development）。就是用"解剖麻雀"的方法，在油田上选择一块具有代表性的地区，进行开发试验，取得经验，指导全油田的开发。

生产试验区的开辟对于认识油气田起着很重要的作用，但它毕竟还是油气田上一个"点"的解剖，因此，除了开辟生产试验区外，还必须有目的地加密钻探，分区钻探开发资料井。

2.1.2　开发设计和投产

开发设计和投产阶段主要包括油气层研究和评价，油气田开发方案的制定、部署和实施。在开辟试验区和加密钻探的基础上，选择一组具备独立开发条件的渗透率高、分布稳定的油气层为对象，首先将它们投入开发。这个阶段一般布置井距相对较大的稀井网，这套井网称为基础井网。井网（Well Pattern）是指一个油气田开发区内所有开发井在油田上的排列和分布，因其分布形态像网状，故称井网。

基础井网（Basic Well Pattern）是开发区块的第一套井网，它的主要任务是探明构造情况，搞清各类油气层的性质（尤其是分布不稳定的油气层），掌握油、气、水的分布规律，了解油气井生产能力，为全面开发取全取准各种参数，做好准备工作。

2.1.3　开发方案的调整和完善

油气田开发实践表明，几乎没有一个油气田的开发部署是一次完成的，一般都经历了多次布井、多次调整的过程。随着开发的进行，对油气田地下油藏特性和分布会认识得越来越深入，因此原来的开发设计方案就需要不断地进行调整，这样才能不断改善开发效果，提高经济效益。油气田开发方案调整和完善调整是一项长期的油气藏管理工作，油气田开发调整的最终目的是提高油气田最终采收率。因此，油气田开发调整的原则是保证油气田开发的合理性，使油气田开发自始至终要适合油气田中各油气藏的自然条件，即符合地层条件、岩性变化规律、构造特点和驱动类型等。油气田开发方案的调整完善的基础是建立在对油气藏地质特征和油气田开发动态基础之上的。

油气田开发动态分析（Analysis Of Oilfield Performance）就是分析油气藏的压力、油气井流体的产量随时间的变化规律和特征，是了解油气藏随开采所发生的变化特征，认识油气水运动规律，进而指导油气田开发生产调整及未来产量预测的一项重要手段。在整个油气田开采过程中，采油管理单位从采油作业区、采油厂到油田公司研究院层层都要搞动态分析。动态分析的主要负责部门是各级地质管理部门。

油气田开发调整方法很多，对于油田主要有以下五种方式。

（1）调整生产制度

一般采取控制生产和强化生产两种方式进行。控制生产，对采油井来说，是通过提高井底压力即以减少生产压差来降低油气井产量的办法进行。对油田注水井来说，是用限制注水量来实现的；对已经水淹或限制产量后含水上升的油井，采取关井停产、停注的办法，来限制水舌的继续深入。强化生产，就是在油井上用增大生产压差的办法，提高产油气量。对油田注水井则用提高注水强度来增加注水量。

（2）调整注采井

在油田开发过程中，如果发现原来布置的采油井或注水井不能发挥出应有的作用，或因开发动态变化达不到原设计的目的，则可将注水井转为采油井，或将采油井转为注水井。这种根据生产需要，调整油水井井别的过程就叫注采井调整。

（3）调整开采层位

调整开采层位指的是对油层进行封堵和打开新的油层，对油层进行选择性生产或注水的方法。

（4）调整开发井网

油田开发的中后期，主力油层采出程度已很高，进入了高含水期。那些非主力油层经过注水和一系列的改造性措施，逐渐发挥出较大的作用。但是，原来开发井网是按主力油层的地质特点来部署的，在油田的产能逐渐被非主力油层所接替以后，原来的井网已不适合发挥较差油层作用的需要，此时调整开发井网已刻不容缓。调整开发井网是通过补钻新井来完成的，补钻的新井称为调整井。

（5）开采死油区

没有被驱替而留在油层里的油叫死油（也称为剩余油），储存死油的部位叫死油区。开采这部分油一般的方法有加密井驱油法、间隔注水法等。

应该指出，不论是依靠天然能量开采，还是注水开发，随着采油量和注水量的增加，油层内原油储量逐渐减少，水淹区域逐渐增大，使油井含水逐渐上升。一般情况下如果不采取增产措施，油井产油能力会出现自然递减，产能逐渐下降。因此，油田开发调整是保证油田的稳产及可持续发展所必须进行的工作。

对于气田开发主要通过调整工作制度、调整生产层系及调整开发井网来完成。同样，气田的开发同油田一样，开发调整是保证气田的稳产及可持续发展的主要途径。

2.2 油气田开发阶段的划分

油气田开发过程中，各种工艺和技术经济指标都是呈一定阶段性地有规律的变化。根据这些变化，可以将油气田开发过程划分为不同的开发阶段，以便研究每个开发阶段主要开采对象和开发特点，并采取相应的工艺技术措施，提供每个阶段开发调整的建议和任务。

下面介绍几种常用的油田开发阶段的划分方法。

2.2.1 按产量划分开发阶段

任何油气田开发的全过程按其年产油气量的变化，大体上都可以划分为三个阶段：产量上升阶段、产量稳产阶段和产量递减阶段。

（1）产量上升阶段

一个油气田，根据开发方案的要求，随着生产井的完钻和地面建设工程的投产，油气田的生产能力逐步提高，油气田的产量迅速增加，达到方案指标的要求。

（2）产量稳产阶段

油气田全面投入开发以后，多数井都能按开发方案规定的产量生产，再加上采取一些增产挖潜措施，使油气田进入相对稳定的生产阶段。该阶段是油气田开发的主要阶段，它的长短取决于储层和流体的物性、油田的开发方式和开采速度，以及强化开采和开发调整的效果等因素。

（3）产量递减阶段

随着开发程度的加深，地下的剩余储量不断减少，能量不断消耗，到了一定时期，油气田产量必然会出现递减现象，此时油气田生产进入递减阶段。目前我国东部绝大多数油田已进入产量递减阶段。产量递减快慢往往用自然递减率和综合递减率来衡量。

自然递减率（Natural Decline Rate）是指不包括新井产量，不采取各种增产措施增加产量的情况下，某一段时间内采油量减小的程度。综合递减率（Composite Decline Rate）是指不包括新井产量，但包括各种增产措施增加的产量时，某一段时间内采油量减小的程度。

对于注水开发的油田，进入中、高含水开发期后，尽管不断采取措施提高油田的采液速度，但是由于含水率的上升速度很快以及某些水淹井的关闭，使油田产量很难保持稳定，它总是以某一速度下降。

在产量递减阶段，油田开发调整的主要目标是设法减小原油产量的递减速度，降低含水率的上升速度，延长油井的工作期限，提高油田的采出程度。其中主要措施是考虑如何提高油田的采液速度和减少油田的产水量。这一阶段是油田开发的最长阶段，直至达到最后的经济合理界限而告终。

对不同油气田来说，各阶段开始出现的时间和采出油气量的多少是不同的。一般要尽量缩短第一阶段时间，提高高产稳产阶段产量和延长稳产期，以提高油气田开发效益。

2.2.2 按开采方法划分开发阶段

油田的开发，按开采方法不同可划分为三个开采阶段。

（1）第一阶段：称为一次采油阶段

一次采油技术（Primary Recovery）是利用油藏本身所固有的天然能量开采原油的方法。

油藏的天然能量有边水或底水能量、弹性能量、溶解气能量、气顶能量和重力能量。利用天然能量开采，随井数增加，产油量迅速上升并达到最高水平。随着天然能量的消耗，地层压力、产油量迅速下降，大多数油井停止自喷，改用抽油生产。

这一阶段可采出原油地质储量的 10%~15%，其特点是投资较少、技术简单、利润高、采收率低。

（2）第二阶段：称为二次采油阶段

二次采油技术（Second Recovery）是指人工向油藏中注水或注气以补充或保持地层能量而增加采油量的方法。

在一次采油过程中，油藏能量不断消耗，到依靠天然能量采油已不经济或无法保持一定采油速度时，就需要及时实施二次采油。二次采油技术可使地层压力回升，产量上升，并稳定在一定水平上。随产油井含水量增加，原油产量下降到很低水平。经过一次、二次采油，累计可采出原油地质储量的 20%~40%。

与一次采油相比，二次采油技术相对复杂得多，油田投资费用较高，但油井生产能力旺盛，经济效益仍然很高。

（3）第三阶段：称为三次采油阶段

三次采油技术（Tertiary Recovery）是指针对一次、二次采油未能采出的剩余在油藏中的原油，向地层注入其他驱油剂（如化学剂、气体溶剂等）或引入其他能量（如化学能、生物能、热力学能等）来提高原油采收率的方法。

三次采油利用其他各种驱油工作剂或能量提高驱油效率，扩大水淹体积，提高油田最终采收率。其特点是高技术、高投入、采收率较高，能获得较好的经济效益。

在一次、二次采油基础之上再经过三次采油，累计能够采出原油地质储量的 40%~60%。当然，某些特殊类型的油田，在一次采油阶段之后，直接就进入三次采油阶段，甚至当油田刚投入开发时就采用的是三次采油技术。如对一些稠油油藏，直接就采用热力采油技术进行开发。

2.2.3 按油田综合含水划分开发阶段

油层在原始状态下就含有一定数量地层水，当投入开发时，油井就会产水。油井产出液量中产出水所占的质量分数称为含水率（Water Cut），亦叫含水百分数。

一个油田全部采油井的含水高低，常用综合含水率反映。综合含水率（Gross Water Cut）是指油田累积产水量与累积产液量的质量比值的百分数。综合含水率是进行油藏动态分析、注采井组对应分析的重要指标，它直接关系到油田采出每吨原油所需采出的液体量。

根据水驱油田综合含水率的变化可以将整个开发过程划分为四个阶段：

（1）无水采油期（综合含水率小于 2%）

从油田全面投产至综合含水 2% 时的一段开发时间叫无水采油期。这个时期油田开发的特点是：大部分油井未见水，地层压力较高，油井生产能力旺盛，油田产量稳定上升。

当油田综合含水超过 2% 以后，一直开采到极限含水为止的时期则称为含水采油期。

（2）低含水采油期（含水率为 2%~20%）

从无水采油期结束，至综合含水 20% 以前的一段开发时间叫低含水采油期。这个时期注水全面见效，主力油层充分发挥作用，一般不会因为产水而显著影响油井的产油能力，油藏的稳产也不致受到威胁。同时地层压力较高，见水层相对集中，工艺措施效果明显，含水上升速度较慢，油田产量达到最高水平。

（3）中含水采油期（含水率为 20%~60%）

从低含水采油期结束，至综合含水 60% 叫中含水采油期。这个时期大多数油井多层见水，主力油层进入高含水开采，经过各种增产及调整措施，中低渗透率油层充分发挥作用，

117

含水上升速度加快，靠大幅度提高产液量维持稳产。在这一阶段，不管什么样的水驱油藏，正常情况下，含水率与采出程度关系曲线都表现为相同斜率的近似直线。采出程度是指一个油田开发至某一时间内累积采油量占可采地质储量的百分数。

（4）高含水采油期（含水率60%~90%）

综合含水在60%~90%时为高含水采油期。这个时期大多数油井进入高含水采油，大部分油层水淹，剩余油分布零散，地下油水关系复杂，各种措施难以维持稳产，产量迅速递减，采用大排量采液手段油藏生产才有可能保持相对稳定。但是，与前一阶段相比，水油比要大得多，注水量也需要大量增加，使原油成本上升。

（5）特高含水采油期（含水率大于90%）

当含水大于90%的为特高含水采油期。这一阶段为水驱油藏开发晚期，进入水洗油的高难度阶段，往往借助三次采油技术开发。油田开发末期，含水上升速度减缓，产量降至最低水平，但下降缓慢。

在实际工作中，经常采用综合方法来划分开发阶段。

第3节　合理设计和制定油气田开发方案

油气田开发必须依据一定的设计来进行。油气田的开发方案（Development Program of Oil and Gas Field）是以油气藏地质为基础，油气藏工程、钻井工程、采油气工程和地面建设工程四位一体的总体设计，以保证整个油气田开发系统的高效益。同时，随着油气田开发的进行及对油气藏地质认识的不断加深，油气田开发方案也要进行不断地调整和完善，不断提高油气采收率。

一个油气田可以用多个不同的开发方案进行开发，如何选择最佳的开发方案，是方案编制者首先要解决的基本问题之一。在一定的经济技术条件下，最佳方案只可能是一个，也就是所谓的合理开发方案，因此在油田投入开发之前，必须制定一个合理的开发方案来指导油气田的开发。

油气田开发方案涉及油气田开发的各个领域，一般来说，合理的开发方案应符合下列要求：

（1）在油气田客观条件允许的前提下（指油气田储量和油气层及流体性质），确定合理的采油速度；

（2）最充分地利用天然资源，保证油气田的原油或天然气采收率最高；

（3）具有最好的经济效益；

（4）油气田稳产生产时间长，即长期高产稳产。

为了满足上述要求，在制定和选择开发方案时，应合理划分开发层系、合理地部署井位（布井形式和井排距）、合理制定油气井工作制度、合理地选择驱动方式、合理地确定钻采工艺和油气井增产措施、合理地确定油气地面处理、集输工艺和流程。

油气田开发设计方案的核心是地质、油气藏工程设计方案，限于篇幅，本教材只对油气藏工程设计方案内容进行了基本的描述，其包括的主要内容如下所述。

3.1　油气藏描述

制定开发方案的第一步就是进行油气藏描述。油气藏描述（Reservoir Description）是对油气藏地质现象加以细致全面地描述，并从中做出正确的"成因—结果"解释，然后在此基础上对下一勘探开发阶段部署决策的油气藏特征做出一定的预测。在油气藏描述的基础上，可以建立油气藏的地质模型（Reservoir Geological Model），为计算地质储量，进行油气藏工程研究和油气藏数值模拟研究，油气藏开发方案的编制、完善和开发指标的预测提供基础。

油气藏描述的主要内容包括以下八个方面：

（1）油气藏的构造特征，包括构造形态、面积、幅度、圈闭类型与断裂系统等。

（2）储层的性质，包括储层的层系划分、岩性、沉积特征与非均质性。

（3）储集空间，包括储集空间类型、孔隙结构、孔隙度、渗透率等。

（4）储层流体性质，包括油水分布，油、气、水的地面和地下的物理化学性质。

（5）流体的渗流物理特性，包括岩石的表面润湿性、相对渗透率、毛管压力、驱替效率、储层敏感性等。

（6）压力和温度，包括地层压力、压力系数、地层温度和地温梯度。

（7）驱动能量和驱动类型。油田的开发方式（或驱动方式）直接影响着开采效果。正确认识和判断油藏驱动类型，就是要充分利用天然能量，及时补充人工能量，以便更好地开发油田。

（8）油藏类型。根据描述的油藏地质特征，确定油藏类型。油藏类型的划分方法可以是多种多样的，主要取决于划分时所依据的油藏参数。如可以根据油藏储集层的岩石特性和结构把油藏分为砂岩油藏、灰岩油藏、砾岩油藏以及火山岩油藏等。根据流体分布特征可以分为边、底水油藏，气顶油藏以及气顶、边底水油藏；还有凝析气藏、纯气藏、底水气藏、带油环凝析气藏等。根据原油性质可以划分为挥发油油藏、中质油油藏、重（稠）油油藏以及超重油油藏等。

3.2 计算油气地质储量和可采储量

（1）地质储量计算

油藏原油地质储量可采用容积法进行粗略的计算。此外，还可以采用物质平衡法和其他方法来确定原油地质储量。容积法的基本计算公式如式（5-7）。

$$N = 100Ah\phi S_{oi}\rho_o / B_{oi} \qquad (5-7)$$

式中　　N——地面原油地质储量，万 t；

A——含油面积，km^2；

h——油层平均有效厚度，m；

ϕ——平均有效孔隙度，以小数表示；

S_{oi}——平均原始含油饱和度，以小数表示；

B_{oi}——平均原油体积系数，它等于原油在地下的体积与其在地面标准状况下的体积之比；

ρ_o——平均脱气原油密度，t/m^3。

气藏天然气地质储量的确定也可以用容积法进行粗略的计算。

（2）油气可采储量

可采储量（Recoverable Reserves）是指在现代技术和经济条件下能从储油气层中采出的那一部分油气储量。油气可采储量不仅与油气藏类型、储层及流体性质以及驱动类型等自然条件有关，而且与油气田开发方式、采油气工艺技术和生产管理水平等人为因素有密切关系。

埋藏在地层中的油气储量并不是全部都可以开采出来的，用采收率来衡量油气的采出效率。采收率（Oil Recovery Efficiency）是指在某一经济极限内，在现代工程技术条件下，从油气藏原始地质储量中可以采出油气储量的百分数。

可采储量和原始地质储量、采收率之间的关系如下：

$$可采储量 = 原始地质储量 \times 采收率$$

从计算油气田探明储量开始，就应当计算可采储量。随着对油气田地质认识的不断深入，以及新的开采工艺技术的应用，采收率会随之提高，油气田会定期动态地计算油气可采储量。

采收率是衡量油气田开发水平高低的一个重要指标。采收率的高低取决于油气藏本身的自然条件，例如低渗透油气藏采收率一般低于高渗透油气藏，但也取决于人们采用的开采方法，如油藏注水开发采收率，要明显高于衰竭开采。气藏采收率一般要高于油藏采收率，有些气藏采收率可以高达80%～90%，而原油采收率一般分布在20%～40%，很少超过60%。

3.3　确定开发方式、井网系统，划分开发层系

（1）开发方式（Development Scheme）

开发方式是指如何依靠天然能量或人工保持压力开发油田，开发方式包括驱动方式（Drive Type）和注水方式（Waterflood Fashion）。

原油需要在一定的能量驱动下，才能被开采出来。首先研究是否能利用天然能量开采，天然能量能开采到什么程度，什么时候实施人工驱动方式，如注水（气）开采。开发方式的选择主要取决于油田的地质条件和对采油速度的要求。主要的开发方式有利用天然能量开发、人工注水和注气开发，以及先利用天然能量后进行注水或注气开发等。

总之，在确定开发方式时，首先要搞清油藏的天然驱动类型，选择合理的驱动方式，做到既能充分利用天然能量，又要及时补充油藏能量，以满足油田对产油量和稳产时间的要求。

（2）井网系统（Well System）

在确定开发方式的同时，要确定井网系统，即确定合理的井距和井网。

井距（Well Spacing）指邻近开发井（生产井和注入井）之间的距离。井网（Well Pattern）是指一个油田开发区内所有开发井（生产井和注入井）在油田上的排列和分布，因其分布形态像网状，故称井网。

确定井网、井距的主要依据是看该井网系统能否有效地控制和动用极大部分储量。通常油藏发育较好，主力油层连片分布，渗透率较高的油田可以采用较大的井距；而油藏岩性变化大、沉积不稳定，渗透率较低的油藏井距应该密一些，否则井网控制储量太低，就会严重影响最终采收率。另一方面井网密度也受经济条件限制，井网过密，钻井数增加，油田建设费用增高，采油成本过高，就会影响油田开发的经济效益。

（3）划分开发层系（Division Of Development Layer Series）

划分开发层系是指把特征相近的油气层组合在一起并用一套开发系统进行单独开发，即在储层性质、流体性质、压力系统、油气水界面等条件相近情况下，可以采用一套井网开采两个和两个以上的含油气层系，这样可以减少钻井数和地面建设费用，降低生产成本。但是，各方面条件差别很大的油气层，用一套开发系统开采会降低最终采收率，降低开发效果。因此开发层系的划分必须有充分的技术、经济论证。

一般说来，一个独立的开发层系必须具备相当的厚度和储量、与其他层系不同的流体性

质、压力系统，不同的油-气、油-水界面、气-水界面等。一个油气田中往往有多套含油气层系，如何划分开发这些含油层系，这是方案中需论证确定的又一个重要问题。

3.4 确定压力系统、生产能力，计算开发指标

3.4.1 压力系统

压力系统（Pressure System）指的是一个油藏生产系统各个环节的压力组合。例如，注水开发的油藏的压力系统，指的是从注水泵站-配水间-注水井井口-注水井井底-采油井井底-计量站-集油站的各个节点压力的组合。

压力系统的研究十分重要，因为它直接与注水井的注入能力和生产井的生产能力有关。通过对整个压力系统的分析研究，可以确定油藏压力的保持水平，提出最优压力剖面作为确定合理生产压差的依据。

通常，注水泵站的注入压力越高，到注水井井口的压力就越高，注水井的井底压力也就越高，这有利于增加注水驱动压差；但是，另一方面，注水泵压越高，消耗的能量就越大，对注水泵的性能要求就越高，导致注水成本增加。因此，注水泵压的选择要根据油藏特性选择最优注入压力。

3.4.2 生产压差和油井生产能力

油田现场常用的油层压力，有静压和流压两种。静压即当前的油层压力。流压是流动压力的简称，即油井正在生产时测得的井底压力。

通常静压大于流压，二者之差即生产压差（Differential Pressure For Oil Production）。在生产压差的作用下，原油从油层流向井底。如果流压较高，可将油从井底举升到地面。根据油藏特点确定合理生产压差是油田开发方案设计的重要环节。在油田开发不同阶段，生产压差是不同的，应该分阶段予以确定。

开发方案中还必须根据试井、测试等资料确定油井生产能力。采油指数代表油井生产能力的大小，其是指单位生产压差下油井的日产油量。

3.4.3 主要的开发指标

（1）采油速度（Oil Production Rate）。它是表示油田开发快慢的一个指标。采油速度是指年产油量与油田可采地质储量的比值，用百分数表示。

（2）稳产年限（Years Of Stable Production）。又称稳产期，指油田达到所要求的采油速度以后，以不低于此采油速度生产的年限。

（3）稳产期采收率（Recovery at Stable Phase）。稳产期内采出的总油量与原始地质储量之比，以百分数表示。通常注水开发的砂岩油田在稳产期内要求采出原始地质储量的50%以上。稳产期采收率高，地下剩余地质储量愈少，这部分地下剩余地质储量开采难度越大。

3.5 开发年限与经济采收率的确定

开发年限（Development Life）是指油田从投产到开发终了所经历的时间（年），经济采收率（Economic Recovery）指的是在经济指标允许范围内的油田原油采收率。

油田采出程度指在现有技术条件下，累积采出原油与可采地质储量之比的百分数。油田的开发年限差别很大，通常一个油田的主要开采阶段（采出地质储量80%以上）控制在10～20年较为合理。小油田有条件时也可以采用较高的开采速度，而特大油田的主要开采阶段也可以延长到30年甚至更长一些。

根据计算的油田开发指标可以绘制开采曲线(图 5-7)。开采曲线(Production Curve)的主要内容有:

(1)注水井数、生产井数、含水率和年采油量、年注水量、年采液量随时间的变化曲线;

(2)累积采油量、累积注水量、累积采液量随时间的变化曲线;

(3)单井采油量、单井注水量、单井采液量随时间的变化曲线;

(4)含水与采出程度关系曲线;

(5)采油速度与采出程度关系曲线。

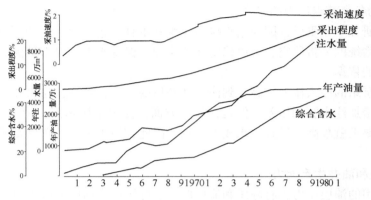

图 5-7　东部某油田开采曲线

3.6　开发方案的优化

在编制地质、油藏工程设计的基础上,还要做好钻井工程、采油工程和地面建设工程设计。

一个油田的开发方案由于可以采用不同的井网、井距、层系划分和开发方式,以及采用不同的工艺技术序列和地面生产系统,因此,几个变数的排列组合可以形成几十个甚至几百个方案。为此,必须对各种技术经济方案遵循科学的程序进行优选,确定最优方案(图 5-8)。

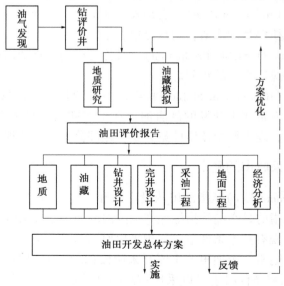

图 5-8　编制油田开发方案工作流程示意图

总之，油气田开发过程是一个长期反复实践和不断认识的过程，油气田开发方案的设计只是整个油田开发过程中的第一步，油田开发部署还必须在油气田开发过程中不断调整、完善。

第4节　油田注水开发

一个油田的天然能量即使非常充分，如果只依靠天然能量进行开发，往往采油速度低，同时油田采收率低，低效开发时间长。因此，常常需要补充人工能量进行高效开采。补充人工能量的方法主要有人工注水（Water Injection）和注气（Gas Injection）。由于注水工艺过程比较简单，水源容易得到，水驱效率高及经济效益好，故常常使用人工注水方法进行油藏开发。为了弥补原油采出后造成的地层亏空，或者为了防止油层压力下降造成地层原油大量脱气，通过注水井将水注入油藏，保持或恢复甚至提高油层压力，使油藏有较强的驱动力，以提高油藏的开采速度和采收率，这就是油田的注水开发。油田注水开发中，选择合适的注水时机、合适的注水速度、合适的注水方式和注水层位的对应性，对注水开发效果有直接影响，同时油田注水工程是油藏注够水、注好水的保证。

早在20世纪20年代，注水在美国就已工业化应用。我国最早大量注水的油田是克拉玛依油田，现在各主要油田都采用了注水开发方式。注水已成为世界范围内油田开发最有效的采油方法之一。

4.1　油田注水时机

何时进行人工注水开发，这也是需要解决的问题。注早了没有充分利用天然能量，经济效益受到影响，注晚了影响开发效果和最终采收率。不同类型的油田，在油田开发的不同阶段注水，对油田开发过程的影响是不同的，其开发结果也有较大的差异。目前，从注水时机上讲，有早期注水、晚期注水、中期注水和超前注水。

4.1.1　早期注水

早期注水的特点是在地层压力还没有降到饱和压力之前就及时进行注水，使地层压力始终保持在饱和压力以上。油井有较高的产能，有利于保持较长的自喷开采期。由于生产压差调整余地大，有利于保持较高的采油速度和实现较长的稳产期。但这种注水方式使油田投产初期注水工程投资较大，投资回收期较长。所以早期注水方式不是对所有油田都是经济合理的，对原始地层压力较高，而饱和压力较低的油田更是如此。

4.1.2　晚期注水

在溶解气驱之后注水，称晚期注水。晚期注水的特点是油田开发初期依靠天然能量开采，在没有能量补给的情况下，地层压力逐渐降到饱和压力以下，原油中的溶解气析出，油藏驱动方式转为溶解气驱，导致地下原油黏度增加，采油指数下降，产油量下降，气油比上升。如我国某油田，在地层压力降到饱和压力以下后，气油比由 $77m^3/t$ 上升到 $157m^3/t$，平均单井日产油由 10t 左右下降到 2t 左右。注水后，地层压力回升，但一般只是在低水平上保持稳定。由于大量溶解气已跑掉，在压力恢复后，也只有少量游离气重新溶解到原油中，溶解气油比不可能恢复到原始值，因此注水以后，采油指数不会有大的提高。由于油层中残留有残余气或游离气，注水后可能形成油、水两相或油、气、水三相流动，渗流过程变得更加复杂。这种方式的油田产量不可能保持稳产，自喷开采期短，对原油黏度和含蜡量较高的油井，还将由于脱气使原油具有结构力学性质，渗流条件更加恶化。

但这种方式初期生产投资少，原油成本低，对原油性质较好、面积不大，且天然能量比较充足的中、小油田可以考虑采用。

4.1.3 中期注水

这种方式介于上述两种方式之间，即投产初期依靠天然能量开采，当地层压力下降到低于饱和压力后，在气油比上升至最大值之前注水。中期注水的特点是随着注水恢复压力，一种情形是地层压力恢复到一定程度，但仍然低于饱和压力，在地层压力稳定条件下，形成水驱混气油驱动方式；另一种情形就是通过注水逐步将地层压力恢复到饱和压力以上，但由于溶解气性质发生了变化，溶解气油比和原油性质都不可能恢复到初始情况，产能也将低于初始值。

中期注水的特点是初期投资少，经济效益好，也可能保持较长稳产期，并不影响最终采收率。对于地层压差较大，天然能量相对较大的油田，是比较适用的。

4.1.4 超前注水

超前注水(Advanced Waterflooding)，是指油藏未投入开发前先期注水，提高油藏压力，然后再注水开发。长庆和延长油田的一些矿场实践表明，超前注水对于地层能量不足的低渗透油藏具有较好的开发效果。

然而，注水时机的选择是一个比较复杂的问题。选择注水时机既要考虑到油田开发初期的效果，又要考虑到油田中后期的效果，同时还要考虑油田最终采收率及完成国家下达的任务，因此必须在开发方案中进行全面的技术论证。我国大部分油田都是早期或中期注水开发。但如果从经济效益出发，适当推迟注水时间，可以减少初期投资，缩短投资回收期，有利于扩大再生产，取得较好的经济效益。

4.2 油田注水方式

当采用注水保持油层压力的方法进行油藏开发时，就需要确定注水方式。注水方式(Waterflood Pattern)是指注水井在油田上的分布位置及注水井与采油井之间的排列关系，又称注采系统(Injection-Production System)。注水井的布置形式不同，注水方式也就不同。注水方式的选择直接影响油田的采油速度、稳产年限、水驱效果以及最终采收率。由于各个油田含油面积的大小、油层渗透率的高低和连通情况各不相同，因此需要根据油田各自的特点，选择适宜的注水方式。

从注水井在油田上的位置及注水井的排列方式来讲，注水方式可分为边缘注水、切割注水和面积注水三种形式。

4.2.1 边缘注水

边缘注水(Edge Waterflood)(图5-9)是指注水井分布在油田含油的边缘，采油井分布在含油边缘的内侧的注水方式。边缘注水又分为缘外注水、缘上注水和缘内注水三种。

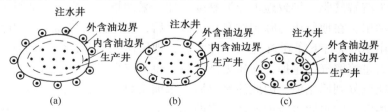

图5-9　边缘注水示意图

(a)缘外注水；(b)缘上注水；(c)缘内注水

边缘注水适用条件是：油田面积不大，构造比较完整，油层分布稳定，油田边部与内部连通好，油层的流动系数（油层有效渗透率×有效厚度/原油黏度）较高，尤其是边缘地带油层有较好的吸水能力，保证注水压力有效地传递，使油田内部的采油井可以收到注水效果。

我国最早采用边缘注水的油田是1956年甘肃玉门老君庙油田。

4.2.2 切割注水

切割注水（Matrix-Cut Flooding）（图5-10）是利用注水井排将油藏切割成若干区（或块），每个区块作为一个独立的开发单元进行注水开发。对于含油面积大、储量丰富、油层性质稳定的油田，利用注水井排将油藏切割成几个区块，按区块进行开发和调整。

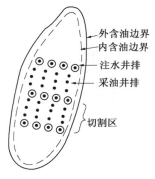

图5-10 切割注水示意图

切割注水适用的条件是：①油层大面积分布，注水井排可以形成比较完整的切割水线，一个切割区内布置的采油井与注水井之间有较好的连通性；②在一定距离的切割区和一定距离的井排距内，注水驱油的能量能够比较好地传递到采油井排；③在开采过程中，油井的产量和切割区的采油速度都能达到规定的要求。

我国大庆油田含油面积大，油层延伸长，油层物性和原油性质较好，在20世纪60年代初期，采用切割注水方式开采，开发效果良好。

4.2.3 面积注水

面积注水（Pattern Water Flooding）是指将注水井和油井按一定的几何形状和密度均匀地布置在整个油田上进行注水和采油。

当油层的渗透率较低、分布不稳定，非均质性比较严重，而又要求达到较高的采油速度时，就需要采用面积注水开发。面积注水以不同的注水井与采油井的比例，以及它们之间不同的相对位置和不同的井距，构成不同的布井方式和井网密度。布井方式（Pattern Shape）是指在开发区块上布置采油井和注水井时井与井之间所构成的几何形状。井网密度（Well Density）是指每平方公里面积上所钻的采油井数，也可用每口井平均控制的面积来表示。

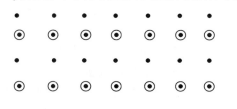

◉ 注水井　● 采油井

图5-11 线性注水示意图

根据4种布井方式，面积注水又分为4种开发方式：

（1）线性注水（图5-11）

线性注水（Line Flooding）是指注水井以相等距离沿直线分布，采油井也以相等距离沿直线分布，一排注水井对应一排采油井，注采井排相互间隔且平行，采油井与注水井可以对应也可交错排列。又称排状注水和交错排状注水。

（2）三角井网注水（Triangular Spot Flooding）

以三角形几何形状进行注采井网的布置。常用的有四点法和七点法两种注水方式。

① 四点法注水图［5-12（a）］，是指将注水井按一定的井距布置在等边三角形的顶点，采油布置在等边三角形的中心。每口采油井受三口注水井的水驱作用，每口注水井供给周围6口采油井的水驱能量。

② 七点法注水［图5-12（b）］，是正六边形的中心为注水井，6个顶点为采油井。这

125

种井网由于水波及面积较大，而且注采井数也比较合理，所以一般为油田面积注水时采用。

（3）正方井网注水（Square Spot Flooding）

以正方形几何形状进行注采井网的布置。常用的有五点法和反九点法两种注水方式。

① 五点法注水[图5-12(c)]，是指将注水井按一定的井距布置在正方形的顶点，采油井位于注水井所形成的正方形的中心。每口采油井受周围4口注水井的水驱作用，每口注水井又供给周围4口采油井的水驱能量。

② 反九点法注水[如图5-12(d)]，是指将注水井按一定的井距布置在按正方形布井的8口采油井中心。每口采油井受周围2口注水井的水驱作用，每口注水井又供给周围8口采油水驱能量。

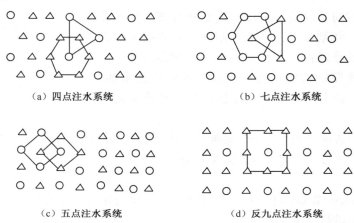

(a) 四点注水系统　　　　　　　(b) 七点注水系统

(c) 五点注水系统　　　　　　　(d) 反九点注水系统

图 5-12　强化注水系统
○注水井；△采油井

（4）不规则点状注水

当油田面积小，油层分布又不规则，难于布置规则的面积注水井网时，可采用不规则的点状注水方式（Spot Flooding Or Isolated Flooding）。例如小断块油田，根据它的油层分布情况，选择合适的井作为注水井，使周围的几口采油井都受到注水效果，达到提高油井产量的目的。

总之，采用哪一种面积注水方式，与油田的构造地质特征有密切联系。上述各种面积注水方式都在采用。但比较起来，五点法面积注水和反九点法面积注水采用较多。

在井网布置和井网密度上，对于一些岩性变化较大的复杂油田，要有一定的灵活性，以便必要时进行井网调整。但井网调整必须进行可行性研究，并进行投入、产出经济效益分析，没有效益的调整是不能进行的。

海上油田的井网布置，通常的做法是：在开发前经过充分模拟和试验研究，最后把井网一次确定下来，在开采过程中只钻少数补充井或老井侧钻，这种做法对海上油田来说是最经济有效的。海上如果遇到复杂油田，可以分阶段进行开发。

4.3　注水工程

选择何种类型的水进行注入、如何将水注入油层，这是油田注水工程要解决的问题。油田注水工程包括水源、水质处理及注水工艺等方面。

4.3.1 水源及水质处理

4.3.1.1 水源

油田注水所要求的水量很大，大致为注水油层孔隙体积的 150%～170%。

目前作为注水用的水源（Water Source）有三类：

（1）淡水（Freshwater），来源于地面江、河、湖、泉和地下水层淡水。

（2）咸水（Salt Water），主要是海水。

（3）油田采出水（Oil Produced Water），即油田开采过程中产生的含有原油的水。

水源的选择应因地制宜，做好经济和技术论证后决定。

4.3.1.2 水质处理

水质（Water Quality）是指对注入水质量所规定的指标，包括注入水中的矿物盐、有机质和气体的构成与含量以及水中悬浮物含量与粒度分布等。它是储层对外来注入水适应程度的内在要求。

油田注入水的水质以不产生化学沉淀、不堵塞油层、不腐蚀设备和管线为原则。

注水引起油层伤害的主要原因是注入水与储层岩石和地层水不配伍或配伍性不好、水质处理及注水工艺不当造成地层堵塞、储层孔隙结构损害，导致渗透率降低和阻力增加、油井产量降低。配伍性（Compatibility）是指体系中各成分间或体系与环境间不发生影响其使用性能的化学变化和（或）相变化的性质。

为符合注入水水质的要求，一般对来自水源的水都要采取适当的处理措施，以达到油田注入水水质要求。具体的水质要求如下：

（1）机械杂质含量不超过 2mg/L。

（2）三价铁含量不超过 0.5mg/L。因为三价铁离子能与地层中的氢氧根离子生成不溶于水的氢氧化铁沉淀物，从而堵塞油层孔隙通道，降低地层的吸水能力。

（3）不含细菌，特别是不能含有硫酸盐还原菌、铁细菌、腐生菌等，因为它们能大量腐蚀设备，腐蚀产物会堵塞油层孔隙通道。

（4）含氧不超过 1mg/L，否则会造成金属设备腐蚀。

（5）不含硫化氢。

（6）二价铁含量不超过 10mg/L。

（7）酸碱度 pH 值为 7～8。

（8）不与地层水起化学反应生成沉淀物，不使黏土膨胀。

以上是注水水质的一般标准。如果需要注水的油层是一个低渗透层，则对注入水中的机械杂质含量要求更为严格。

目前我国油田常用的水质处理措施有以下几种。

（1）沉淀：用沉淀池（或罐）借助水中悬浮的固体颗粒的自身重力而沉淀下来，除去悬浮物。

（2）过滤：常用压力式滤池、无阀滤池或/和高分子材料膜来过滤很微小的悬浮物和大量的细菌。

（3）杀菌：不论是污水还是清水，都要用杀菌剂杀菌。

（4）脱氧：常用化学脱氧和真空脱氧减缓氧的氧化腐蚀。

对于油田采出水也有相应的水质处理方法和标准，与常规方法相比，主要表现在需要除去采出水中的油，含油量一般要小于 6mg/L。

4.3.2 注水站

注水站(Water-Injection Station)是向注水井供给注入水的场所。注水站的作用是将经过水质处理后合格的水源来水进行升压，以满足油田开发对注水压力及注水量的要求，使水能通过注水井注入到油层中去。

注水站的流程主要由水源合格来水管、储水罐、高压注水泵、输水管组成，其中高压多级离心泵是注水站的最主要的设备(图5-13)。

4.3.3 配水间和注水井

注水站的高压水通过配水间的调节、控制、计量后流入注水井(图5-13)。

配水间(Distributing Room For Water Injection)是指接受注水站的来水，经控制、调节、计量分配到所辖注水井的操作间。配水间一般分为单井配水间和多井配水间，单井配水间用来控制和调节一口注水井的注入量；多井配水间一般可以控制调节2~7口的注水井的注水量，比较常用。

注水井(Water Injection Well or Injecting Well)是根据开发方案设计用于注水的开发井。注水井的日常管理主要是执行好配产配注方案，即按各井的配注水量注水，并及时分析各层吸水能力变化，找出原因，以便采取有效措施。为了注好水，减缓层间干扰，防止注入水单层突进，注水井通常采用分层注水工艺(见图5-14)。

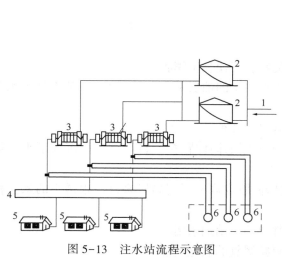

图5-13　注水站流程示意图

1—水源调来合格水；2—储水罐；3—高压泵；
4—分水器；5—配水间；6—流量计

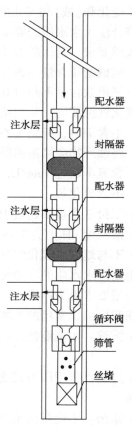

图5-14　注水井中
分层注水管柱示意图

第5节　常用的采油方法

采油方法(Oil Production Method)，是指将流到井底的原油采到地面所采用的方法。

依据采油能量的种类，采油方法分成两大类：一类是依靠油层本身的能量使原油喷到地面，称为自喷采油方法；另一类是需要借助外界的补充能量，将油采到地面的方法，称为人工举升(artificial lift)或机械采油(mechanical oil production)。

5.1　自喷采油

5.1.1　自喷井原油流动过程

自喷采油(Flow Production)就是原油从井底举升到井口，从井口流到集油站，全部都是依靠油层自身的能量来完成的采油方法。

自喷采油的能量来源是：①井底油流所具有的压力，这个井底压力来源于油层压力；②随同原油一起进入井底的溶解气所具有的弹性膨胀能量。就是这些能量把原油从井底连续不断地举升到地面。

油井自喷生产，一般要经过四种流动过程(图5-15)：①油层渗流，即原油从油层流到井底的流动；②井筒流动，即原油从井底沿着井筒上升到井口的流动；③油嘴节流，即原油到井口之后通过油嘴的流动；④地面管线流动，即原油沿着地面管线流到分离器、计量站。

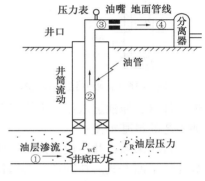

图 5-15　自喷井四种流动过程示意图

不论哪种流动过程，都是一个损耗地层能量或者说损耗油层压力的过程。四种流动过程压力损耗的情况因油藏而异，大致如下：

（1）油层渗流

当油井井底压力高于油藏饱和压力时，流体为单相流动（在油层中没有溶解气分离出来）。当井底压力低于饱和压力时，油层中有溶解气分离出来，在油井井底附近形成多相流动。井底流动压力可通过更换地面油嘴而改变，油嘴放大，井底压力下降，生产压差加大，油井产量增加。

多数情况下，油层渗流压力损耗(生产压差)约占油层至井口分离器总压力损耗的10%~40%左右。

（2）井筒流动

自喷井井筒油管中的流动，一般都是油、气两相或油、气、水混合物，流动状态比较复杂，必须克服三相混合物在油管中流动的重力和摩擦力，才能把原油举升到井口，并继续沿地面管线流动。

井筒的压力损耗最大，约占总压力损耗的40%~60%左右。

（3）油嘴节流

油到达井口通过油嘴的压力损耗，与油嘴直径的大小有关，通常约占总压力损耗的5%~20%左右。

（4）地面管线流动

压力损耗较小，约占总压力损耗的5%~10%左右。

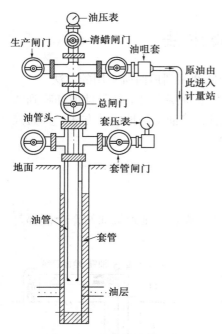

图 5-16 自喷井结构示意图

（图中标注）油压表、生产闸门、清蜡闸门、油咀套、原油由此进入计量站、总闸门、油管头、套压表、地面、套压表、套管闸门、油管、套管、油层

5.1.2 自喷井结构

自喷井的结构可以分为两部分（图 5-16），地面部分主要是由若干个高压阀门连接起来的一套控制油井生产的装置。它有"主干"，有"枝权"，人们给它起了个形象的名字，叫"采油树"（Christmas Tree）。

采油树通常固定在井口的套管上。在井筒内下有一根小直径（一般为 62mm）的无缝钢管，下口对准油层顶部，油流即顺着钢管流向地面。这根钢管就叫油管（Oil Tubing）。

采油树是控制油井生产的主要地面设备。它包括：套管闸门 2 个，与套管和油管之间环形空间连通；总闸门与油管头连接，井筒内的油管就悬挂在油管头上；生产闸门 2 个，与油管连通；清蜡闸门；压力表和油嘴套（内装控制出油量大小的油嘴）。

一般情况下，井筒的油从油管上升到井口，通过生产闸门，经油嘴进入出油管线，流入计量站，通过油分离器将油和天然气分开，然后利用流量计对油、气分别进行计量，原油进入储油大罐以备输运，天然气进入集输管线或储运或使用。这就是自喷采油工艺的最基本流程。

自喷采油，井口设备简单，操作方便，油井产量高，采油速度高，生产成本低，是一种最佳的采油方式。在管理上要保持合理的生产压差，施行有效的管理制度，尽可能地延长油井自喷期，以获得更多的自喷产量。

5.1.3 合理工作制度

自喷井生产需要有合理的工作制度，即需要在合理的生产压差（或流压）和产量下进行生产，一般是通过油嘴控制原油产量。这主要是因为采油速度过低，则不能满足油田开发的需要；采油速度过高，又可能会导致地层出砂、地层坍塌、注采不平衡、采油指数不稳定、见水过快等问题。

5.2 机械采油

机械采油主要包括气举采油、深井泵采油。根据深井泵的动力来源，深井泵采油方法又分为有杆泵采油（抽油机有杆泵采油、螺杆泵采油等）和无杆泵采油（潜油电动离心泵采油、水力活塞泵采油、射流泵采油等）。

国内外各油田应用最广泛的机械采油方法是游梁式抽油机有杆泵采油法。

5.2.1 气举采油

气举采油（Gas Lift）就是当油井停喷以后，为了使油井能够继续出油，利用高压压缩机，人为地把天然气压入井下，使原油喷出地面的采油方法。

气举采油是基于 U 形管的原理，从油管与套管的环形空间，通过装在油管上的气举阀，将天然气连续不断地注入油管内，使油管内的液体与注入的高压天然气混合，降低液柱的密度，减少液柱对井底的回压，从而使油层与井底之间形成足够的生产压差，油层内的原油不断地流入井底，并被举升到地面。

气举采油时，一般在油管管柱上安装 5~6 个气举阀，从井下一定的深度开始，每隔一定距离安装一个气举阀，一直安装到接近井底，气举采油井下管柱示意图如图 5-17。

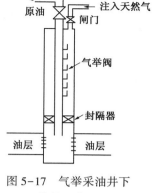

图 5-17　气举采油井下
管柱示意图

气举采油的优点是：

（1）在不停产的情况下，通过不断加深气举，使油井维持较高的产量。

（2）在采用 $3\frac{1}{2}$in 气举管柱情况下，可以把小直径的工具和仪器，通过气举管柱下入井内，进行油层补孔、生产测井和封堵底水等。

（3）减少井下作业次数，降低生产成本。

气举采油必备条件是：

（1）必须有单独的气层作为气源，或可靠的天然气供气管网供气。

（2）油田开发初期，要建设高压压缩机站和高压供气管线，一次性投资大。

目前国内采用气举采油的油田有海上珠江口的惠州 21-1 油田及陆上中原油田等，这些油田都有独立的气田或气层作为气源供气。

5.2.2　抽油机有杆泵采油

抽油机有杆泵采油由地面抽油机、井下抽油杆和抽油泵三部分组成。根据结构特征，抽油机（Pumping Unit）又分为游梁式、宽带式、链条式等。其中，游梁式抽油机有杆泵采油是目前国内外应用最广泛的机械采油方法。

游梁式抽油机有杆泵采油的工作原理是：由地面抽油机上的电动机（或天然气发动机），经过传动皮带，将高速旋转运动传递给减速箱减速后，再由曲柄连杆机构，将旋转运动改变为游梁的上下运动，悬挂在驴头上的悬绳器连接抽油杆，并通过抽油杆带动井下抽油泵的柱塞做上下往复运动，从而把原油抽汲至地面。游梁式抽油装置示意图如图 5-18（a）。

抽油泵（Pumping Rod）由工作筒、衬套、柱塞（空心的）、装在柱塞上的排出阀和装在工作筒下端的吸入阀组成。抽油泵的工作原理如下：

（1）当活塞上行时［图 5-18（b）］，排出阀在油管内的液柱作用下而关闭，并排出相当于活塞冲程长度的一段液体。与此同时，泵筒内的液柱压力降低，在油管与套管环形空间的液柱压力作用下，吸入阀打开，井内液体进入泵内，占据活塞所让出的空间。

（2）当活塞下行时［图 5-18（c）］，泵筒内的液柱受压缩，压力增高，当此压力等于环形空间液柱压力时，吸入阀靠自身重量而关闭。在活塞继续下行中，泵内压力继续升高，当泵内的压力超过油管内液柱压力时，泵内液柱即顶开排出阀并转入油管内。这样，在活塞不断上下运动过程中，吸入阀和排出阀也不断地交替关闭和打开，结果，使油管内的液面不断上升，一直升到井口，排入地面出油管线。

如上所述，抽油泵的工作原理可简要概括为：当活塞上行时，吸液体入泵，排液体出泵；活塞下行时，泵筒内液体转移入油管内，不排液体出泵。

在理想情况下，当抽油泵的充满状态良好时，上下冲程都出油，在不考虑液体运动的滞后现象时，从井口观察出油情况，应当是光杆上行时，排油量大，下行时排油量小，这一忽大忽小的排油现象，是随光杆的上下行程而变化的。

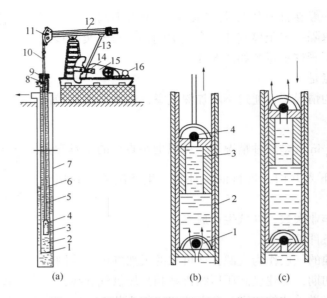

图 5-18　游梁式抽油装置及泵的工作原理图

1—吸入阀；2—泵筒；3—活塞；4—排出阀；5—抽油杆；6—油管；7—套管；8—三通；
9—盘根盒；10—光杆；11—驴头；12—游梁；13—连杆；14—曲柄；15—减速箱；16—电动机

有杆泵采油是当前国内外最广泛应用的采油方法，国内有杆泵采油约占人工举升采油总井数的 90% 左右，它设备简单，投资少，管理方便，适应性强，从 200～300m 的浅井到3000m 的深井，产油量从日产几吨到日产 100～200t 都可以应用。

在设备制造方面，从地面抽油机、井下抽油杆到抽油泵，国内产品早已系列化、成套化，能够满足油田生产需要。抽油泵的不足之处是排量不够大，对于日产量达到 200t 以上的油井，不能满足要求。

5.2.3　螺杆泵采油

螺杆泵（Progressing Cavity Pump）主要由定子和转子两部分组成，它是通过定子和转子之间的相对转动而实现抽汲功能的一种容积泵。按驱动装置的安装位置不同，可分为地面驱动螺杆泵（图 5-19）和井下驱动螺杆泵（图 5-20）两大类。

地面驱动螺杆泵采油的工作原理：电机通过皮带将动力传递给减速器，通过减速器减速后，由减速器上的空心输出轴带动光杆、抽油杆和转子一同旋转，从而把油举升到地面。

螺杆泵其运动部件少，没有阀件和复杂的流道，吸入性能好，水力损失小，介质连续均匀吸入和排出，砂粒不易沉积，不易结蜡，不会产生气锁现象。同时螺杆泵采油系统又具有结构简单、体积小、质量轻、耗能低、投资低、使用和安装维修保养方便等特点，在举升条件相同的情况下，与抽油机和电泵相比，一次性投资少、能耗低、适应性强。

5.2.4　潜油电动离心泵采油

潜油电动离心泵（Electric Submersible Centrifugal Pump）采油与其他机械采油相比，具有排量大、扬程范围广、生产压差大、井下工作寿命长、地面工艺设备简单等特点。当油井单井日产油量（或产液量）在 100m³ 以上时，多数都采用潜油电动离心泵，在人工举升采油方法中，除了抽油泵之外，是应用较多的采油设备。

132

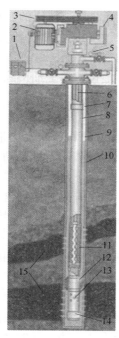

图 5-19　地面驱动螺杆泵采油示意图

1—启动柜；2—电动机；3—皮带；4—平衡重；5—压力表；
6—抽油杆；7—抽油杆扶正器；8—油管；9—动液面；10—套管；
11—螺杆泵；12—防转锚；13—筛管；14—丝堵；15—油层

图 5-20　井下驱动螺杆泵

（1）潜油电动离心泵的组成及工作原理

潜油电动离心泵由三部分组成：井下部分、地面部分和联结井下与地面的中间部分，其装置示意图见图5-21。

井下部分是潜油电动离心泵的主要机组，它由多级离心泵、油气分离器、保护器和潜油电机四部分组成，是抽油主要设备。

中间部分由特殊结构的电缆和油管组成，将电流从地面输送到井下。电缆有圆电缆和扁电缆两种。在井下，圆电缆和油管固定在一起，扁电缆和泵、分离器、保护器固定在一起。采用扁电缆是为了减少机组外形的尺寸，并用钢带将电缆固定在油管、泵、分离器和保护器上。

潜油电动离心泵采油的工作原理：由地面电源，通过变压器、控制屏和电缆，将电能输送给井下潜油电机，使潜油电机带动多级离心泵旋转，把原油举升到地面上来。

（2）变频控制屏的应用

潜油电动离心泵由于受井筒直径的限制，

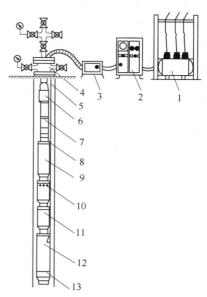

图 5-21　潜油电动离心泵采油装置示意图

1—变压器；2—控制屏；3—接线盒；4—井口；
5—动力电缆；6—测压阀；7—单流阀；8—小扁电缆；
9—多级离心泵；10—油气分离器；11—保护器；
12—电机；13—测试装置

133

在组装成型后，叶轮的结构形状和级数是不变的，它的特性只受转速的影响，而转速受频率的限制。变频控制屏可通过其中的变频器和微机系统来改变电源的频率(一般变频范围30~90Hz)，从而可以改变电动离心泵的排量。由于变频器的这一功能，目前已广泛用于油田生产。

总的来看，潜油电动离心泵采油在国内已占有重要地位，海上油田除个别采用气举采油外，绝大多数油田都采用潜油电动离心泵采油。

5.2.5 水力活塞泵采油和射流泵采油

水力活塞泵(Hydraulic Piston Pump)采油是利用地面高压泵，将动力液(水或油)泵入井内。井下泵是由一组成对的往复式柱塞组成，其中一个柱塞被动力液驱动，从而带动另一个柱塞将井内液体升举到地面。其优点是：扬程范围较大，起下泵操作简单。缺点是：地面泵站设备多、规模大，动力液计量误差未能完全解决。当油田开采到中高含水期时，动力液返回地面后，油水处理工作量加大，可以说，水力活塞泵采油是在一种特定条件下采用的方法。

射流泵(Jet Pump)的工艺流程与水力活塞泵基本相同，只是井下泵由喷嘴及喉管组成，动力液通过喷嘴转变为高速喷射流，与井内的液体混合，把能量加压到产出的液体上，并把它升举到地面。射流泵不足之处与水力活塞泵类似。

每种人工举升采油方法都有一定的适用范围，见表5-3。选取哪种采油方法，需要根据地层能量、油气井的条件、技术的经济性等选择适用的采油方法，同时还需要有针对性地不断开发和优化出新的采油技术，如针对深井和超深井的采油技术等。此外，中国石油94%的产量依靠机械方式采出，机采系统年耗电180亿kW·h，占油田生产能耗的54%，抽油机井和螺杆泵井的系统效率分别只有24%和33%，效率偏低；并且有杆采油方式在定向井、大斜度井中偏磨严重，进一步增加了能耗。如何不断地降低采油能耗，提高系统效率，也是采油工程需要不断解决的难题。互联网+采油气工程优化决策是实现油气井生产实时在线优化和远程快速管理、生产降本增效的重要手段，这可为现场人员提供实时生产动态数据、管柱结构、抽油机工况诊断等技术支持，同时也为油气井物联网分析应用、数据价值挖掘增添了新手段。

表5-3 人工举升方式适用性

| 举升方式 | 排量/(m³/d) | | 弯曲井 | 斜井 | 温度 | 泵深/km | | |
| | 正常范围 | 最大 | | | | 正常范围 | 最大 | |
							国内	国外
气举	30~3180	7498	适应	适应	无	<3.000	适应	3.658
有杆泵	1~100	300	不适应	斜度<30°	150℃适用	<3.000	3.000	4.530
电潜泵	80~700	1400	较适应	斜度<60°	140℃以下	≤3.000	3.480	4.572
水力活塞泵	30~600	1293	适应	斜度≤60°	150℃适用	<4.000	2.500	5.484
水力喷射泵	10~500	1590	适应	斜度≤65°	无	<2.000	2.000	4.572
螺杆泵	10~200	250	较适应	斜度<30°	150℃以下	<1.200	1.200	2.000

第6节 常用井下作业技术

为了保证原油正常的开采，还要做好采油井的日常管理，即无论是自喷井还是机械采油井，都要做好生产信息的记录、分析以及井筒情况、油层情况的监测，还要做好采油设备及采油井的维护和保养、井下出砂治砂、出水治水等方面的工作，同时还需要实施一些储层改造技术以达到油气井增产、注水井增注的目的，最终提高油气井的产量，提高采油气速度和最终采收率。本节对常用的井下作业技术进行了介绍。

6.1 修井

在生产过程中，由于各种因素的影响，采油气井和注水井常会出现各种问题，这就需要对存在问题的井及井下设备进行维护作业，这种作业称为修井。修井是采油气井的日常维护和检修中不可缺少的井下作业。

修井通常包括检泵、下泵、冲砂、防砂、防蜡及清蜡、堵水、封窜、挤封、二次固井、打塞、钻塞、套管整形及修复、侧钻、打捞等，其目的是恢复采油气井产能和水井注水量，封堵无效层以及处理井下事故。

6.1.1 检泵

这主要是对机械采油井而言的。泵是机械采油中经常使用的工具，在井下长期工作，会受到腐蚀和磨损，或造成零部件失灵，这就需要将这些泵起出地面进行检修或更换；还有一些井在生产过程中要调整下泵深度，改变泵径，或井下泵遇到砂卡、蜡卡、抽油杆断脱等故障需要排除，这些频繁又细致的工作在油田上称为检泵（Pump Inspection）。

6.1.2 冲砂

砂岩油藏在油气井中出砂是常见的事。出砂（Sand Production）是指生产过程中储层砂粒随流体一起流入井筒中的现象。油层是否出砂取决于岩石颗粒的胶结程度。一般说来，地层应力超过岩石的胶结强度就可能出砂。

出砂的危害主要表现在：①砂埋产层，造成油气井减产或停产；②高速的砂粒，造成地面及井下设备加剧磨蚀；③出砂导致地层亏空并坍塌，造成套管损坏使油气井报废等。因此，要对油井进行定期或不定期的冲砂处理，即把井底的沉砂冲洗出来，以解除砂害。

清砂方法有水力冲砂和机械捞砂，常用的是水力冲砂。水力冲砂是用高速流动的液体将井底砂子冲散，并利用循环上返的液流将冲散的砂子带至地面的工艺过程。

6.1.3 防砂

对于油层比较松散、出砂比较严重的油井来说，仅仅以冲砂的办法是不能完全解决砂害的。因此，必须采取有效的防砂方法来加以治理。

防砂方法（Sand Control）种类很多（见表5-4），使用较多的主要是机械防砂方法和化学防砂方法。

表5-4 防砂方法分类

机械防砂	衬管、筛管、滤砂管等防砂	焦化防砂	注热空气固砂
	砾石充填防砂		短期火烧油层固砂
化学防砂	人工胶结砂层	其他	降低流速
	人工井壁		增大油层径向应力
	其他（氢氧化钙固砂法、四氯化硅固砂法等）		压裂防砂

机械防砂方法（Mechanical Sand Control）是将在地面预制好的高强度、高渗透性、能防砂的专用工具下到井内出砂部位，并加以固定，使原油只能经专用工具进入井筒内，原油中

带出的地层砂被阻挡在外面,从而起到了防砂作用。滤砂管就是这种专用工具中的一种。

化学防砂方法(Chemical Sand Control)也叫人工井壁法。这种方法是向出砂地层挤入一种胶结剂或者是胶结剂与颗粒状的混合物(石英砂、核桃壳等),使之在井底附近地层形成具有一定强度和渗透性的挡砂墙,阻止地层砂流向井内,这种挡砂墙又能保证原油流向井筒。目前人们研究出了各种各样的人工化学防砂方法。

6.1.4 防蜡及清蜡

石蜡(Paraffin)是指主要是含碳原子数为16~64的直链烷烃(即$C_{16}H_{34}$~$C_{64}H_{130}$)构成的物质,常温下为固体。纯石蜡为白色略带透明的结晶体,相对密度介于0.88~0.95之间,熔点在49~60℃之间。

油层条件下,原油中所含的蜡处于溶解状态。石蜡在油中的溶解度随温度降低而降低,石蜡则不断析出,其结晶便长大聚集,并附着在管壁上,即出现所谓的结蜡现象(Paraffin Deposit)。这种蜡称为油田蜡(Oil Field Paraffin),其中除含固体烷烃(即石蜡)外,还含有胶质、沥青质等杂质。

结蜡后使油管内径缩小,造成油井减产,严重时,可将油管全部堵死而停产。因而,有必要采用防蜡及清蜡措施来保证油井正常生产。

(1)防蜡(Paraffin Control)

通常的办法有油管内衬和涂层防蜡以及在油流中加入防蜡抑制剂,改变油管表面性质,分散石蜡结晶,防止聚晶和沉积。

(2)清蜡(Paraffin Removal)

在含蜡原油开采过程中,虽然采用了防蜡措施,但仍会有少量蜡沉积在油管壁上,时间长了会沉积得愈来愈厚。因此,在开采一定时期后,需要对油井进行一次清蜡。清蜡的方法有机械和热力等方法。

① 机械清蜡:清蜡工具有刮蜡片和清蜡钻头。油井开采过程中,可总结结蜡点的位置、清蜡周期等规律,定期用直径略小于油管内径的刮蜡片,用钢丝连接将其下入油管内进行刮蜡。若结蜡严重时,可用清蜡钻头深通。有杆泵抽油井,往往在抽油杆上装尼龙刮蜡器等装置,在抽油过程中进行清蜡。

② 热力清蜡:将高温热介质,如热油、热水、热蒸汽等,由油管内注入,使井内温度达到蜡的熔点,熔化的蜡随着原油和注入的热介质一起排出地面。热力清蜡的方法往往比机械清蜡彻底。热力清蜡也同样具有其周期性,必须定期热洗或循环清蜡。

6.1.5 油、水井封窜

在多油层的油田开发中,由于各种因素的影响,常常会造成部分油井和注水井在套管外面窜通,严重影响油井采油或注水井的注水工作,对这种井的修理称作油、水井封窜(Sealed Canalization)。

油、水井封窜的方法较多,这里仅介绍其中的一种。如图5-22所示,油层和水层在套管外面已窜通,本来无水的油层,也成了含水采油,影响油井生产。为解决这个问题,先在窜通段下部射孔,把套管打穿,然后在两窜通层中间下入一个封隔

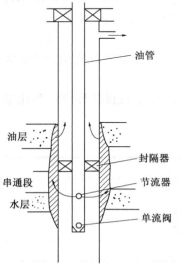

油管

油层
封隔器
串通段
节流器
水层
单流阀

图5-22 封堵油水层
窜通示意图

器，下面带节流器和单流阀，把配好的水泥浆从油管注入，水泥浆从节流器的出口进入地层窜通段的下部，再从窜通段的上部返出，使窜通段内全部充满水泥浆，略待水泥浆稠化后，再上提油管至设计深度，洗出井筒内多余的水泥浆，接着关井，待封窜的水泥浆凝固后即完成封窜工作。

油井的管理和维修，其内容是十分丰富多彩的，例如，打捞井下落物，修补损坏的套管，实行分层注水、分层采油，等等。

6.2 油井堵水和注水井调剖

（1）油井堵水（Water Shutoff）

在油田生产过程中，如果油井大量出水，就会给原油生产带来严重的危害。因此，对大量出水的油井必须采取堵水措施。

油井出水的原因是很复杂的，有的因固井质量差、误射孔于水层、套管损坏等原因造成的，也有的因水沿着高渗透油层窜流进来的，也有是边底水突进造成的，等等。因此，必须认真地查明出水的原因和部位，并选择合适的堵水方法。

堵水的方法大体可分为两类：机械堵水和化学堵水。

① 机械堵水（Mechanical Water Shut Off）

这种方法与机械防砂相类似，是向井内下入一种专用工具将出水层位卡住，使水层和油层隔开，以达到封堵水层的目的。这种方法在各油田都普遍应用，但又有局限性，它仅适用于封堵纯水层，并要求油层水层之间有 1m 以上不窜通的夹层，以利于下入工具。如图5-23所示那样，出水层的水进不到油管来，而出油层的油可通过筛管流入油管，从而将油水层分隔开，达到封堵水层的目的。

② 化学堵水（Chemistry Water Shut Off）

化学堵水包括选择性堵水和非选择性堵水。

非选择性堵水这种方法是将堵剂挤入油井的出水层，堵剂在井下固化以后形成一种不透水的人工隔板，将水堵住。由于非选择性堵水剂本身具有凝固性、堵塞性，无论进入油层或水层，凡堵剂所到之处都可以产生堵塞作用，所以叫非选择性堵水。采用这种方法必须首先找准真正的出水层段。常用的非选择性堵水剂有水泥浆、合成树脂和水玻璃等。

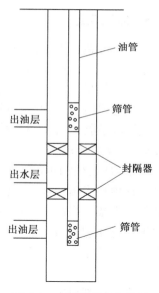

图 5-23　机械堵水示意图

选择性堵水这种方法是堵剂在井下只对出水部位能产生有效的封堵作用，而对出油的层位不会发生堵塞作用。其原理是所采用的堵水剂在遇到水后即能发生化学反应，产生一种固态、胶态或乳状的堵塞物将水堵住。而与油不会发生任何作用，并能随油气一起排出地面。这种只堵水不堵油的堵水剂就叫选择性堵水剂。常用的选择性堵剂有聚丙烯酸胺冻胶、活性稠油等。

（2）注水井调剖（Profile Modification）

由于油层渗透性存在的非均质性，从而使得注水过程中油层吸水存在较大的差异。如在注水开发过程中，正韵律砂层底部渗透性好，且由于重力作用，容易造成吸水段下移，导致油井底部水淹；复合韵律砂层则容易形成层内吸水不均，造成多段水淹。油层吸水不均匀性可以从吸水剖面看出（图5-24），通过堵水调剖作业，降低了高渗带的吸水能力，极大地改善了吸水剖面。通过对注水井的吸水层位进行调整，降低或封堵高吸水层段，使吸水层段（剖面）均匀吸水，达到降低油井含水、提高水驱波及效率及注水效率的目的。

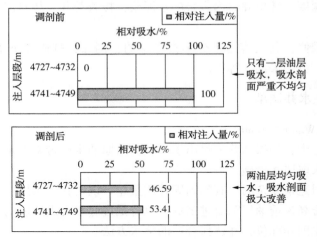

图 5-24　注水井调剖前后吸水剖面的变化示意图

6.3　储层改造技术

储层改造技术也称油气藏增产措施（Reservoir Stimulation），为通过储层改造技术提高储层渗透率，可以提高油气井的产量或提高注水井的注入量（即油气井增产和注水井增注），进而提高储量动用程度，改善开发效果。对油气储层实施改造工作，有的在油气井或注水井投产前即进行，有的则在投产一段时间后再实施，还有的在生产中视情况多次地进行。主要的储层改造技术有压裂和酸化。

6.3.1　水力压裂

水力压裂是 1948 年从美国发展起来的，1949 年首次进行商业性压裂施工。由于成功率高，这项技术迅速获得广泛应用，目前已成为油气井增产和注水井增注的一项成熟技术，是油气井大幅度提高单井产量或注水井大幅度注入量的最有效的储层改造技术。如低渗透油气层不经过压裂改造，油气产量常常很低，甚至没有工业油气流，目前更是致密、页岩油气层开发的主要手段。

6.3.1.1　水力压裂原理

水力压裂（Hydraulic Fracturing）是指利用水力作用在油气层中形成人工裂缝，提高油气层中流体流动能力及泄油气面积的一种储层改造方法。

水力压裂的技术原理（见图 5-25）：在地面利用高压泵组，将压裂液的前置液以大大超过地层吸收能力的排量注入井中，在井底憋起高压，当此压力大于井壁附近的地应力和地层岩石抗张强度时，便在井底附近地层产生裂缝；继续注入带有支撑剂（通常是石英砂）的携砂液，让裂缝向前延伸并填以支撑剂，卸压后裂缝闭合在支撑剂上，从而在油气层中形成具有一定几何尺寸和高导流能力的填砂裂缝（高渗带）。该裂缝能使油气层与井筒之间建立起一条新的流体通道，大大改善地层原油或流体的流动状况，减小流动阻力，从而达到增产、增注的目的。

油气层水力压裂效果与油气层地质因素、压裂液和支撑剂性能、压裂施工时泵的排量、砂比、入地液量等有关。

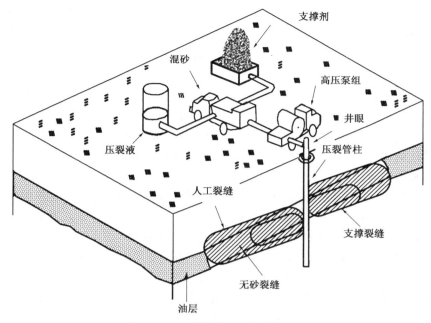

图 5-25 油气层水力压裂示意图

6.3.1.2 压裂液和支撑剂

（1）压裂液（Fracturing Fluid）

压裂液是水力压裂改造油气层过程中的工作液，起着传递压力、形成和延伸裂缝、携带支撑剂的作用。压裂液是一种具有一定黏度的流体，以保证能压开裂缝，携带支撑剂进入裂缝。压裂液的性能与裂缝的延伸长度、缝高和裂缝的导流能力有着密切的联系，所以压裂液的性能是影响压裂效果的重要因素。

压裂液是压裂施工液的总称。根据压裂液在压裂过程中不同泵注阶段的作用，可分为：前置液、携砂液、顶替液。前置液是压裂过程中最先进入地层的压裂液，其一般不含支撑剂，起压开地层、降低地层温度和延伸裂缝的作用，占压裂液总量的 30%~55%；携砂液是紧随前置液进入裂缝的压裂液，起进一步扩伸裂缝，携带支撑剂进入裂缝支撑裂缝的作用，是完成压裂作业、评价压裂液性能的主体液，占压裂液总量的 45%~70%；顶替液是最后进入井筒的压裂液，不含支撑剂，用来将井筒中的携砂液全部顶入压开的裂缝中，以免井筒中的支撑剂沉淀井筒中，影响后期油气井生产。压裂施工完后，压入地层的压裂液需要破胶，也就是失去其高黏特性成为低黏流体，这样压入地层的压裂液才容易返排，不会把压开裂缝中充填的支撑剂在返排时带出裂缝，降低压裂效果。返排时失去高黏特性的压裂液称为压裂液的破胶液，或压裂返排液。

压裂液有水基、油基和混合基等类型，而应用最广泛的为水基压裂液体系。水基压裂液是由水与天然的或合成的聚合物配制而成。国内外常用的压裂液是由胍胶或改性胍胶粉配制。

（2）支撑剂（Proppant）

支撑剂是指能够进入被压开的水力裂缝并使其不再重新闭合的固体材料。支撑剂的作用在于分隔并有效支撑裂缝的两个壁面，保证压裂施工结束后裂缝始终能够得到有效支撑，从而消除地层中大部分径向流，使地层流体以线性流动方式进入裂缝。

常用的支撑剂有：石英砂、核桃壳、人造陶粒、人造塑料球、人造玻璃球等，而使用最广的为石英砂和人造陶粒。

对支撑剂的要求是：强度大，颗粒均匀，圆度好，杂质少，来源广，成本低。

6.3.1.3 水力压裂技术进展

随着石油工业技术的进步，近年来新增石油、天然气探明储量的一半以上为低渗致密、页岩油气储层等低品位资源，且非常规储层开发占比也越来越高。水力压裂技术的进步使这些非常规资源由"无效"变为"有效"，推动地质储量的动用和升级，为提高经济可采储量发挥了不可替代的作用。水力压裂技术进步主要表现在以下几个方面。

（1）体积压裂理念

体积压裂理念的核心就是通过水力压裂形成和沟通更多的裂缝，而不仅仅是单一裂缝（见图5-26）。如长井段水平井多段压裂技术，即通过水力压裂的方式对储层实施改造，在形成一条或者多条主裂缝的同时，通过多簇射孔（见图5-27）、高排量、大液量、低黏液体以及转向材料技术的应用，实现对天然裂缝、岩石层理的沟通，以及在主裂缝的侧向强制形成次生裂缝，并在次生裂缝上继续分枝形成二级、三级次生裂缝等；使主裂缝与多级次生裂缝交织形成裂网络系统，将可以进行渗流的有效储集体"打碎"，使裂缝壁面与储层基质的接触面积最大，使得油气从任意方向的基质向裂缝的渗流距离最短，这样极大地提高储层整体渗透率，实现对储层在长、宽、高三维方间的全面改造。该技术不仅可以大幅度提高单井产量，还能够降低储层有效动用下限，最大限度提高储层动用率和采收率。体积改造形成的已经不再是双翼对称裂缝，而是复杂的网状裂缝系统，裂缝的起裂与扩展不单是裂缝的张性破坏，而且还存在剪切、滑移、错断等复杂的力学行为（图5-26）。重复压裂改造等技术也应用了体积压裂理念。

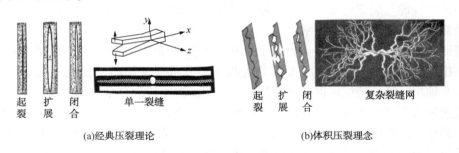

(a)经典压裂理论　　　　　　　　　　　(b)体积压裂理念

图5-26　经典理论与体积压裂理念裂缝起裂与扩展对比示意图

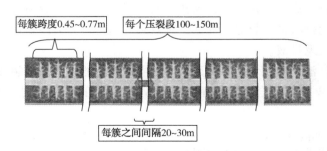

图5-27　水平井体积压裂射孔模式示意图

（2）更具针对性的压裂液体系

对非常规储层改造压裂液性能要求，主要是其能增加裂缝网络的复杂程度，并能有效携带支撑剂，优化油藏接触面积和导流能力，增加最终可采储量，并降低费用。如：强造缝能力的滑溜水压裂液体系（加入减阻剂和黏土稳定剂的清水）、适用于低压低渗水敏地层的CO_2泡沫压裂液体系和CO_2干法压裂技术、低伤害表面活性剂清洁压裂液体系、具有渗吸驱油作用的驱油压裂液体系等。

（3）大幅度降低压裂成本技术

致密、页岩油气储层体积压裂成本高，已经成为致密、页岩油气储层经济开发的主要矛盾。目前降低压裂成本技术方向主要有：井工厂技术，压裂液重复利用技术，电驱动压裂、同步压裂技术等。

（4）微地震裂缝监测技术

致密、页岩油气储层微地震裂缝监测技术是评价体积压裂效果和了解每条裂缝方位的重要手段。该技术是利用储层压裂过程中地层发生破裂产生的高能量以声波的形式传递到地面或监测井［见图5-28（a）］，利用多个检波器采集破裂形成的声波，通过数学处理手段，描述压裂过程中的能量分布来确定裂缝的方位形态的技术。如辽河油田J2-H1井体积压裂裂缝主要位于Ⅲ油组［见图5-28（b）］，这对评价体积压裂效果，指导油田下一步的体积压裂的规模及选井选层具有重要的意义。

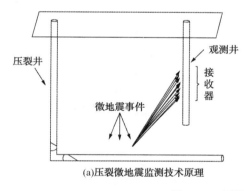

(a)压裂微地震监测技术原理

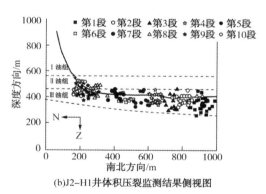

(b)J2-H1井体积压裂监测结果侧视图

图5-28　压裂微地震监测技术示意图

6.3.2　高能气体压裂增产技术

高能气体压裂（High Energy Gas Fracturing，HEGF）是利用火药或火箭推进剂快速燃烧产生的高温高压气体，形成脉冲加载并控制压力上升速度，在井筒附近压开多方位的裂缝，沟通天然裂缝，从而使油气水井增产增注的技术。高能气体压裂技术是一种独特的储层改造新工艺。在苏联把高能气体压裂称热气化学处理，在美国也称为脉冲压裂、多裂缝压裂。

它的技术原理是：将固体火箭推进剂或液体火药，在井下油层部位引火爆燃（而不是爆炸），产生大量的高压、高温气体，很短时间之内在井筒附近油气层中产生多条多方位的径向裂缝，裂缝长度一般为几米～十几米，爆燃冲击波消失后裂缝并不能完全闭合，从而解除油气层部分堵塞，降低了井筒附近油气的流动阻力，提高井底附近地层渗透能力。高能气体压裂既不同于爆炸压裂，又区别于水力压裂。

高能气体压裂在以下场合较为合适：①新井试油试气评价，可解除污染，获得测试结果；②酸化压裂后的地层，可进行油气层解堵；③对天然裂缝发育的区域，可进行增产改造；④注水井增注；⑤对水敏、盐敏、酸敏地层，也可进行压裂改造或解堵；⑥尤其适于常规改造技术不宜进行的沙漠、滩海、高山地区的油气井。

高能气体压裂作用的介质是爆燃气体，对地层产生伤害较小，施工中也不向井外排出废液，引起的环保问题较小；施工中使用设备少，人力少，工艺简便，施工周期短，成本低，但该工艺存在的最大问题是对套管和水泥环的损害问题，从而限制了该技术的大范围使用。

6.3.3 酸化

酸化(Acidizing)是指利用地面高压泵把酸液通过井筒挤入油气层，依靠酸的溶蚀作用提高近井地带油气层渗透率的储层改造工艺措施。酸化增产增注的原理：①依靠酸液与油气层的孔隙壁面发生化学溶蚀作用，扩大油气的通道，提高油气层的渗透率；②依靠酸液溶解井壁附近的堵塞物，如泥浆、泥饼及其他沉淀物质，以提高油气井的产量。

6.3.3.1 酸化工艺

根据酸液在地层中的作用，酸化一般可分为两类。

(1)常规酸化(又称一般酸化，Acidizing)。是指注酸压力低于油气层破裂压力的酸化。这时，酸液主要发挥化学溶蚀作用，扩大与其接触的岩石的孔隙、裂缝、溶洞及溶解泥浆、垢等堵塞物，见图5-29。

(2)酸化压裂(简称酸压，Acid Fracturing)。是指注酸压力高于油气层破裂压力的酸化。这时，酸液将同时发挥化学作用和水力压裂作用，以扩大孔洞和压开新的裂缝，形成通畅的油气渗流通道，见图5-30。

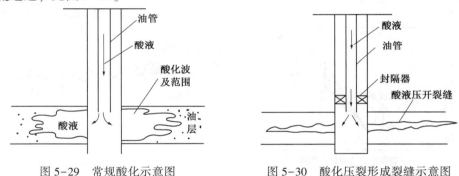

图5-29 常规酸化示意图   图5-30 酸化压裂形成裂缝示意图

一般来说，对于砂岩油气藏，通常采用常规酸化；而对裂缝性灰岩油气藏，采用酸化压裂。

6.3.3.2 酸液

酸液是酸化措施使用的工作液，其性能对酸化效果具有重要的影响。常规酸化主要是指盐酸和土酸(盐酸和氢氟酸的混合酸)的酸化。

碳酸盐岩油气层通常采用盐酸(HCl)，由于碳酸盐岩储层岩石主要为石灰岩和白云岩，与盐酸反应所生成的氯化钙($CaCl_2$)、氯化镁($MgCl_2$)、CO_2都溶于水，因而盐酸酸化可以较好地扩大碳酸盐岩油气层的孔隙或裂缝，提高油气流动能力。

而对于砂岩储层，由于储层岩石主要成分是石英和长石、黏土矿物、碳酸盐类矿物等，砂岩的酸化多采用土酸，土酸中的氢氟酸(HF)能较好地溶解硅酸盐类矿物，土酸溶液对黏土、泥浆颗粒和泥饼的溶解能力也都大大超过盐酸的溶解能力。在多数情况下，采用浓度10%~15%的盐酸(HCl)和浓度2%~4%的氢氟酸(HF)的混合液，对砂岩油层酸化效果较好。

除普通盐酸、土酸酸化外，为了保护油层、提高酸化效果，有时也采用一些有机酸(如甲酸、乙酸等)、其他强的无机酸等酸化地层，此外还有泡沫酸酸化、胶束酸酸化、乳化酸酸化、稠化酸酸化。

为使酸液达到酸化目的，不损害储层和酸化作业相关施工设备，酸液中还需要加入一些添加剂。最常用的酸液添加剂有缓蚀剂、铁离子稳定剂、表面活性剂、缓速剂等。

在酸化施工中除了要采用合适的酸液和酸化工艺之外，在酸化施工结束后，残酸液的及时返排也是影响酸化效果的重要因素。酸液如果不能及时返排常常会造成油气藏的严重伤害。

6.4 井下作业井控技术

在井下作业过程中，井下的不确定因素很多，情况十分复杂，无论油(气、水)井的压力高低，都有发生井喷失控的危险。根据其严重程度可分为以下几种情况：

(1) 井侵，地层流体(油、气、水)侵入井内的现象。

(2) 溢流，当井侵发生后，井口返出的液量比泵入的液量多，停泵后井口修井液自动外溢的现象。

(3) 井涌，溢流进一步发展，修井液涌出井口的现象。

(4) 井喷，井中流体无控制地进入井筒，使井筒内的修井液喷出地面的现象。

(5) 井喷失控，井喷发生后，无法用常规方法控制井口而出现敞喷的现象。

井控，即井涌控制和压力控制，就是采取一定的方法控制住地层压力，保持井内压力平衡，保证井下作业的顺利进行，保护油气层及防止环境污染。所采用的技术总称为井下作业井控技术，主要包括压井技术、配套的井控作业程序和安全规范等。随着油田开发时间的延长，需要进行维修作业的油(气、水)井呈迅速增多的趋势，井下作业井控技术的重要性越来越为石油行业所重视。

第7节 提高原油采收率技术

与勘探新油田不同，提高采收率问题自油田发现到开采结束，自始至终地贯穿于整个开发全过程，提高采收率是油田开采永恒的主题。这是因为与其他矿物资源的采收率相比，原油的采收率较低；同时原油是一种不可再生资源，随着原油资源勘探程度的不断提高，发现新的地质储量的难度越来越大，而且还没有哪种能源能完全替代石油。据估计，按目前世界上所有油田现已探明的地质储量计算，如果世界上所有油田的采收率提高 1%，就相当于增加全世界 2~3 年的原油消费量；如果中国大庆油田的采收率提高 1%，就可增油 5000 万 t。因此，通过技术手段提高原油采收率具有重要意义。

7.1 主要方法简介

由第 2 节可知，经过一次采油(利用天然能量开采原油)、二次采油(利用注水注气补充能量开采原油)之后，仅能采出地下原油总储量的 35% 左右；再经过三次采油(注入驱替剂或引入其他能量开采原油)，原油采收率能达到 40%~60%。但是，还有 50% 左右的原油留在地下而很难被开采出来。此时，地下油水关系、剩余油分布越来越复杂，储层和流体的非均质性更严重，采出难度更大，要将地层中的剩余油更多地开采出来，这就面临更大的技术难题。

提高原油采收率技术要求人们必须以更新的技术措施、更强的力量来干预地下难以流动的剩余油，使它成为可以流动的油而被开采出来。提高采收率是一个综合性很强的学科领域，它不但是高新技术的高度集成，而且是学科领域的高度综合。提高原油采收率技术的应用，不仅受技术水平发展的制约，并且更大程度地受油价的制约。就技术而言，提高采收率的相关研究工作在石油工业中最为复杂，而且迄今没有一个全球通用的方法，因为地质条件和油藏特征等都有很大的差异。

目前，提高原油采收率（Improved oil recovery），包括改善的二次采油技术（如井网优化技术、注水调整技术、特殊钻井技术、油层深部调剖技术等）和三次采油（Enhanced Oil Recovery）或 EOR 技术。本节仅对三次采油主要技术进行了介绍。

国内外研究较多并相对成熟、具有良好前景的三次采油技术，有下列四个方面内容。

（1）化学驱（Chemical Flooding）

凡是以化学剂作为驱油介质，以改善地层流体的流动特性，改善驱油剂、原油、油藏孔隙之间的界面特性，提高原油开采效果与效益的所有采油方法统称为化学驱。

常见的化学驱方法有聚合物驱、表面活性剂驱、碱水驱以及化学复合驱（如表面活性剂–聚合物二元复合驱、碱–表面活性剂–聚合物三元复合驱等）。

（2）气驱（Gas Flooding）

凡是以气体作为主要驱油介质的采油方法统称为气驱。

根据注入气体与地层原油的相态特性，气驱可分为气体混相驱与气体非混相驱两大类。常用作驱替介质的气体主要有 CO_2、N_2、轻烃、烟道气等。

（3）热力采油（Thermal Recovery）

凡是利用热量降低原油的黏度，以达到增大油藏驱动力和减小原油在油藏中的流动阻力的采油方法统称为热力采油。热力采油是稠油油藏提高采收率最为有效的方法。

根据油层中热量产生的方式，热力采油可分为热流体法、化学热法和物理热法三大类。热流体法是以在地面加热后的流体（如蒸汽、热水等）作为热载体注入油层，如注蒸汽采油、注热水采油；化学热法是通过在油层中发生的化学反应产生热量，如火烧油层、液相氧化等；物理热法是利用电、电磁波等物理场加热油层中原油的采油方法。

（4）微生物（Microbial Enhanced Oil Recovery：MEOR）

微生物采油是利用微生物及其代谢产物作用于油层及油层中的原油，改善原油的流动特性和物理化学特性，提高驱替波及体积和微观驱油效率的采油方法。

但是，由于驱替方式和驱替介质不同，各种提高采收率方法的机理、适应性都有很大差异。目前三次采油技术发展的主要方向是各技术间相互结合使用，取长补短，发挥最大作用。

下面重点对注蒸汽采油、聚合物驱采油、气体混相驱油及微生物采油技术进行介绍。

7.2　注蒸汽采油技术

我国稠油资源十分丰富，遍布全国的许多油田。但由于稠油（Heavy Oil）黏度高，无法用常规方法开采，影响了资源的充分利用。人们对开采稠油提出和试验了许多方法，但目前广泛应用的是注蒸汽采油法。

注蒸汽采油法（Steam Injection for Oil Recovery）是指利用热蒸汽把热能带到油层中以提高地层原油的温度，降低原油黏度，增加地层原油的体积系数，使稠油能顺利地流到地面的采油方法。根据国外油田现场试验的一些统计结果，注蒸汽采油适用于油层厚度大（大于

6m)、油层埋藏浅(小于1500m)、油层渗透性好(1μm²以上)、含油饱和度高(80%以上)的油藏,一般采收率可达35%～50%。

注蒸汽采油可分为蒸汽吞吐和蒸汽驱两个过程。当在一个油区内每口井都进行了蒸汽吞吐,地层压力下降到一定程度后,就可进行第二阶段蒸汽驱。

7.2.1 蒸汽吞吐

蒸汽吞吐(Steam Huff and Puff)是指向井内注入一定量蒸汽,闷井一定时间后,开井生产的采油方法。对油层进行周期性注蒸汽激励出油,这种方法每个周期包括三个步骤,即注汽、闷井、采油(见图5-31)。

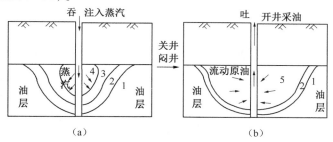

图5-31 蒸汽吞吐采油示意图

1—冷原油;2—加热带;3—蒸汽凝结带;4—蒸汽带;5—流动原油及冷凝水

(1)注蒸汽。蒸汽发生器产生的高压蒸汽,通过高压汽管网从井口注入到地层。周期注入量愈大,周期采收率愈高,一般第一个吞吐周期注入量为2000～3500m³,以后每周期都要在原来的基础上增加10%。

(2)闷井。为使注入地层的热能更好地发挥作用,扩大加热半径,提高经济效益,在完成注汽后,往往要关井一段时间,让热能渗透得更远一些,这个过程习惯称闷井。闷井时间在不同周期、不同注入量下是不同的,一般在4～5天。

(3)采油。吞吐采油和普通采油一样,有两种方法:自喷和机械采油,但吞吐采油有自己的一些特点。自喷采油大多在蒸汽吞吐的第一周期和注汽质量比较好的井,闷井后井口压力较高,可用原注汽管柱直接自喷生产。当自喷产量减少到一定值时,要及时改为机械采油。

7.2.2 蒸汽驱

对整个油田所有的井都进行了几个周期的蒸汽吞吐后,地层压力有了一定程度的降低,就要进入蒸汽驱阶段了。蒸汽驱(Steam Driving)是指按照一定的注采井网,从注汽井注入蒸汽驱替原油而从生产井采出原油的采油方法(见图5-32)。注蒸汽采油要向油层注入高压蒸汽,使热力推移过注采井之间的整个距离,将油层中的油驱赶到生产井中,利用蒸汽的热量达到提高采收率的目的,因而采油工艺上与普通井有所不同。

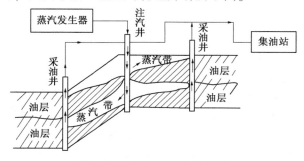

图5-32 蒸汽驱采油示意图

7.3 聚合物驱采油技术

聚合物驱油(Polymer Flooding)是目前我国使用最多的一种化学驱油技术。该技术中，使用的聚合物是技术关键之一。聚合物(Polymer)是指由简单分子通过聚合反应生成的高分子化合物，目前驱油用聚合物主要是聚丙烯酰胺及其改性产品，其相对分子量从几百万到两千万不等。

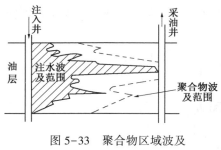

图 5-33 聚合物区域波及
范围扩大示意图

聚合物驱油过程是把水溶性聚合物加到注入水中，然后注入地层驱油。聚合物驱油提高原油采收率的主要机理是(见图 5-33)，聚合物加入到注入水中可以提高注入水的黏度，提高了黏度的注入水注入地层，可以扩大注入水在油藏中的波及体积；同时，聚合物溶液由于其固有的黏弹性，在流动过程中产生对油膜或油滴的拉伸作用，在一定程度上提高了微观洗油效率。

聚合物驱技术由于其机理比较清楚、技术相对简单，世界各国开展研究比较早，美国于 50 年代末、60 年代初开展了室内研究，1964 年进行了矿场试验。1970 年以来，苏联、加拿大、英国、法国、罗马尼亚和德国等国家都迅速开展了聚合物驱矿场试验。从 20 世纪 60 年代至今，全世界有 200 多个油田或区块进行了聚合物驱试验。

聚合物驱在我国经过多年的矿场先导性试验，取得提高采收率 8%~10% 的好效果，目前在胜利、大庆、大港等油田均已形成了一定规模的工业化生产能力，成为油田新的增储上产措施。2002 年，大庆油田聚合物驱年产油量已经突破千万吨，聚合物驱技术已成为保持大庆油田持续高产及高含水后期提高油田开发水平的重要技术支持。

7.4 气体混相驱油技术

气体混相驱是气驱提高采收率技术的一种。其提高采收率作用机理是气驱时注入的气体与油层原油实现混相，即气体与地层原油互相溶解，不存在分界面，此时油气界面张力趋于零，气驱油效率可以得到极大的提高，从而提高了原油采收率(见图 5-34)。能够实现气体混相驱的注入气体主要有烃类气体(干气、富气、液化石油气)和非烃类气体(CO_2、N_2、烟道气等)。注入气体与地层原油实现混相是该技术的关键，这主要取决于注入的气体与地层原油的最小混相压力(MMP)，而最小混相压力与注入气体的类型、原油的性质及储层性质有关，同等条件下，一般与原油成分越接近的烃类气体越容易实现混相，如富气就比干气的最小混相压力低，轻质原油相对更容易实现混相；非烃类气体中 CO_2 的最小混相压力相对较低，较容易实现混相；地层温度越高，最小混相压力也越高。

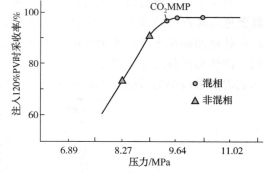

图 5-34 CO_2 注入压力与采收率的关系
(注入 120%PV，细管实验)

混相注气始于 20 世纪 40 年代，由美国最早提出向油层注入干气。80 年代，由于烃类气体价格上涨和天然 CO_2 出现，CO_2 混相驱逐渐发展起来。90 年代，该技术日渐成熟。二氧化碳驱是比天然气更优越的驱油剂，也是气体混相驱中最有吸引力的提高采收率技术之一。尤其在碳达峰碳中和目标下，CO_2地质封存与气体混相驱油技术的结合成为CO_2气体混相驱的主要方向(见图5-35)，这样既可以将CO_2封存在地下，同时又可以用CO_2提高原油采收率。气体混相驱已经成为仅次于热力采油的商用的提高采收率方法。但是该项技术中仍然存在混相机理及气窜流度控制等方面的问题，有待我们不断去认识解决。

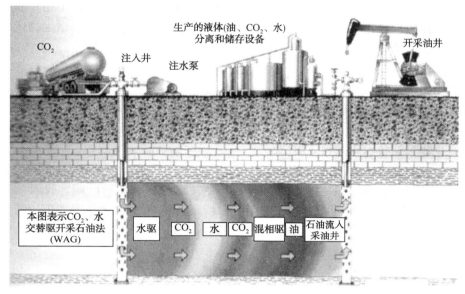

图 5-35　CO_2地质封存与提高原油采收率示意图

7.5　微生物采油技术

微生物(Microbe)是指形体微小、单细胞或个体结构较为简单的多细胞、甚至没有细胞结构(病毒)的低等生物。微生物采油是通过向地层中注入营养液(激活剂)或微生物，利用油藏条件下微生物的生长代谢活动及其产物(见表5-5)，增加原油产量，提高原油采收率的技术。

表 5-5　微生物反应产物对 EOR 的作用

反应产物	作　用
酸	增加岩石孔隙度和渗透率，通过与碳酸盐矿物反应产生CO_2
生物膜	选择性或非选择性堵塞油层；乳化原油；改变岩石表面润湿性；降低原油黏度和倾点；脱除原油中的硫
气　体	增加油藏压力；膨胀原油；降低原油黏度；通过溶解碳酸盐岩增加地层渗透率
溶　剂	溶解原油
生物表面活性剂	降低界面张力；乳化作用
生物聚合物	流动控制；选择性或非选择性堵塞岩石孔隙

(1)微生物采油原理

自然界中一些微生物能够将原油中的一些成分作为食物，通过其新陈代谢产物等改变原油的性质，达到提高单井产量、提高采收率的目的。对微生物驱油机理，目前主要有以下两

147

个方面的认识：

① 微生物在地下的新陈代谢而产生的气体、溶液和生物表面活性剂等，能降低油水界面张力和原油的黏度，从而提高了原油的流动能力，提高了原油采收率。

② 微生物在新陈代谢过程中产生的分解酶类能裂解重质烃和石蜡组分，改善原油在地层中的流动性能，减少石蜡在井眼附近的沉积，降低地层的流动阻力。

微生物采油技术是技术含量较高的一种提高采收率技术，不但包括微生物在油层中的生长、繁殖和代谢等生物化学过程，而且包括微生物菌体、微生物营养液、微生物代谢产物在油层中的运移，以及与岩石、油、气、水的相互作用引起的岩石、油、气、水物性的改变，深入研究作用机理显得尤为重要。

（2）微生物采油特点

微生物采油操作简单，现场不需要大型设备，产出液不需要特殊处理，耗能低，不污染环境。

（3）微生物采油技术研究和应用情况

微生物采油的关键技术是获得和培养出便宜的适应地下油藏环境的微生物菌种。20世纪80年代，美国和前苏联的微生物采油技术已进入工业性矿物试验阶段。我国对微生物采油技术的研究和应用始于20世纪90年代，在吉林、新疆、胜利、大庆等油田相继开展了研究和应用，取得了一定的成效。胜利油田在该领域的研究与应用居国内领先水平。

第8节 气田开发与开采

气田的开发与油田有相似之处，但也有自身的一些特点，本节对气田的开发特点进行简要的介绍。

8.1 气藏的驱动方式

驱动气体产出的动力有：气体弹性能量、地层水和岩石的弹性能量、水的静水压头等。由于天然气储集在岩石的孔隙中，本身具有压力，地层又往往含水，所以驱动天然气产出的动力不止一种。常见的驱动方式有气驱、弹性水驱。

8.1.1 气驱

驱动天然气产出的主要动力是气体的弹性能量（或叫压能）。当气藏开采时，井底压力低于地层压力，在压差作用下，天然气的体积膨胀，释放出弹性能量，驱动气体产出，这种依靠气体弹性能量驱动天然气产出的气藏，称为气驱气藏（图5-36）。其主要特点是：

（1）气藏的容积在开采过程中不变。

（2）气藏采收率高，一般在90%以上。

（3）地层压力下降快，气藏稳产期短。

8.1.2 弹性水驱

驱动天然气产出的主要动力是气体的弹性能量和地层水的弹性能量，弹性水驱作用发生在具有边水或底水的气藏。

弹性水驱作用的强弱与地层水的体积大小和采气速度的高低有关。地层水的体积大，压力降低后水的体积膨胀也

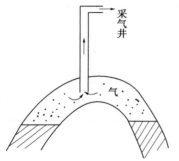
图5-36 气驱气藏开采示意图

大，弹性水驱作用就强。地层水的体积小，压力降低后水的体积膨胀也小，弹性水驱作用就弱。采气时地层压力首先在井底附近降低，再逐渐传到地层内部，直到气水边界的水体，使水体的压力降低，释放出弹性能量。水体的体积膨胀，气藏的容积缩小，从而补偿了部分气藏压力，表现出弹性水驱作用。

采气速度对弹性水驱作用具有一定影响。如果采气速度大，气藏压力降低速度快，水体释放弹性能量的速度跟不上气藏压力降低的速度，则弹性水驱作用就弱；如果采气速度小，气藏压力降低速度慢，水体释放弹性能量的速度接近气藏压力的降低速度，则弹性水驱作用就强。弹性水驱气藏时，由于水对采气的干扰，例如水沿高渗透带或裂缝首先到达气井，造成气井水淹，使一部分气采不出来，因此采收率比气驱气藏低，一般为45%~70%。

8.2 气田开发

气田开发(Gas Field Development)通常都采取消耗天然能量的方式进行开采，一直到能量枯竭为止。只有对储量规模较大的凝析气田，采取循环注气，保持压力，先采凝析油，然后再用消耗天然能量方式采气。

气田开发的评价研究，以及开发方案的编制程序和方法，与油田开发的做法基本相似。由于天然气在地层压力下弹性能量较强，在储层中易于流动，以及采出地面后难于储存等特点，所以在气田开发上，除了要重视气田本身的评价研究外，还要把寻找天然气销售市场与气田开发联系在一起同步考虑，这一点是气田开发与油田开发的重大差别。

（1）高部位布井、少井高产

由于天然气在地层中的流动能力较强，一般气井的井距约为油井井距的2~3倍，例如：一般油井井距为200~300m，而气井井距可能为600~900m，而且多数气田只在构造高部位布井，做到少井高产。

例如南海崖13-1气田，含气面积50km²，地质储量1000亿m³，在开发前曾进行多次储量计算及开发模拟研究，在气田高部位共布生产井14口，建两座井口平台，先建A平台8口井，B平台6口井第10年建成投产，以进行产量接替。按照与用户签订的供气合同规定，日供气900~1000万m³，年供气33亿m³。在A平台钻井过程中，边钻井边研究，只在构造高部位钻了6口生产井，日产气量就达到1100万m³，平均单井日产190万m³，年产气38亿m³。国外一些渗透率较高的气田，也多在构造高部位布井。

当然，布井要根据气田的具体情况，有些气田渗透率低，含气面积大、构造平缓，只靠少数气井不可能采出更多的天然气。在这样的条件下，应该采用适当的井距，合理地均匀布井，以便采出更多的天然气。

（2）寻找市场、签订供气合同

寻找市场应与编制气田开发方案同步进行。当气田的储量、产气量和稳产年限确定之后，首要的问题就是寻找市场，与用户签订供气合同。签订供气合同往往要花费较多时间，有时双方要谈判1~2年，其中供气的稳定性和气价的合理性常常成为双方谈判的焦点。无论如何，只有找到了用户，签订了供气合同，才能对气田开发做出决策。

8.3 凝析气藏的开发

8.3.1 凝析气藏

凝析气藏(Condensate Gas Reservoir)是指因压力、温度下降，部分气相烃类反转凝析成

液态烃的量不小于 $150g/m^3$ 的气藏。

凝析气藏与纯气藏有本质的不同。凝析气藏甲烷含量约占 85%，乙烷至丁烷的含量约占 8%，戊烷以上含量约占 7%。而纯气藏（或称干气藏）甲烷含量占 95% 以上，乙烷至丁烷含量小于 5%，戊烷很少（0.3% 以下）。

凝析气藏的特点是：在原始地层压力和温度下，地层的流体为气体，当地层压力和温度下降到一定数值时，液体烃（称为凝析油）从气体中凝析出来，这种现象称为反凝析现象。这些凝析出来的液体烃，吸附在岩石孔隙颗粒的表面上，不能再开采出来。因此，这部分有价值的凝析油将损失在地层中。根据资料分析，有些凝析气藏，由于反凝析而损失 50% 到 60% 可液化的碳氢化合物，因而大大降低了凝析气田的开采收益。

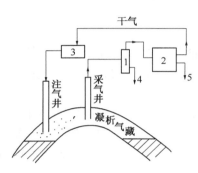

图 5-37　凝析气藏注干气示意图
1—分离器；2—吸附装置；
3—压缩机；4，5—凝析油

8.3.2　凝析气藏开发

凝析气藏的开发分成两个阶段。

第一阶段：循环注气、保持压力。通过注气井向地层回注干气，在采气井采出富含凝析油的天然气，将采出的天然气经过分离、处理，将凝析油回收下来，然后再将干气回注到地层中去（见图 5-37）。这样，循环注入干气，一直到凝析油采收率达到 45% 左右。

第二阶段：采用能量消耗方式开采干气，使天然气的采收率达到 65% ~ 80%。

在 70 年代，我国曾在大港油田发现了板桥凝析气田，新疆塔里木发现了柯柯亚凝析气田，但由于经验不足开始都未能在开采初期采取循环注气方式开采。

8.4　采气工艺

8.4.1　选择合理的气井工作制度

天然气的开采，与自喷井采油相近，即地下的天然气在天然能量驱动下，从地层流到井底，再从井底到井口，再到地面的集气装置和管线，这样的开采过程直到天然气藏达到废弃压力为止。为了保证气田的长期稳产，获得较高的采收率，就要给气井选择一个合理的工作制度。现场常选择的工作制度，有以下五种：

（1）定产量（Q = 常数）制度。

（2）定井壁压力梯度制度。井壁压力梯度是指天然气从地层内流到井底时，在紧靠井壁附近岩石单位长度上的压力降，定井壁压力制度就是在一定时间内保持这个压力不变。

（3）定生产压差（生产压差是常数）制度。天然气在地层中的流动是依靠地层压力与井底压力形成的压差而流动的，压差大小与产量有关，定压差制度就是在一定时间内，在合理压差下保持最大的采气量。

（4）定井底渗流速度制度。井底渗流速度是指天然气从地层内流到井底，通过井底时的流动速度，定井底渗流速度，就是在一定时间内保持渗流速度不变。

（5）定井底压力制度。地层压力一定时，井底压力与产量成反比，井底压力高，产量小；井底压力低，产量大。定井底压力制度，就是在一定时间内保持井底压力不变。

8.4.2　气水同产井的开采

天然气在开采过程中，除气藏本身常伴生有凝析水外（凝析水是指因气藏的温度、压力降低后，气藏中水蒸气因冷凝而成的水），一般气田都有边、底水存在。到了气藏开采中后期，由于底水上升或边水锥进，都可能使气井带水开采，使天然气开采增加复杂性。气井出水后的采气方法有：

（1）控制临界流量采气

临界流量，指地层水刚好侵入气井井底时的产量。气井生产时，要防止井底积液，延长无水采气期，可以保持气井稳产，减缓递减，延缓增压采气时间，这样减少了地面处理地层水的设施。增加累积采气量，相应降低了采气成本。为了使地层水不侵入井底，保持无水采气，要求实际生产气量，必须保持在无水临界压差以下。

（2）利用气井本身能量带水采气

有水气藏的气井到了开采的中后期，随着地层压力下降，气水界面上升，再采用控制临界流量的办法，将会影响气井的产量和采气速度，此时将把无水采气转变成带水采气。带水采气仍然依靠地层的自然能量，首先气要有一定的产量和压力，使气流速度达到带水要求；同时要求气水混合物从井底流到井口后，井口压力要大于输气压力，保证气体的输出。

（3）排水采气

气井积水会严重影响气井的产量，所以需要把气井中的水排出，以保证气井的正常生产。排水采气方法，是含水气藏进入中后期以后行之有效的增产措施，目前常用的方法主要有以下几类：

① 机械排水采气，包括抽油机、电潜泵排水等。

② 化学排水采气，包括泡沫排水等。该方法主要是针对有一定生产能力、带水不好的气井，注入表面活性剂，产生泡沫，利用泡沫携水，使井恢复生产。

③ 气举排水采气。利用高压气源和气举阀进行连续气举、间隙气举及活塞气举等。

④ 小油管柱排水。更换小油管，利用气田本身能量排水，延长自喷期。

第9节　海洋油气田的开发与开采

海洋油气田的开发与开采同陆地油气田的开发与开采有相似之处，但也有自身的一些特点，本节对海洋油气田的开发与开采的特点进行简要的介绍。

9.1　海洋油气田开发的特点

海洋油气田的开发主要有以下几个方面的特点：

（1）需要克服海水和风浪的影响，作业条件艰难，具有一定危险性，而且比陆上石油开发要求更高的设备条件及技术水平。

（2）费用要比陆上高得多。大体相当的油井，海上的钻井费用要比陆上高出 3~10 倍。

钻井费用大部分是在隔水管部分，如在 1500m 水深钻一口井，隔水管部分就要花 700~1000 万美元；此外，在水深 1500~5000m 钻深井时，需要特殊钻机，这种浮动式钻机，每天的作业费要 10 万美元或更多。海上油气田的开发费用，除钻井费用高之外，水下油气管道的费用也要比陆上高出 1.5~4 倍。其钻井和生产设施耗费的钢材多，用于油气管网、中转油库工程的费用都比陆上要多得多。

海上油气勘探、开发的投资大小，主要与水深及离岸远近有关。随着水深及岸距的增加，投资就要加大。一般来说，在水深 30m 的情况下，油田开发费用要比陆上高 1 倍，水

151

深 180m 则比陆上要高 1~2.5 倍，水深 300m 则要高 2~8 倍不等。因为其中还有气候、水温、海浪、潮汐、风速、海底土壤、结冰、海水腐蚀等因素的影响。

由于海上油田开发的投资高，所以，对海上油田的评价标准也比陆上高得多。也就是说，海上油田必须是储量颇丰、单井产量很高，才有开发价值。特别是水深、离岸远或者位于特殊境况区的油田，要求其地质条件更加优越。例如在欧洲北海地区，即使在较浅的水区，单井日产油量竟然要提高到 700t 以上才能被认为有开采价值。这个评价标准与陆地上的油田相比，相差非常悬殊。

（3）从发现到正式开采的过程较长，一般要经历 5~10 年，而陆上油田一般在 2 年左右。

（4）由于海洋险象环生的环境和采油平台的腐蚀及材料疲劳等问题，一般采用加快采油速度的方法，尽可能缩短油田开发年限。现在海洋油田的平均寿命一般都比较短，大约在 8~10 年。

（5）由于开发经济和开采工艺方面的差别，海洋油气田的开发方针及设计有自身的特点。

① 从油气田开发经济出发，要求少井高产和较高的采油速度。严峻的经济条件要求海洋油气田开发能尽快收回投资，并获得利润。一般采取比陆上油田的采油速度要高 1 倍，甚至更多。根据统计，现在世界海洋油田的采油速度一般占可采储量的 10% 左右，高的竟达 16%~17%，低的也不小于 6%；而陆上油田一般只占可采储量的 5% 左右。

② 油田开采中，要尽量减少油井的维修和作业。由于海洋上进行作业困难，油井开采工艺要尽可能简单有效，有些井在完井时就采取早期防砂等措施。在机械采油中，主要应用水力活塞泵和电潜泵，因这比笨重的抽油机来说，无论在管理、维修等方面都要方便得多。

③ 高度集中管理和高度的自动化。现在海洋上的油井计量、工作制度调整和经常性的试井工作，大都实现了自动化或遥控化，由陆上一个控制站通过无线电进行遥控管理。

④ 特别讲究安全和防止公害。对人员严格保证安全，专门配备有救生船只；对设备必须考虑防风浪、防雷电、防海水腐蚀、防水、防撞，油井必须装备安全控制系统，当发生异常情况时，即能自动关闭井口；对生产作业严格防止油污入海，备有专门的清除油污和防止其他污染等措施和方法。

9.2 海洋油气田开采

海洋油气田开采有平台采油、水下采油和单点系泊浮式生产系统等方式。

（1）平台采油

通常在固定式钻井平台钻完丛式井后，将平台上钻井装备换成采油装置，即改为固定式采油平台。

固定式采油平台使用的井口装置，由套管头、油管头和采油树等组成，与陆地无多大差别。固定采油平台有采油、注水、储油等多种用途，尤其是混凝土重力式固定平台的储油量可达 30 万 m³ 之多。移动式钻井平台在钻完丛式井后，也有将钻井模块换成采油模块而改成采油平台。

（2）水下采油

随着海洋石油勘探开发逐渐向深海发展，固定式平台使用的井口装置已满足不了使用的要求，于是从 60 年代初开始出现水下采油设备，即井口采油设备位于水下。

水下采油设备可分为湿式、干式和混合式三种。湿式采油设备安装在海底，并且与海水接触，所以要求材料抗腐蚀，并涂有特种防腐剂。干式采油设备装在一个压力室中，与海水不接触，减小了腐蚀又便于维修。混合式采油设备的采油树安放在平台上，其余部分安装在一定深度的海水中或海底。

（3）单点系泊式生产系统

对产量较小和离岸较远的或进行评价性试生产的油田，可采用单点系泊浮式生产系统。它包括单点系泊系统、生产处理储油轮、井口平台、海底管线和穿梭油轮等（图5-38）。

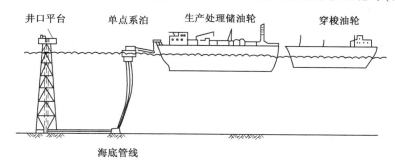

图5-38　单点系泊浮式生产系统示意图

单点系泊系统主要用于石油输送和生产处理的储油轮系泊，井口平台上装有采油装置等，油井的产出物通过海底管线再经单点系泊输送到生产处理储油轮上进行处理，处理后的原油储存在该轮上，到时再输送到停泊在旁边的穿梭油轮上运走。生产处理储油轮用缆绳系泊在单点系泊系统的固定塔上。遇到台风时，可以让生产处理储油轮迅速脱开。

为了保证海洋油井的安全生产，除安装井口装置外，还需配备安全控制系统，当发生异常情况时，便能及时关闭井口。同时海上采油自动化程度高，水下采油系统广泛地使用了先进的自动控制技术，使生产和管理自动化。平台采用就地控制和集中监控相结合的自动化方案，以微处理机为核心的现场终端采集各种数据，通过通信装置与平台计算站、岸基计算站组成数据处理和交换网络，来实现生产和管理的自动化。

思 考 题

1. 评价油气藏性质的最基本参数是什么？这些参数都反映了油气藏的什么性质？

2. 什么是油气藏流体的高压物性？解释油藏原油的体积系数、饱和压力。

3. 为什么在油气藏中水常常与油气共存？油气藏中地层水与日常饮用的地下水有什么不同？

4. 地层原油的黏度对油气产量具有什么样的影响？

5. 一个油气田的正规开发过程一般要经历哪几个阶段？通过哪些开发指标可以判断油田的开发形势？

6. 什么是驱动方式，油藏的驱动方式主要有哪些？气藏的驱动方式主要有哪些？

7. 为什么要注水？什么是注水开发方式？什么是注水时机？什么是注水工程？

8. 油井采油方法主要有哪几种？游梁式抽油机有杆泵采油的工作原理是什么？

9. 油气井为什么要进行改造，改造的主要措施有哪些？

10. 三次采油技术有哪几个方面的内容？

11. 气藏开发有哪些特点？

12. 什么是凝析气藏？凝析气藏的特点是什么？凝析气藏的开发方式是什么？

13. 海洋油气田开发的特点是什么？

参 考 文 献

[1] 田在艺，薛超. 流体宝藏——石油和天然气[M]. 北京：石油工业出版社，2002.

[2] 陈鸿璠. 石油工业通论[M]. 北京：石油工业出版社，1995.

[3] 河北省石油学会科普委员会. 石油的找、采、用[M]. 北京：石油工业出版社，1995.

[4] 中国石油和石化工程研究会编，董恩环执笔. 开采[M]. 北京：中国石化出版社，2000.

[5] 蔡燕杰，许静华，魏世平，等. 石油勘探开发基础知识[M]. 北京：中国石化出版社，1999.

[6] 罗平亚，杜志敏. 油气田开发工程[M]. 北京：中国石化出版社，2003.

[7] 何生厚，张琪. 油气开采工程[M]. 北京：中国石化出版社，2003.

[8] 马建国. 油气藏增产新技术[M]. 北京：石油工业出版社，1998.

[9] 韩显卿. 提高采收率原理[M]. 北京：石油工业出版社，1993.

[10] 何更生. 油层物理. 北京：石油工业出版社，1997.

[11] 万仁溥. 采油工程手册（上册、下册）[M]. 北京：石油工业出版社，2000.

[12] 石油工业标准化技术委员会油气田开发专业标委会. SY/T 6174—2012 油气藏工程常用词汇[S]. 北京：石油工业出版社，2013.

[13] 秦积舜，李爱芬. 油层物理学[M]. 青岛：中国石油大学出版社，2005.

[14] 姜汉桥，姚军，姜瑞忠. 油藏工程原理与方法[M]. 青岛：中国石油大学出版社，2006.

[15] 何耀春，赵洪星. 石油工业概论[M]. 北京：石油工业出版社，2006.

[16] 刘合，刘伟，卢秋羽，等. 深井采油技术研究现状及发展趋势[J]. 东北石油大学学报，2020，44(4)：1-6.

[17] 雷群，翁定为，罗健辉，等. 中国石油油气开采工程技术进展与发展方向[J]. 石油勘探与开发，2019，46(1)：139-145.

[18] 郭虹. 井下作业井控技术与设备基本知识读本[M]. 北京：石油工业出版社，2014.

[19] 吴奇. 美国页岩气体积改造技术启示及我国未来发展方向[C]//2010 年低渗透油气藏压裂酸化技术新进展. 北京：石油工业出版社，2011.

[20] 左立娜，袁和平，刘志娟，等. 压裂裂缝地面微地震监测技术[J]. 油气井测试，2019，28(3)：61-66.

[21] 赵超峰，张伟，田建涛，等. 基于微地震监测技术的油田开发方案调整及效果——以辽河探区 J2 块为例[J/OL]. 地球物理学进展：1-8[2022-01-18]. http://kns. cnki. net/kcms/detail/11. 2982. P. 20210722.1641.030.html.

[22] 石油工业标准化技术委员会. SY/T 10011—2006 油田总体开发方案编制指南[S].

[23] 韩显卿. 提高采收率原理[M]. 北京：石油工业出版社，1993.

[24] 田巍. CO_2/原油的混相与混相驱问题探讨[J]. 科技通报，2020，36(12)：8-12.

[25] 董永发. 环京津冀地区 CO_2 油藏动态封存潜力的研究[D]. 北京：中国石油大学（北京），2018.

第6章 油气集输与储运系统

到目前为止，已开发的油气田大多远离油气的消费地区。因此要把油气井的产物变成国民经济建设和人民生活可用的产品，需采用各种加工处理技术及运输手段将产品送交用户。油气集输和储运就是油和气的收集、储存与运输，包括矿场油气集输及处理、油气的长距离运输、各转运枢纽的储存和装卸、终点分配油库(或配气站)的营销、炼油厂和石化厂的油气储运等。在油田生产中，油气集输工程投资和运行费用均很大，1995年开发建设年100万t产能所需要的投资在20亿元左右。因此，油气集输地面工程领域的技术进步和方案决策对于提高企业的经济效益有重要作用。本章主要介绍了油气的收集、处理、运输的基本工艺技术过程和有关的油气储存技术。本章主要知识点及相互关系见图6-1。

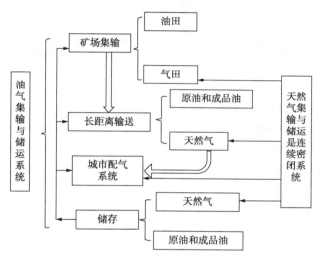

图6-1 本章主要知识点及相互关系

第1节 油田矿场油气集输系统简介

1.1 油田矿场油气集输系统主要工作内容

油田矿场油气集输就是在各油(气)田上收集各油井产出的原油及其伴生物(包括伴生气、水、砂泥等)，经分离、计量后汇集输送至处理站处理，成为达到规定质量标准的原油、天然气、水等，再集中外输、出售或利用。油田矿场油气集输是油田地面建设的最主要内容。

油田矿场油气集输生产过程内容及相应关系见图6-2。油田矿场油气集输系统以集输管网及各种生产设施构成的庞大系统覆盖着整个油田。由于各油田、各油层所产石油的物性、产量不同，井口的参数(温度、压力等)不一，地貌气候的差异，不同生产阶段油井产物的变化等，要求油田矿场油气集输系统要根据这些客观条件，利用其有利因素，使地面管网规划、设备选择及生产流程设计与之相适应达到优化的目的，这就使得各油田的集输系统之间存在诸多差异。油田矿场油气集输的主要工作内容如下。

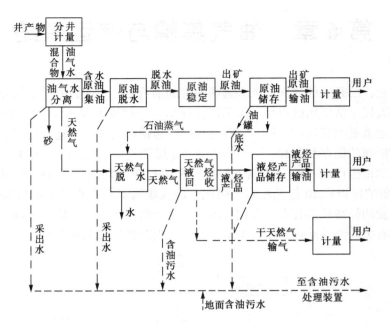

图6-2 油气集输工作过程示意图

（1）油气计量（Oil and Gas Measurement）

油气计量包括单井产物油、气、水的计量以及油气在处理过程中、外输至用户前的计量。因单井产量值是监测油藏开发的依据，所以需要对各油井进行单独计量，也称为单井计量。各井的油气经分离和分别计量后又汇集在一起用一条管路混输至处理站，或用两条管路（单井产量大时）分别输往处理站。

（2）集油、集气（Oil and Gas Gathering）

集油、集气就是将各单井计量后的油气水混合物汇集送到处理站（也称联合站），或将含水原油、天然气分别汇集送至原油处理及天然气集气站。

（3）油气水分离（Oil-Gas-Water Separation）

油气水分离就是将油气水混合物分离成液体和气体，将液体分离成含水原油及含油污水，必要时分离出固体杂质。

（4）原油脱水（Crude Oil Dehydration Process）

原油脱水就是将含水原油破乳、沉降、分离，使原油含水率符合外输标准。

（5）原油稳定（Crude Oil Stabilization）

原油稳定就是将原油中的 $C_1 \sim C_4$ 等轻组分脱出，使原油饱和蒸气压符合外输标准。

（6）原油储存（Crude Oil Storage）

油田原油储层就是将处理合格原油储存在油罐中，维持原油生产与销售的平衡。

（7）天然气脱水（Natural Gas Dehydration）

油田矿场天然气脱水就是脱出油田生产出的天然气中的水分，保证其输送和冷却时的安全。

（8）天然气轻烃回收（Light Hydrocarbon Recovery）

由于油田生产的天然气中 $C_2 \sim C_5$ 成分含量相对较高，为了保证天然气输送安全及提高油田天然气的利用价值，需脱出天然气中 $C_2 \sim C_5$ 成分，这就是天然气的轻烃回收。轻烃回

收的 $C_2 \sim C_5$ 成分是液化石油气的主要成分，它是很好的燃料，同时更是重要的化工原料。

（9）液烃储存（Liquid Hydrocarbon Storage）

液烃就是经过加压或降温使之变为液体的烃类，如乙烷、乙烯、丙烯、石油气等。在油田，液烃储存就是将液化石油气（LPG）分别装在压力罐中，维持液烃生产与销售的平衡。

（10）输油、输气（Oil and Gas Transportation）

输油、输气就是将处理好的原油、天然气、液化石油气经计量后外输，或在油田配送给用户。

1.2 油气集输工艺流程

油气集输工艺流程是油、气等物质在集输管网中的流向和生产过程，它包括以油井井口为起点到矿场原油库或输油气管线首站为终点的全部的工艺过程，是根据各油田的地质特点、采油工艺、原油和天然气物性、自然条件、建设条件等制定的。油田的生产特点是油气产量随开发时间呈上升、平稳、下降的几个阶段，原油含水率则逐年升高。反映到地面集输系统中不仅是数量（油、气、水产量）的变化，也会发生质（如原油物性）的变化，所以油气集输工艺流程要考虑在一定时期内，以地面生产设施少量的变动去适应油田开发不同阶段的要求。油田油气集输工程的适用期一般为 5~10 年，按油田开发区规定的逐年产油量、产气量、油气比、含水率的变化，按 10 年中最大处理量确定生产规模。

1.2.1 集输工艺流程类型

油田油气集输流程在油田内部有许多种分类方法。在油井的井口和集中处理站之间有不同的布站级数，按布站级数划分，有计量站、接转站、联合站（集中处理站）的"三级布站"；计量站（或计量接转站）、联合站的"二级布站"；以及在各计量站只设计量阀组，数座计量阀组（包含几十口井或一个油区）共用一套计量装置、联合站的"一级半"流程（图6-3）。

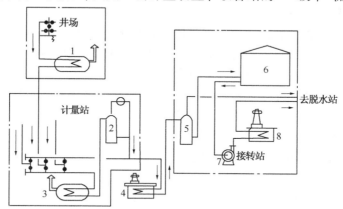

图 6-3　单井进站、集中计量、集中处理流程示意图

1—井场水套加热炉；2—计量分离器；3—计量前水套加热炉；4—干线加热炉；
5—油气分离器；6—缓冲油罐；7—外输油泵；8—外输加热炉

我国油田生产的原油多数是含蜡、凝点较高的原油，一般采用加热方式输送。按加热方式的不同，可分为井口加热集输流程、蒸汽拌热集输流程、掺蒸汽集输流程、掺热油集输流程、掺热水集输流程、掺活性水集输流程、井口不加热集输流程等。

按通往井口管线的根数可分为单管集输流程、双管集输流程和三管集输流程等。此外，还有环形管网集输流程、枝状管网集输流程、放射状管网集输流程、米字型管网集输流程等。

按油气集输系统的密闭程度划分，可分为开式集输流程和密闭集输流程。

目前适于我国某些油田的高效油气集输流程有不加热集输流程、中压多级分离流程（适当提高集输压力，增加油气分离级数）、"无泵无罐"流程（利用井口压力直接输至联合站）、全密闭集输流程（油气从井口到外输站的处理和输送全过程不开口）及"一级半"流程。

国外的许多油田，特别是近年来开发的油田包括沙漠地区的油田，都采用"一级半"布站流程。由于多数计量站简化为计量阀组，而由计量阀组至计量装置由计量管线相连，从而使流程大大简化，工程量减少，工程投资降低。我国胜利宁海油田等曾试用过这种流程，吐哈鄯善油田局部采用这种流程。

1.2.2 油气集输系统的指标

油气集输系统的性能可以通过其能耗、处理质量、损耗等方面加以衡量。油气集输系统技术指标见表6-1。

表6-1 油气集输系统技术指标

指标名称	指标含义	要求指标
油气集输密闭率/%	密闭流程生产的原油产量/全油田原油产量	100
原油稳定率/%	稳定处理的原油产量/全油田原油产量	100
天然气处理率/%	经处理的天然气产量/全油田天然气产量	100
天然气利用率/%	已利用的天然气/全油田天然气产量	100
油气损耗率/%	原油损耗量/全油田原油产量	0.5
原油集输单耗/(m³/t)	集输处理系统消耗气量/全油田原油产量	5~10

上述要求指标体现了对集输系统的基本要求。即：①对油、气、水等油井产物的处理要完善、彻底，能获得最大量的油、气产品，并使各种产品达到规定的质量标准；②集输过程中的能耗和损失最低、能量利用率高。

1.2.3 油气集输系统的选择

对于一个新开发的油田，选择集输系统是一个十分复杂的问题，需要经过多方面的技术经济论证才能确定。从油气集输的角度需要了解以下几个方面的资料。

（1）勘探和开发资料。主要包括以下内容：

① 地质储量和可采储量；

② 储油层的压力、温度、孔隙度、渗透率、饱和压力；

③ 开采方法、增产措施、平均日产量和开采寿命；

④ 油、气及采出水的组分和物理性质；

⑤ 开发不同阶段油气水产量预测。

（2）环境资料。主要包括以下内容：

① 油田面积及地理情况；

② 地震强度、气象条件；

③ 水文资料（地面水、地下水、水质）；

④ 建设条件（交通运输、供电、通讯、人文等）；

⑤ 环保要求；

⑥ 附近的海岸、港口资料。

（3）油气的外运资料。主要包括以下内容：

① 油气的销售对象及外运方式；

② 炼厂对原料的要求。

除此之外还可能有许多设计、制造和安装方面的因素。油气集输系统的生产内容大致相同，但是没有固定的模式，要求设计者根据油田的实际情况，因地制宜、灵活处理。

1.2.4 油气集输系统优劣的评价标准

可根据以下几个方面来评价一个油气集输系统的优劣：

（1）可靠性。工艺技术和设备可靠，生产操作、维修、管理安全方便等。

（2）适应性。适应产量、油气比、含水率、压力、温度、油气井产品物性的变化及分阶段开发时的扩建改建余地。

（3）先进性。采取符合标准和实用的各种先进技术，组装化程度高，能量充分利用，油气损耗少等。

（4）经济性。投资少、工程量小、运行费用低等。

第 2 节　原油处理工艺

原油从单井，到计量站，最后到联合站，在联合站对原油进行一系列的处理，得到合格的商品原油。原油处理工艺主要包括油气分离、原油脱水、原油稳定。

2.1　油气分离

从井口采油树出来的井液主要是水和烃类混合物。在油藏的高温、高压条件下，天然气溶解在原油中，在井液从地下沿井筒向上流动和沿集输管道流动过程中，随着压力的降低，溶解在液相中的气体不断析出，形成了气液混合物。为了满足产品计量、处理、储存、运输和使用的需要必须将它们分开，这就是油气分离。

2.1.1　气液分离工艺

（1）分离方式

原油生产中采用多级分离方式。多级分离是指气液两相在保持接触的条件下，压力降到某一数值时，停止降压，把析出的气体排出；液相部分继续降压，重复上述过程，如此反复直至系统压力降为常压。每排一次气，作为一级；排几次气叫作几级分离。由于储罐的压力总是低于管道的压力，在储罐内总有气排出，常把储罐作为多级分离的最后一级。因此，一个分离器和一个储罐是二级分离，两个分离器和储罐串联是三级分离，以此类推（如图6-4）。

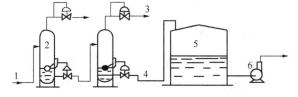

图6-4　三级油气分离流程示意图

1—来自井口的油气混合物；2—油气分离器；
3—平衡气；4—原油；5—储罐；6—泵

（2）分离级数和分离压力

从理论上讲，分离级数愈多，液相收获率愈高，但随着分离级数的增加，液相收率的增量迅速下降，设备投资和经营费用却大幅上升。长期实践证明，对于一般油田，采用三级或四级分离经济效益最好；对于油气比较低的油田，一般采用二级分离。

在选择分离压力时，要按石油组成、集输压力条件，经相平衡计算后，选择综合效果较优者。一般来说，采用三级分离时一级分离压力范围控制在0.7～3.5MPa，二级分离压力范围在0.07～0.55MPa；若井口压力高于3.5MPa，就应考虑四级分离。

2.1.2　油气分离器

油气分离在油气分离器内进行。油田上使用的分离器按形状分主要有卧式和立式两种类型；按功能划分有气液两相分离器和油气水三相分离器；按分离方式，有离心式分离器和过滤式分离器。

（1）立式分离器

立式分离器适于处理含固体杂质较多的油气混合物，在底部有排污口便于排除杂物，液面控制较容易，占地面积小。缺点是气液界面小，橇装困难；对海上油田而言，甲板单位面积负荷重（如图6-5）。

（2）卧式分离器

在卧式分离器中，气体流动方向与液滴沉降方向相互垂直，液滴易于从气流中分出；气液界面大，有利于处理起泡原油和高油气比石油；便于橇装、运输和维护；对海上油田而言，甲板单位面积负荷轻。缺点是占地面积大，排污相对不便（如图6-6）。

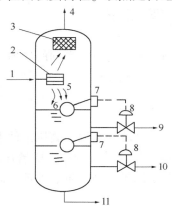

图6-5　立式三相分离器
1—油气水混合物入口；2—入口分流器；3—除雾器；
4—气体出口；5—重力沉降段；6—浮子；
7—液面调节器；8—控制阀；9—油出口；
10—水出口；11—排污口

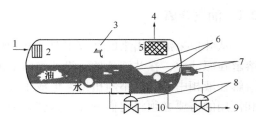

图6-6　卧式三相分离器
1—油气水混合物入口；2—入口分流器；
3—重力沉降段；4—气体出口；5—除雾器；
6—浮子；7—液面调节器；8—控制阀；
9—油出口；10—水出口

2.2　原油脱水

油井产物中多含有水、砂等杂质，水中还溶解了一些矿物盐（尤其是开采后期）。由于我国大部分油田是用注水方式开发的，目前我国东部油田原油平均含水量已在80%以上，到开发后期含水量可高于90%，输送和处理大量的水使设备不堪重负，增加了能量的消耗，水中的矿物盐造成了设备结垢和腐蚀。原油中夹带的泥沙会堵塞管道和储罐，还能使设备磨损。因此原油必须在矿场经过脱水、净化加工才能成为符合外输要求的合格产品。

原油中的水分，有的成游离状态，称游离水，在常温下用简单的沉降法短时间内就能从油中分离出来；有的则形成油水乳状液，很难用沉降法分离。所以原油的脱水过程有破乳和沉降两个阶段。乳状液的破坏称破乳，是指乳状液中的油水界面因乳化剂的作用形成的膜被化学、电、热等外部条件所破坏，分散相水滴碰撞聚结的过程。破乳后水呈游离状悬浮于油中，在进一步的碰撞中结成更大的水滴，靠重力作用沉入底部，这便是沉降。

脱水处理的方法有加热、化学破乳、重力沉降、电脱水、离心法脱水等。为了提高脱水效果，油田上经常是这些方法的联合使用。

（1）热化学脱水

原油热化学脱水是将含水原油加热到一定的温度，并在原油乳状液中加入少量的表面活性剂(称破乳剂)，破坏其乳化状态，使油水分离。

热化学脱水工艺简单、成本低廉、效果显著，近几十年来在国内外得到广泛应用。但单纯用热化学脱水方法使原油含水达到合格，多数情况下是不经济的。

（2）重力沉降脱水

含水原油经破乳后，需把原油同游离水、杂质等分开。在沉降罐中主要依靠油水密度差产生的下部水层的水洗作用和上部原油中水滴的沉降作用使油水分离。

热化学、重力沉降脱水过程在油田常被称作一段脱水。

（3）电脱水

电脱水是对低含水原油彻底脱水的最好方法。在油田，电脱水常作为原油脱水工艺的最后环节。在电脱水器中原油乳状液受到高压直流或交流电场的作用，削弱了水滴界面膜的强度，促使水滴碰撞合并，聚结成粒径较大的水滴，从原油中沉降分离出来。带有电解质的水是良好的导电体，水包油型乳状液通过强电场时易发生电击穿现象，使脱水器不能正常工作，所以电脱水器只能处理低含水的油包水型乳状液。典型的原油脱水净化流程见图6-7。

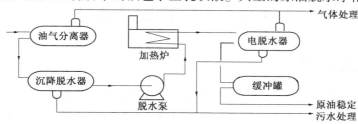

图 6-7　典型的脱水流程

为了保证脱水效果，一般采用加热的方法降低进入电脱水器原油的黏度。原油中的矿物盐大都是溶解在水中，大部分原油在脱水的同时也就脱掉了盐。

目前，油田上多采用"二段脱水"（热化学、重力沉降脱水及电化学脱水）达到脱水合格。一段脱水到含水30%左右，二段脱水达到出矿原油要求的含水率0.5%以下，脱出水含油要求不高于0.5%。

2.3　原油稳定与轻烃回收

2.3.1　原油稳定的作用

原油是烃类混合物，其中 $C_1 \sim C_4$ 在常温、常压下是气体。这些轻烃从原油中挥发出来时会带走戊烷、己烷等组分，造成原油在储运过程中损失，并污染环境。这样的原油在油田上称为不稳定原油。将不稳定原油中的轻组分脱出，降低其蒸气压，减少蒸发损耗。不稳定原油变成稳定原油的过程，称为原油稳定。稳定后的原油蒸气压降低，原油的蒸发损耗少，而从原油中脱出的轻组分，是重要的石油化工原料，也是洁净的燃料。

2.3.2　原油稳定工艺

原油稳定的方法主要有闪蒸法和分馏法。采用哪种方法，应根据原油的性质、能耗、经济效益的原则确定。

闪蒸法是在一定温度下降低系统压力，利用在同样温度下各种组分汽化率不同的特性，

使大量的 $C_1 \sim C_4$ 轻烃蒸发，达到将其从原油中分离出来的目的。闪蒸法有负压闪蒸和加热闪蒸。原油脱水后，一般在 $0.06 \sim 0.08 MPa$（绝）、$55 \sim 65℃$下进行负压闪蒸；加热闪蒸，一般在 $0.25 \sim 0.3 MPa$（绝）、$120℃$下进行闪蒸。原油中 $C_1 \sim C_4$ 含量小于 2%（质量比）时，可采用负压闪蒸；对于轻质原油（如凝析油）或 $C_1 \sim C_4$ 含量高于 2%（质量比）时，可采用分馏法稳定。

分馏法是使气液两相经过多次平衡分离，将易挥发的轻组分尽可能转移到气相，而重组分保留在原油中。分馏法设备多，流程复杂，操作要求高，是国外应用最广泛的原油稳定方法，其原因是该法能比较彻底地去除原油中的甲烷、乙烷和丙烷，稳定效果好。由于我国各油田所产原油中有很大一部分的 $C_1 \sim C_4$ 轻烃，其含量为 0.8% ~ 2%（质量比），所以采用此法不多。

2.3.3 轻烃回收

原油稳定脱出的天然气中含较多的 $C_2 \sim C_4$ 轻烃，为了提高天然气的利用价值、安全输送和减少环境污染，需要对其中的 C_2 以上成分进行回收。轻烃回收就是将天然气中常压下以气态形式存在的轻烃，通过不同的工艺方法将它们以液态的形式回收。常用的轻烃回收方法有：固体吸附法、液体吸收法及低温分离法等。

第 3 节　海上油气集输

3.1　海上油气集输的特点

在油气集输的内容和工艺流程上，海上和陆上没有本质的差别。从海底开采出来的石油，经过计量、收集、油气分离及脱水、装船外运或经海底管道输送到陆地，这就是海上油气集输的任务。但因油气田在海上，必然要有一些生产活动在海上进行，其在生产设施的布置和集输系统设计上则会具有许多不同于陆上油气田的特点。主要特点如下：

（1）集输系统不仅要适应复杂油气田的地层条件和满足油气组分及流动特性多变的处理工艺要求，还要适应所在海域的海洋条件，能在最恶劣的海况和气候条件下正常运行和生存，确保操作人员和财产的安全。

（2）海上油气田一般远离岸上基地，故障设备的维修和更换费工、费时、成本高，有时还要动用昂贵的大型工程船。为了减少停产的风险，在设计中要考虑适度的备用，并选用可靠性高、效率高的工艺设备。要加强集输管线的防腐措施。

（3）海上油气田的生产设备安装在平台的甲板上，空间有限，应布置紧凑。为此，海上油气田要简化集输流程，减少平台上的生产设备。

（4）在海上深水油气田的开发中，经常采用水下井口、管汇、增压泵、阀组等，而且所有的集油、输油管线均在海底铺设，这些对设计、施工、维修提出了更高的技术要求。海上工艺处理设施和集输系统自动化程度高，运行中的监控和操作等均是通过控制系统来实现。

（5）由于海上油气田的投资大、风险大、操作费用高，海上油气田的开发原则是高速开采、高速回收，以便能够在较短生产期内回收投资，实现设定的盈利率。为此，在设计油气处理工艺流程和集输系统时，要能满足持续和高速开采的要求，要具有较长的连续运行周期。

（6）由于海上油气田的生产、生活条件远比陆地苛刻，其施工和生产费用也高于陆上油气田。在开发建设大油气田时，其集输系统和基础设施的布置要考虑到周围小油气田的开发。在周围和附近发现小油气田时，要充分利用大油气田的生产处理装置和海底管线等基础生产设施，带动小油气田的开发。这样不仅可以降低大油气田的开发生产成本，也可以使单独开发不经济的小油气田，在依托大油田开发的情况下取得较好的经济效益。

3.2 海上油气生产和集输系统

3.2.1 海上油气生产和集输系统的模式

一般以生产设施建设的位置划分海上油气生产和油气集输模式，常见的有全陆式、半海半陆式和全海式。

（1）全陆式集输模式

全陆式是指石油从井口采出后直接由海底管线送到陆上，油气分离、处理、储存全在陆上进行，由于依靠井口回压输送油气，输送距离有限，这种方式只适用于近海油气田。全陆式海上工程量少，因而投资省、投产快。

（2）半海半陆式集输模式

对于气田、大型油田和离岸近的中型油田一般采用这种油气集输模式。半海半陆式油气生产和集输模式由海上平台、海底管线和陆上终端构成。这种方式的集输工艺设施有一部分建在海上，另一部分建在陆地。一般在海上计量、分离、脱水（或陆上脱水），通过管道分别将油气送到陆上进行后继处理。陆上油气终端的设施和规模取决于其所承担的功能，对原油终端，一般需要建原油储罐和外输系统。有的天然气终端则是一座天然气处理厂和外输首站。

该方式适应性较强，远近海油气田都可采用。但如果海底不宜铺设管道，此方式难以采用。

（3）全海式集输模式

全海式方式就是油气的生产、集输、处理、储存、外运均是在海上进行。它能用于各种海上油田，尤其是深海和远海油气田，采用全海式就不需要铺设造价很高的海底管线和陆上终端，可以较大幅度地降低开发建设投资。处理后的原油在海上装船外运，销往用户。数量大的伴生气除供平台动力用外，一般回注油层，小量的伴生气则燃烧放空。当产气量大时，也可对海上液化方案进行技术经济评估确定生产 LNG（液化天然气）的可行性。近年来，随油价升高和工艺技术的发展，在一定条件下，一些公司也在考虑海上生产合成油的可行性。

3.2.2 海上平台

海上油气田的生产作业多在平台上进行，按功能划分，有井口、生产、生活、储存、注水等区。有时根据需要建设多功能平台，也有时将几个不同功能的平台用引桥相连组成多平台生产系统。井口平台上只进行油气的测试计量，然后将油气水通过海底集油管线输往综合平台处理。综合平台上安装有油气水处理设施、动力发电设备、通信设备、生活住房等生产和生活所必需的装备，对油气井产出的流体进行计量、分离、油气水等净化处理。

3.2.3 污水处理

平台产出的含油污水不像陆上油田那样回注油层。这是因为油田的产水量小于注水量，需要补水。海上最方便的水源就是海水，如果将产出水和海水混合注入，由于产出水和海水中存在不同的杂质和微生物，就会出现两者相溶性问题和处理困难。因此，海上油田注水通常都是注经处理后的海水，而产出水经过处理达到环保标准后外排入海。我国规定，在近海外排的污水含油量不超过 30mg/L，在港湾排放的污水含油量不超过 10mg/L。

3.3 海底输送管道

在海上油田,井口平台至生产平台以及生产平台至单点系泊的油气集输管道是必不可少的。在近海油田或高产油田,也常用油气管道将油田产物输送到陆上终端。迄今为止已在北海、墨西哥湾、地中海等世界各海域累计铺设了约100000km的海底管线。海底管线的铺设水深接近1500m,最大管径42in。我国的海底管道建设也取得了令人瞩目的进展,从20世纪80年代中期仅能铺设平台间的小口径、低压油气集输管线到90年代中期铺设长距离大口径、高压油气输送干线。东海平湖油田的外输原油管道和湿天然气管道长度分别为300多km和近400km,南海崖13-1到香港的天然气管道长度近800km,铺设水深为16~148m,是世界上第二长的海底管道。

用海底管道外输的优点是可以连续输送,几乎不受环境条件的影响,不会因海上储油设备容量限制或油轮接运不及时而迫使油田减产或停产。此外,海底管道铺设工期短、管理方便,并且操作费用低。它的缺点是管线处于海底,多数又需要埋在海底土中一定深度,检查、维修困难;某些处于潮差或波浪破碎带的管段,受风浪、潮水、冰凌等影响较大,可能因海上漂浮物或船舶撞击或抛锚而遭受破坏。

第4节 长距离输油管道

4.1 原油的外运方式

原油的外运可以通过铁路、公路油槽车、油轮或长距离输油管道运输,根据运量、运距及地理条件的不同而选择经济的运输方式。一般说来,运量和运距较小时大都选用铁路或公路运输,大宗原油的运输主要依靠长距离管道和油轮。油田外输原油的终点是炼油厂的原油库或其他转运枢纽。

4.2 输油管道的分类

按照长度和经营方式,输油管道可划分为两大类:一类是企业内部的输油管道,例如油田内部连接油井与计量站、联合站的集输管道,炼油厂及油库内部的管道等,其长度一般较短,不是独立的经营系统;另一类是长距离输油管道,例如将油田的合格原油输送至炼油厂、码头或铁路转运站的管道,其管径一般较大,有各种辅助配套工程,是独立经营的系统。这类输油管道也称干线输油管道。长距离输油管道长度可达数千千米,目前原油管道最大直径达1220mm。

按照所输送油品的种类,输油管道又可分为原油管道和成品油管道。

4.3 长距离输油管道的组成

长距离输油管道由输油站与线路两大部分组成。图6-8为长距离输油管道的流程示意图。长距离管道连绵数百至几千千米。为了给在管道中流动着的油提供能量,克服流动阻力,以及提供油流沿管线坡度举升的能量,在管道沿线需设若干个泵站,给油流加压。我国所产的原油由于大都含蜡多、凝点高,采用加热输送时,管道上还设有加热站(或与泵站合一)加热油流。在管道沿线每隔一定距离还要设中间截断阀,以便发生事故或检修时关断。

沿线还有保护地下管道免受腐蚀的阴极保护站等辅助设施。另外，管道的自动化程度很高，沿线各站场可以做到无人值守。全线集中控制，所以沿线要有通信线路或信号发射与接收设备等。

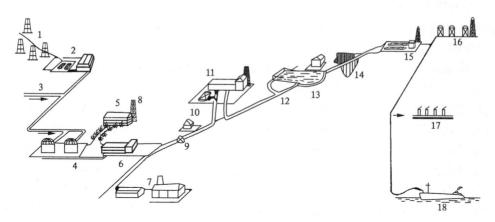

图 6-8　长距离输油管道的流程示意图

1—井场；2—输油站；3—来自油田的输油管；4—首站罐区和泵房；5—全线调度中心；
6—清管器发放室；7—首站锅炉房；8—微波通信塔；9—线路阀室；10—维修人员住所；
11—中间输油站；12—穿越铁路；13—穿越河流；14—跨越工程；15—车站；16—炼厂；
17—火车装油栈桥；18—油轮码头

4.4　长距离输油管道输送特点

4.4.1　长距离输油管道输送的优缺点

与油品的铁路、公路、水路运输相比，管道运输具有独特的优点。

（1）运输量大，见表6-2。

（2）运费低，能耗少；且口径愈大，管道的单位运费愈低。国外几种方式运输油品的燃料消耗和成本比较见表6-3。

表 6-2　不同管径和压力下管道的输油量

管径/mm	529	720	920	1020	1220
压力/MPa	5.4~6.5	5~6	4.6~5.6	4.6~5.6	4.4~5.4
输油量/Mt	6~8	16~20	32~36	42~52	70~80

表 6-3　国外几种方式运输石油的能源消耗和成本比较

项目 \ 运输方式	管道	铁路	内河	海运	公路
成本比	1	4.6	1.4	0.4	20
能源消耗比	1	2.5	2.0	0.53	8

（3）输油管道一般埋在地下，较安全可靠，且受气候环境影响小，对环境污染小。运输油品的损耗率较铁路、公路、水路运输都低。

（4）建设投资小，占地面积少。管道建设的投资和施工周期均不到铁路的1/2。管道埋在地下，投产后有90%的土地可以耕种，占地只有铁路的1/9。

虽然管道运输有很多优点，但也有其局限性。主要有：

（1）主要适用于大量、单向、定点运输，不如车、船运输灵活多样。

（2）对一定直径的管道，有一经济合理的输送量范围。

4.4.2 长输管道的经济性

长距离油气输送管道的输送成本单价是按元/(t·km)（对油）和元/(1000Nm³·km)（对气）来计算的，输送成本随输量的变化较大。

对于输原油管道，每一种管径都有一个输送成本单价最低的经济输量。输量愈大，采用的管径愈大，每吨千米的输送成本单价也低。对于已有管线，即管径、管长、设备一定，若达不到其经济输量，则随着输量减少，其输送成本单价增大，管输的经济性迅速下降。

对某一具体管道，其管径和输送距离是一定的，因此在某一输量下，每吨油的总运输费用是：输送成本单价×运距。在同样的管径和输量下，输送距离愈远，每吨油的运输费用也愈高，运费占油品成本的比例也愈大。因此，为使管道运输有较强的竞争力，当管道运输距离较远时，必须要有足够大的输量，才能使每吨油的运输费用不超过油价的某一比例。发达国家每吨原油的运费一般都不超过原油价格的5%，例如1995~1996年美国原油的平均售价约为130美元/t，管道的平均运费为3~4美元/t。1996年俄罗斯出口原油的国内平均运费为3.5美元/t。

同一期间，我国大庆至秦皇岛约1000km的管输运费约为原油售价的5%，由于我国原油的凝点高，管道大都采用加热输送，运费比国外轻原油要高。同样距离的铁路运费约为原油售价的8%~9%。与管道相比，铁路运费受输量的影响较小，主要决定于运距。但一条铁路的运输能力一般不超过1000万t/a。由于铁路槽车单方向空载及卸油的油气损耗，大宗原油已较少采用铁路运输。

4.5 长距离输油管道的运行与控制

4.5.1 输油管道工况的调节

要改变长输管道的输量时，为了完成输油任务，维持管道的稳定和高效经济运行，需要对系统进行调节。改变泵站的耗能或供能特性，均可以调节输油管道的工况。

改变泵站特性的方法有：

（1）改变运行的泵站数或泵机组数。这种方法适用于输量变化范围较大的情况。

（2）调节泵机组转速。这种方法一般用于小范围的调节。

（3）更换离心泵的叶轮。通过改变叶轮直径，可以改变离心泵的特性，这种方法主要用于调节后输量稳定时间较长的情况。

改变管道工作特性最常用的方法是改变出站调节阀的开度，即阀门节流。这种方法操作简单，但能耗大。当泵机组不能调速时，输量的小范围调节常用这种方法。

4.5.2 输油管道的水击及控制

输油管道密闭输送的关键之一是解决"水击"问题。"水击"是由于突然停泵（停电或故障）或阀门误关闭等造成管内液流速度突然变化，因管内液体的惯性作用引起管内压力的突然大幅度上升或下降所造成对管道的冲击现象。水击所产生的压力波在输油管道内以1000~1200m/s的速度传播。水击压力的大小和传播过程与管道条件、引起流速变化的原因及过程、油品物性、管道正常运行时的流量及压力等有关（对于输油管道，管道中液流骤然停止引起的水击压力上升速率可达1MPa/s，水击压力上升幅度可达3MPa）。

水击对输油管道的直接危害是导致管道超压，包括两种情况：一是水击的增压波(高于正常运行压力的压力波)有可能使管道压力超过允许的最大工作压力，使管道破裂；二是减压波(低于正常运行压力的压力波)随时可能使稳态运行时压力较低的管段压力降至液体的饱和蒸气压，引起液流分离(在管路高点形成气泡区，液体在气泡下面流过)。对于建有中间泵站的长距离管道，减压波还可能造成下游泵站进站压力过低，影响下游泵机组的正常吸入。

通常采用两种方法来解决水击问题，即泄放保护及超前保护。泄放保护是在管道上装有自动泄压阀系统，当水击增压波导致管内压力达到一定值时，通过阀门泄放出一定量的油品，从而削弱增压波，防止水击造成危害。超前保护是在产生水击时，由管道控制中心迅速向有关泵站发出指令，各泵站采取相应的保护动作，以避免水击造成危害。例如，当中间泵站突然停泵时，泵站进口将产生一个增压波向上游传播，这个压力与管道中原有的压力叠加，就可能在管道中某处造成超压而导致管道破裂。此时若上游泵站借助调压阀节流或通过停泵产生相应的减压波向下游传播，则当减压波与增压波相遇时压力互相抵消，从而起到保护作用。

4.5.3　清管

清管是保证输油管道能够长期在设计输量下安全运行的基本措施之一。原油管道的清管，不仅是在输油前清除遗留在管内的机械杂质等堆积物，还要在输油过程中清除管内壁上的石蜡、油砂等凝聚物。管壁"结蜡"(管壁沉积物)使管道的流通面积缩小、摩阻增加，增大了管输的动力消耗。例如，非洲利比亚的一条管径 850mm，长度 960km 的原油管道，因没有清管，投产三年之后就无法运行，经三个多月的连续清管后，才使管道恢复正常。我国一条 426mm 直径的原油管道，输油不到一年，因管道结蜡使摩阻增加了一倍，大大降低了输送能力。

管道在输油过程中，可产生各种凹陷、扭曲变形以及严重的内壁腐蚀。为了及时发现管道的故障，取得资料并进行修理，可以使用装有测量用的电子仪器的清管器在管内进行检测。

4.5.4　输油管道的监控与数据采集系统

输油站控制的内容主要包括输油泵机组，加热炉，清管器收、发控制系统，压力调节与水击控制系统，原油计量及标定系统以及工艺流程的切换和泵站的停输等。现代输油管道的站控系统是整条管道的监控与数据采集系统(SCADA)的一部分。

输油管道 SCADA 系统主要由控制中心计算机系统、远程终端装置(RTU)、数据传输及网络系统组成，属于分散型控制系统。控制中心的计算机通过数据传输系统对设在各泵站、计量站或远控阀室的 RTU 定期进行查询，连续采集各站的操作数据和状态信息，并向 RTU 发出操作和调整设定值的指令，从而实现对整条管道的统一监视、控制和调度管理。各站控系统的 RTU 或可编程序控制器(PLC)与现场传感器、变送器和执行器或泵机组、加热炉的工业控制计算机连接，具有扫描、信息预处理及监控等功能，并能在与中心计算机通信一旦中断时独立工作。站上可以做到无人值守。

长输管道的特点是输量大、运输距离长、全年连续运行、能耗很大。对于运行中的管道应确定其最优运行参数，使全线的能耗费用最小。国外大部分管道及国内部分管道均在其 SCADA 系统中装有优化运行控制软件，定时对管道的运行控制方案进行优化，使管道在最经济的状态下运行。

4.5.5　管道的泄漏检测技术

管道泄漏检测主要有两个目的：一是防止泄漏对人及环境造成危害和污染；二是防止管

道输送流体的泄漏损失。可以说泄漏检测系统是一种一旦管道发生事故，即可将损失控制在最小范围内的安全设备，其检漏装置应具有以下功能：

（1）能够准确可靠地检测出泄漏；

（2）检漏范围宽，并能精确测出泄漏位置；

（3）检漏速度快；

（4）检漏装置易调整维修。

在实际应用中，某些单项泄漏检测装置不一定都具备上述功能。因此，在选择检漏装置时，应从对检漏的要求程度和经济性两个方面综合考虑。目前比较实用的管道泄漏检测技术大致可分为直接检测法和间接检测法。

直接检测法是利用预置在管道外边的检测装置，直接测出泄漏在管外的输送液体或挥发气体，从而达到检漏的目的。该方法是在管道的特定位置处（如阀门处）安装检测器，检测该位置是否有泄漏（也称定点检漏法）。直接检测法主要是用于微量泄漏的检测。

间接检测法是通过测量泄漏时管道系统产生的流量、压力、声波等物理参数的变化来检测泄漏的方法。间接检测法的目的在于准确可靠地检测出小股量或者微量或大量泄漏。在泄漏检测系统中，多以间接检测法为主，以直接检测法配合补充。

随着互联网、云计算、大数据等技术的发展与应用，油气管道建设逐步开始由数字管道向智能管道、智慧管网升级，如实现管道的可视化、网络化、智能化管理，实时诊断、风险可视可控，实时获取当前运行数据来预测设备的未来腐蚀情况等。

4.6　成品油的管道顺序输送

炼油厂的成品油由公路槽车、铁路槽车、油轮或长距离成品油管道运输。作为炼油厂商品外销通道的成品油管道，其工艺技术要比原油管道复杂。这主要是因为每种成品油的量都不会很大，为了提高管输的经济效益，大都采用一条管道顺序输送多种成品油的工艺，即在同一管道内，按一定顺序连续地输送几种油品，这种输送方式称为顺序输送。输送成品油的长距离管道一般都采用这种输送方式。这是因为成品油的品种多，而每一种油品的批量有限，当输送距离较长时，为每一种油品单独铺设一条小口径管道显然是不经济的，甚至是不可能的。而采用顺序输送，各种油品输量相加，可铺一条大口径管道，输油成本将极大下降。用同一条管道输送几种不同品质的原油时，为了避免不同原油的掺混导致优质原油"降级"，或为了保证成品油的质量，也采用顺序输送。国外有些管道还实现原油、成品油和化工产品的顺序输送。

第 5 节　天然气矿场集输与外运

天然气产地（气田）往往远离天然气消费中心，其开采、收集、处理、运输和分配是统一的连续密闭的系统，是上下游一体化的系统工程。

5.1　天然气矿场集输

5.1.1　气田矿场集输系统的范围和内容

天然气的主要成分是可燃的烃类气体，一般包括甲烷、乙烷、丙烷、丁烷等，其中甲烷的比例远远高于其他烃类气体。除了可燃的烃类气体外，天然气中还可能含有少量的二氧化碳、硫化氢、氮气、水蒸气以及微量的其他气体；与油井一样，除气体物质外，一般还含有液体和固体杂质。液体包括液烃和气田水。固体物质包括岩屑、砂、酸化处理后的残存物等。同油田一样，从井口到天然气外输之间所有的生产过程均属气田集输作业范畴。气田矿场集输系统的作用是收集天然气，经降压、分离、净化使天然气达到符合管输要求的条件，然后输往外输管道首站。

5.1.2 气田集输流程

气田集输流程是表达天然气流向和处理的工艺过程。由于气田的储气构造、地形条件、自然条件、气井压力温度、天然气组成以及含油含水情况等因素是千变万化的，因而适应这些因素的气田集输流程也是多种多样的，但是流程中各单元内容基本相同。

（1）集气系统

集气系统就是气田把各个气井采出的气汇集到集气站，经调压、计量和气液分离后，再从集气站通过集气干线送到处理厂（或天然气净化厂）的天然气集输系统（图6-9）。按集气管线的操作压力通常分为高压、中压和低压集气管线。其压力范围如表6-4所示。

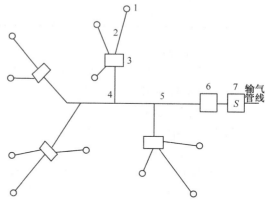

图 6-9 天然气矿场集输系统示意图
1—井场装置；2—采气管线；3—多井集气站；4—集气支线；
5—集气干线；6—集气总站；7—天然气净化厂

表6-4 集气管线压力分类

管线压力分类	压力 p 范围/MPa
高压集气管线	$10 \leqslant p \leqslant 16$
中压集气管线	$1.6 \leqslant p \leqslant 10$
低压集气管线	$p \leqslant 1.6$

（2）气田站场工艺流程

一般采取单井集气流程和多井集气流程两种方式。

① 单井集气流程。所有矿场处理的工艺过程均在井场进行，处理后的天然气在集气站汇集并经调压、计量后输至净化处理站或输气管线。

② 多井集气流程。一般井场仅有井口装置和缓蚀剂注入装置，气井产物通过采气管线输到集气站，进行处理，即计量、分离及压力控制。目前常用的有常温分离和低温分离两种方法。

5.1.3 天然气净化

井口天然气虽然在集气站经过了初步的气液分离，但天然气中还含有水蒸气、液烃，有些还含有硫化氢和二氧化碳（称酸性气体），酸性气体会使管线和设备腐蚀，也不符合管输和化工原料的要求，必须进行脱除。在天然气中常含 C_2 以上的液烃组分，其中 C_3、C_4、C_5 以上是液化气和稳定轻烃的组分，应予以回收。因此，天然气净化（Natural Gas Purification）就是除去天然气中的水分、C_2 以上成分及酸性气体，使天然气达到管输标准的处理过程。天然气净化一般在天然气处理厂（或天然气净化厂）进行。

（1）天然气脱硫

天然气脱硫实际上是脱除气体中的有机硫化合物等酸性气体和硫化氢、二氧化碳。脱除硫化氢和二氧化碳分干法和湿法两大类。常用的处理方法见表6-5。

表6-5　常用的酸气处理方法

湿法	化学吸收法	一、醇胺法，包括：1. 一乙醇胺法；2. 改良二乙醇胺法；3. 二甘醇胺法；4. 二异丙醇胺法
		二、碱性盐溶液法，包括：1. 改良热钾碱法；2. 氨基酸盐法
	物理吸收法	多乙醇醚法；砜胺法；蒽醌法；改良砷碱法
干法		分子筛法；海绵铁法

（2）脱水方法

从天然气中脱出水分，常规的是溶剂吸收和固体干燥剂吸附两种方法。目前广泛使用的是三甘醇吸收脱水和分子筛吸附脱水。

（3）天然气凝液回收

天然气凝液（NGL）回收工艺主要有：

① 吸附法。利用固体吸附剂对各种烃类吸附容量的不同，使天然气中各组分得以分离。

② 油吸收法。利用天然气中组分在吸收油中溶解度的不同，使不同烃类得以分离。

③ 冷凝分离法。利用天然气中各种组分冷凝温度不同的特点，在逐步降温过程中，将沸点较高的组分分离出来。

在以上几种方法中，冷凝分离法因其对原料气适应性强、投资低、效率高、操作方便等突出优点被广泛采用，其他方法应用较少。

5.1.4　水合物的形成及防止

在一定的温度压力条件下，天然气中某些气体组分（甲烷、乙烷、丙烷、异丁烷、二氧化碳、硫化氢等）能与液态水形成白色结晶状物质，其外形像致密的雪或松散的冰，这就是所谓的水合物。水合物的形成机理及条件与水结冰完全不同，即使温度高达29℃，只要天然气的压力足够高，仍然可以与水形成水合物。

天然气水合物形成的条件为：① 气体处于饱和状态并存在游离水；② 有足够高的压力和足够低的温度；③ 有一定的扰动。

由于水合物是一种晶状固体物质，天然气中一旦形成水合物，很容易在阀门、分离器入口、管线弯头及三通等处形成堵塞，影响天然气的矿场集输，因此必须采取措施防止其生成。

对于水合物应采取预防为主的方针，因为一旦形成了水合物，要消除它往往相当困难。要防止水合物形成或消除已形成的水合物，所采取的措施自然应该从破坏水合物形成的条件入手。工程上防止水合物的措施主要有干燥脱水、添加水合物抑制剂（甲醇、乙二醇、二甘醇和三甘醇等）、加热、降压等。在某些情况下，其中后三种措施还可用于消除已形成的水合物。然而，这些措施都有一定的局限性，究竟采用哪一种或哪几种的组合应视具体情况而定。

5.2　天然气外输

天然气处理厂处理好的天然气，需要外输送给用户。大宗天然气的输送目前只有两种方法，一是管道加压输送，二是将天然气液化后用专用的油轮运输。通常大宗天然气先输送到城市的门站，然后再通过城市燃气输配系统输送给千家万户。

5.2.1　天然气管输气质要求

对管输天然气质量的要求是为了保证管道、设备和仪表不被腐蚀；确保天然气在管输过程中不形成天然气水合物。国内天然气管道曾出现过腐蚀穿孔、泄漏爆炸、天然气水合物堵塞等事故。天然气管输气质要求主要有：

（1）天然气的露点。天然气的露点是控制天然气储运过程中不产生液态物质的重要指标，它包括水露点与烃露点。水露点是指天然气在一定压力下析出液态水时的最高温度，而烃露点是指天然气在一定压力下析出液态烃时的最高温度。天然气中水蒸气的含量越高，则在相同压力下其水露点就越高；天然气中的 C_1 以上烃组分的含量越高，则在相同压力下其烃露点就越高。对于水蒸气含量和 C_1 以上烃组分含量一定的同一种天然气，压力越高，其水露点和烃露点也越高。我国的一些国家标准及行业标准对管输天然气气质作出了明确规定：管输天然气在最高输送压力下的水露点至少应该比管道周围的最低环境温度低 5℃，而烃露点不得高于最低环境温度。

（2）天然气中固体颗粒的含量和硫化氢含量。天然气中固体颗粒的含量要求小于 $10mg/Nm^3$，硫化氢的含量要小于 $20mg/Nm^3$。世界上许多国家或天然气公司对管输天然气的气质要求比我国更严格。

5.2.2 天然气输送的经济性分析

长距离输气管道与输油管道类似，其管输成本也随管径、输量和运距而不同。运距愈远，对应的经济输量和管径就愈大。需要说明的是，按照输送等热值的燃料计算，输气管道的输送费用要比输油管道贵得多（$1m^3$ 天然气的热值约相当于 $0.8 \sim 0.9kg$ 原油），一般情况下，超过 4000km 以上，液化天然气海运可能比陆上输气管道便宜。其次，天然气的销售成本构成与原油显著不同。根据我国近年来的天然气管道的设计数据，输送距离约 1000km，输量为 30 亿 Nm^3/a 时，管输费用与井口气价接近相等。即在这种管输条件下，天然气的售价中运输费用占的比例可能超过气田气价，城市配气的费用也可能超过气田气价。

据美国某公司 1998 年的资料，每标准立方米天然气各环节的成本为：产气 7.07 美分，管输和储存 2.65 美分，分配和销售 8.83 美分，合计 18.55 美分。1994 年加拿大的前两项成本均约为 3 美分。由于加拿大国内的运距比美国大得多，故其管输成本高。上述数据说明，在到达用户的天然气价格中，运输、储存和分配占有相当大的比重。

天然气是一种可替代的燃料，到达用户的价格必须有竞争力。与其他燃料相比，天然气除了利于环境保护和使用效率上的优势外，均应按等热值的价格与各种燃料进行比较和竞争。因此必须特别优化控制天然气在储运、分配环节的费用，以降低到达用户的售价。

5.2.3 长距离输气管道输气

（1）输气管道的发展概况

我国是最早使用管道输送天然气的国家，在公元 221 ~ 263 年的蜀汉时期，四川、重庆地区就已开始采用楠竹管道输送天然气，但现代意义上的输气管道发源于美国。1886 年，美国建成了世界上第一条工业规模的长距离输气管线。

自 20 世纪 60 年代以来，全球天然气管道建设发展迅速。在北美、独联体国家及欧洲，天然气管道已连接成地区性、全国性乃至跨国性的大型供气系统。目前，全球干线输气管道的总长度已超过 140 万 km，约占全球油气干线管道总长度的 70%。

到 1989 年，我国在四川、重庆地区已形成了一个总长度达 1400 多千米的环形干线输气管网。我国其他地区已建成的输气管道主要有华北至北京输气管线（两条）、大港至天津输气管线、中沧线（濮阳至沧州）、中开线（濮阳至开封）、天沧线（天津至沧州）、陕京线（靖边至北京）、靖西线（靖边至西安）、靖银线（靖边至银川）、轮库线（轮南至库尔勒）、吐乌线(吐鲁番至乌鲁木齐)等。此外，我国在 20 世纪 90 年代还建成了两条长距离海底输气管道。一条是南海崖 13-1 气田至香港输气管线，另一条是东海平湖凝析气田至上海的湿天然气管线。2004 年我国建成了从新疆塔里木到上海、总长度达 4000 多千米的大型干线输气管道，即"西气东输"输气干线，是我国最长的输气干线。"西气东输"工程以塔里木气田为主气源，陕北长庆气田为第二气源，以长江三角洲为主市场，以干线管道和重要支线及储气库为主体，连接沿线用户，形成了我国横贯西东的天然气系统。西气东输管道西起新疆塔里木盆地轮南油气田，途经 10 个省、自治区、直辖市(新疆、甘肃、宁夏、陕西、山西、河南、安徽、江苏、浙江、上海)，最终到达中国东部上海市郊区的白鹤镇。

当今全球输气管道建设的发展趋势主要体现为长运距、大口径、高压力、高强度管以及高水平的自动化遥控、形成大型供气系统、向极地和海洋延伸等。目前，世界上天然气管道运输的最大运距已超过 5000km，干线输气管道的最大直径达到 1420mm，陆上干线输气管道的最高操作压力达到 10MPa，输气管道所采用的管材等级已达到 X80，单根管线的年输气能力达到 300 亿 Nm^3。

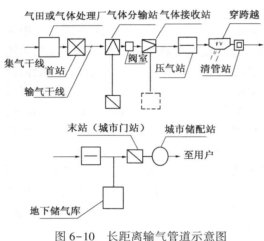

图 6-10　长距离输气管道示意图

（2）长距离输气管道的组成

长距离输气管道又叫干线输气管道，它是连接天然气产地与消费地的运输通道，所输送的介质一般是经过净化处理的、符合管输气质要求的商品天然气。长距离干线输气管道管径大、压力高，距离可达数千千米，大口径干线的年输气量高达数百亿立方米。图 6-10 是一条长距离输气管道示意图，它主要包括：输气管段、首站、压气站(也叫压缩机站)、中间气体接收站、中间气体分输站、末站、清管站、干线截断阀室等。实际上，一条输气管道的结构和流程取决于这条管道的具体情况，它不一定包括所有这些部分。

与输油管道相同，在管路沿线每隔一定距离也要设中间截断阀，以便发生事故或检修时关断。沿线还有保护地下管道免受腐蚀的阴极保护站等辅助设施。通常需要与长距离输气管道同步建设的另外两个子系统是通信系统与仪表自动化系统。这两个系统是构成管道运行 SCADA 系统的基础，其功能是对管道的运行过程进行实时监测、控制和运行操作，从而保证管道安全、可靠、高效、经济地运行。

（3）天然气管道输送的特点

① 气井到集气、输气干线、城市供气管网和各类场站及储气库组成的整个天然气系统是一个密闭的流体动力系统。

② 由于气体的可压缩性，一处的流量变化、压力波动，或多或少都会影响到其他地方。但这方面的影响不会像输油管那样严重，也不会有水击。

③ 天然气管道比输油管道更注重安全。一处的故障和灾害性事故，可能造成部分甚至整个系统的集气、输气和供气的中断，给城市和工农业生产均带来极为严重的影响。

④ 由于气体的密度小、体积大，大量储存困难，所以这方面的影响比输油管大得多。

⑤ 天然气管道更直接为用户服务，直接供给家庭或工厂。

正因为整个天然气系统是密切相关地联系着，关系到几十亿、几百亿的投资，关系到工业、农业，关系到成千上万人的生活，所以它的设计、施工和管理都需十分认真对待，建设方案需经多方论证后决定。

5.2.4　液化天然气运输

液化天然气(LNG)是天然气经净化处理后，通过低温冷却而成的液态产物，其体积为原气态体积的1/600。为在常压下保持液态，必须将其冷却至-162℃以下。液态时，可以用液化天然气运输船运输。液化天然气运达接收的港口后，卸入接收站的低温储罐中储存，然后通过加热再汽化后，以气态形式用管道输送至用户。

虽然天然气的液化技术始于1914年，但一直到1941年美国才建成世界第一座工业规模的液化天然气装置，到1964年法国设计的第一个液化天然气工厂在阿尔及利亚投产，并在世界上首次采用大型液化天然气运输船远洋运输，将液化天然气输送到英国。当时的液化天然气运输船容量为2.7万 m^3，目前液化天然气运输船的标准容量为(12~13)万 m^3。

天然气液化输送不仅为天然气资源丰富的国家提供了将天然气输送到管道建设受地域限制的市场的途径，更重要的是起着调节世界天然气供应的巨大作用，使能源短缺的国家找到了天然气来源多元化的途径，可避免对一国一地区的依赖，以保障其能源供应。

由于液化装置、液化天然气运输船等的价格昂贵，液化天然气的处理量愈大，运量愈大，经济效益愈好。将天然气液化后出口的国家其天然气资源十分丰富，井口气价低廉，液化装置处理量大，经远洋运输到达消费地区港口的天然气售价仍有显著的竞争力。

据第15届世界石油大会的资料，建设一个年产500万 t 的液化天然气厂的上下游投资共需100~150亿美元(1994年)，要求供应该项目的气田储量不少于2100亿 m^3。故液化天然气的远洋运输必须要有供应方、需求方、船运公司、政府和金融机构各方的通力合作，才能使各方受益。

目前，我国也正在积极发展液化天然气系统。广东、上海、大庆、长庆等地均已建或在建液化天然气生产装置。

5.2.5　城市燃气输配系统

与输油不同，天然气的生产和集输、外运是上下游一体化的，从气田至用户，天然气的开采、收集、处理、运输和分配是在连续密闭的系统中进行的(图6-10)。输气干线沿线往往有多条分输管道，与各用气的城市管网相连，在城市附近往往设有调节输量用的地下储气库，形成巨大的输配气系统。输气管道沿线必然要有多条分输的管线，与各用气的城市管网相连。每一个地区(城市)根据其用气量的大小设有多套管网，从高压到低压有的多达4套管网。来气干线与低压管网之间，以及各级管网之间都设有调压计量站。

一个完整的城市配气系统主要由以下几个部分组成。

(1)配气站

配气站是城市配气系统的起点和总中枢，其任务是接受干线输气管的来气，然后对其进行必要的除尘、加臭等处理，根据用户的需求，经计量、调压后输入配气管网，供用户使用。

(2)储气站

储气站的任务是储存天然气，用来平衡城市用气的不均衡。其站内的主要设备是各种不同种类的储气罐。实际中，配气站和储气站通常合并建设，合称储配站。

(3)调压站

调压站设于城市配气管网系统中的不同压力级制的管道之间，或设于某些专门的用户之

173

间，有地上式和地下式之分。站内的主要设备是调压器，其任务是按照用户的要求，对管网中的天然气进行调压，以满足用户的要求。

（4）配气管网

配气管网是输送和分配天然气到用户的管道系统。根据形状可分为树枝状配气管网和环状配气管网。前者适用于小型城市或企业内部供气，其特点是每个用气点的气体只可能来自一个方向；环状配气管网可由多个方向供气，局部故障时，不会造成全部供气中断，可靠性高，但投资大。

城市配气的任务是从配气站开始，通过各级配气管网和调压站保质保量地根据用户要求向用户供气。配气站是干线的终点，又是城市配气的起点和总枢纽。气体在配气站内经过分离、调压、计量和加味后输入配气管网。城市配气管网有树枝状和环状两种形式，按压力有高压、次高压、中压和低压四级，上一级压力的管网只有经过调压站调压后才能向下一级管网供气。配气管网的形式和压力等级要根据城市的规模、特点、用户多少、用气量大小、该地区的地形条件等来决定。

另外，城市附近一般都设有储气库，以调节因用气量变化引起的输气与供气之间的不平衡，以及故障备用。当输气量大于向城市供气量时，气体储存起来；反之，则从储气库中取出气体以弥补不足。

第6节　油气储存系统

6.1　原油和成品油的储存

石油及其产品的储存是石油工业中的一个重要环节。油库是储存、输转和供应原油及其产品的专业性仓库。它是协调原油生产、原油加工、成品油供应及运输的纽带，是国家石油储备和供应的基地，它对于促进国民经济发展、保障人民生活、确保国防安全都有特别重要的意义。

油库的业务概括起来是在安全的条件下，接收、储存和发送油品，并在这些作业中保持油品的质量和数量。

6.1.1　油库分类

（1）油库的分类

油库的分类目前没有统一的标准，常有下列几种分类方法。

① 按油库的管理体制和经营性质可分为独立油库和企业附属油库两大类。独立油库是指专门从事接收、储存和发放油料的独立经营的企业和单位，如保障国家安全用油的国家储备油库。企业附属油库是工业、交通或其他企业为满足本部门的需要而设置的油库。

② 按主要储油方式可分为地面（或称地上）油库、隐蔽油库、山洞油库、水封石洞库和海上油库等。地面油库与其他类型油库相比，建设投资省、周期短，是中转油库、分配油库、企业附属油库的主要建库形式，也是目前数量最多的油库。

③ 油库还可按照其运输方式分为水运油库、陆运油库和水陆联运油库。

④ 按油库储存的油品又可分为原油库、成品油库（包括润滑油）和轻烃油库。

（2）油库的分级

油库主要储存可燃的原油和石油产品。大多数储存汽油、柴油等轻油料，有些库还储存润滑油、燃料油等重质油料。油库的储油容量越大、轻质油料越多、业务范围越广，其危险性就越大。一旦发生火灾或爆炸等事故，影响范围大，对企业和人民的生命财产造成的损失也大。因此，从安全防火观点出发，根据油库总储油容量大小，分成若干等级并制订出与之相应的安全防火标准，以保证油库的建设者更加合理和长期安全运营。

国家相关标准根据油库储存油料总容量多少将油库分为四个等级，见表6-6。不同等级的油库安全防火要求有所不同。容量愈大，等级愈高，防火安全要求愈严格；油品的轻组分愈多，挥发性愈强，防火安全要求也愈严格。

表6-6　油库的分级

等级	总容量/m³	等级	总容量/m³
一级	大于等于50000	三级	2500~小于10000
二级	10000~小于50000	四级	500~小于2500

（3）油库的功能

不同类型的油库其功能也不相同，大体上可以分为以下几种：

① 油田用于集积和中转原油。

② 油料销售部门用于平衡消费流通领域。

③ 企业用于保证生产。

④ 储备部门用于战略或市场储备，以保证非常时期或市场调节需要。储备油库的主要功能是为国家或企业储存一定数量的备用油料，以保证企业生产和市场稳定以及紧急情况下的用油。

上述各类油库，虽然其功能各不相同，但其主要作业和设施是一致的，只是各类油库因功能不同，各种设施的数量和规格不同。

油库的主要设施是根据油料的收发和储存要求来设置的。一般包括装卸油站台或码头、装卸油泵房、储油罐、灌桶间、汽车装车台等主要生产设施，以及供排水、供电、供热和洗修桶等辅助生产设施，还有必要的生产管理设施。由于服务性质不同，储存油品不同，油库业务设施差异很大。商业油库因面向社会供油，储油品种多，有各种类别的汽油、柴油、航煤、燃料油以及大宗常用润滑油。在接收油品时，可以是铁路来油，或成品油管道来油，分别储存于各种不同油品的油罐中。在发送油品时，大宗散装的多用汽车油罐车发送给各企业油库、城市各加油站等。向广大农村供应油品时，因数量少，且分散，常用桶装油料发送。

随着我国原油消费量的不断增加，我国的油库也正在向大型化、自动化发展。沿海某些石化企业的油库总容量已达到80万~90万 m³，原油储罐的单罐容量已达到10万 m³，成品油罐的单罐容量已达3万~5万 m³，一些油库的日常生产管理已实现了计算机管理控制一体化。油料进库出库，储罐的液位、温度、压力等参数的测量，阀门的开关、机泵的启停、油料计量等均已纳入计算机的监控系统。

（4）油库管理的特点

原油和成品油的共同特点是，它们大多以液态形式存在，而且易燃、易爆、易挥发，还有一定的毒害性，油库的运营管理有许多特殊性。

① 安全要求高。因为油品易燃、易爆的特性，必须严格防火、防雷、防静电，杜绝一切火灾隐患。

② 准确计量难。油品是液态，容易挥发和受热膨胀，使计量精度受影响。

③ 质量控制难。由于挥发和某些组分不安定等因素，油品长期存放能变质。另外，油品收发作业主要是靠管道，如果管理不善可能造成混油。

④ 损耗控制难。油品跑、冒、滴、漏后不易回收，到目前为止蒸发损耗还不能杜绝。

油库业务必须做到三条：一是储存过程的安全，这是第一位的；二是在储存过程中使损耗减到最低限度；三是保证油品储存过程中不变质。

6.1.2 储油方式

在油库内因储油设施的差异使储油方式有所不同。最常用的储油设备是地上金属油罐，在条件适宜的地方用地下盐穴、岩洞储油或建造水下油罐。

（1）地上金属罐储油

地上金属储油罐根据形状主要有立式圆柱罐、卧式圆筒罐和球罐。

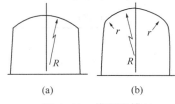

图 6-11　拱顶油罐的两种结构形式

① 立式圆柱形。金属油罐绝大部分采用立式圆柱形。因罐顶的结构不同它们主要被分成拱顶罐、浮顶罐、内浮顶罐、网架顶罐。

a. 拱顶罐。罐顶为球缺形，受力合理，能承受较高的内压，有利于降低蒸发损耗（见图 6-11）。我国定型设计拱顶罐的最大型号为 1 万 m^3。各种油品都可以用拱顶罐储存，由于油品的性质不同，而选择不同的油罐附件。

b. 浮顶罐。上部是开口的圆筒，钢浮顶浮在油面上，随油面升降。因为浮顶与液面间基本不存在气体空间，从而基本上消除了蒸发损耗（见图 6-12）。由于大型的浮顶罐比小罐节省钢材和用地，大型浮顶罐得到推广。我国已经建成了一批 10 万 m^3 的浮顶罐。浮顶罐主要用于储存原油。

c. 内浮顶罐。在普通拱顶罐内安装内浮盘，使之成为兼有拱顶罐和浮顶罐优点的内浮顶罐。它改善了浮顶的使用条件，免去了罐顶积雪和降尘，有利于保证油品质量。内浮顶罐主要用于储存汽油。

d. 网架顶罐。固定的罐顶直径过大容易失稳，在拱顶内安装网架支撑罐顶，解决了制造大罐的技术问题。我国最大的网架顶罐为 3 万 m^3。网架顶罐也可以安装内浮盘。

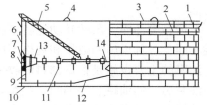

图 6-12　浮顶油罐结构示意图

1—抗风圈；2—加强圈；3—包边角钢；

4—泡沫消防挡板；5—转动扶梯；6—罐壁；

7—管式密封；8—刮蜡板；9—量油管；

10—底板；11—浮顶立柱；12—排水折管；

13—浮舱；14—单盘板

② 卧式圆筒罐。卧式圆筒形钢罐一般简称为卧罐，与上述立式圆筒形储罐比，卧罐的容量小，单罐容积为 $2\sim400m^3$，常用容积为 $20\sim50m^3$；卧罐的承压能力范围大，可为 0.01 $\sim4.0MPa$；卧罐可用于储存各种油料和化工产品，例如汽油、柴油、液化石油气、丙烷、丙烯等等。卧罐的缺点是单位容积的耗钢量大，当储存一定数量油料时，所需卧罐个数多，占地面积大。

③ 球罐。球罐是生产实际中应用比较广泛的压力容器。与圆筒形储罐相比，球罐的优点是：当二者容积相同时，其表面积最小；当压力和直径相同时，其壁厚仅为圆筒形罐的一半左右；当直径和壁厚相同时，其承压能力约为圆筒形罐的两倍，因而它可大量节省钢材，减少占地面积，适于制造中压容器。但另一方面，球罐壳体为双向曲面，现场组装比较困难，劳动条件差，对焊工的技术要求高，制造成本高。球罐主要用于储存液化石油气、丙

烷、丙烯、丁烯及其他低沸点石油化工原料和产品。在炼油厂、石油化工厂、城市燃气供应部门都有广泛应用。

（2）地下盐穴、岩洞储油

① 地下盐穴。盐岩承压能力强，几乎无渗透，对石油的化学性质稳定，在盐岩中构筑地下油库，是理想的储油方法。利用盐溶解于水的特性，在地面向盐层内打井，用水在盐岩中溶出盐穴。盐穴作为储油容器，盐水作为化工原料。

② 地下岩洞。在有稳定地下水的地区开挖岩洞，洞的四周被地下水包围，在洞内储油时，地下水的压力大于油品的静压力，将油封在洞内不能外流。

地下储油温度变化小，蒸发损耗很小，储油量大，油品性质稳定。但建设周期长，受地质条件约束，选址困难。

（3）水下储油

为了适应海上油田的开发，需要在海上建设储油设施，海底油罐就是其中之一。海上的条件比较恶劣，建造油罐要适应抗水压、抗风浪的要求。倒盘形储罐是一个比较好的方案（见图6-13）。罐的底部是开口的，油品收发作业采用油水置换原理。

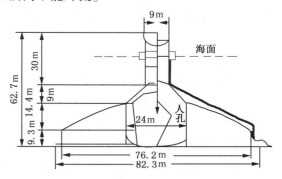

图6-13　倒盘形水下金属油罐

6.2 天然气的储存

6.2.1　长输管道末段储气

一条输气管道的末段是指从该管道的最后一个压气站到干线终点的管段。如果一条干线输气管道在中间没有压气站，则将整条管道看成末段。输气管道末段中所储存的气量称末段的气体充装量。它随管道中气体温度与压力的变化而变化，输气管道末段在一定程度上类似于储气罐。管道末段储气能力是指其最大与最小气体充装量之差。若管道的温度条件不变，末段的平均压力最高值对应气体最大充装量；平均压力最低值，对应最小气体充装量。

输气管道末段的储气能力与管道的横截面积成正比，因此，增大管径是提高末段储气能力的有效方法。末段储气能力随末段长度而变化，在一定范围内，储气能力随末段长度增加而增大，但当超过某个长度界限时，储气能力将随末段长度增大而减小。

6.2.2　天然气储罐

储存气态天然气的天然气储罐（又称气柜），通常为地上钢罐。根据储气压力的大小，将其分为低压罐和高压罐。低压罐的容积可以随储气量变化，罐内的储气压力一般为1~4kPa，最高不超过6MPa。高压储气罐的容积是不变的，它通过罐内压力的变化改变储气量，罐内储气压力一般在0.8~2kPa之间。目前世界上低压储气罐的最大容量为50万 m^3，最大高压储气罐几何容积为5.55万 m^3（如图6-14和图6-15）。

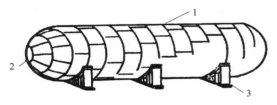

图6-14　卧式圆筒形高压储气罐

1—筒体；2—封头；3—鞍式支座

一般来说，高压储气罐比低压气罐经济，而干线管道末段储气又比高压储气罐经济。

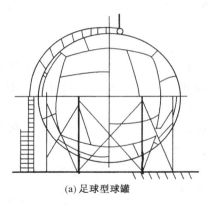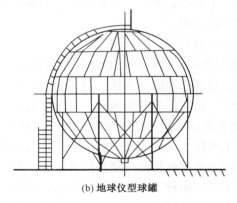

(a) 足球型球罐   (b) 地球仪型球罐

图 6-15 高压球形储气罐

6.2.3 地下储气库

与地上储气设施相比，地下储气库具有容量大、适应性强、经济性好、安全度高、占地面积少、环境影响小等一系列优点。

（1）地下储气库的作用

① 供气系统调峰。它通常建在用气中心附近，当供气量大于用气量时，多余的天然气注入地下储气库中储存起来；当用气量大于供气量时，不足的气量由该储气库来补充。地下储气库主要用于季节性调峰，也可用于中、短期的月、周、日调峰。

② 提供应急气源。在供气系统上游因故（如地震、洪灾、事故等）停产或部分停产、干线输气管道事故（如管线断裂）停输或因故障（如压气站故障停运、水合物堵塞管道等）降量输送的情况下，位于用气区附近的地下储气库可以作为应急气源维持供气。

③ 天然气战略储备。由于地下储气库的储气容量大，因而可以作为国家、地区或企业的天然气战略储备基地，用于在正常气源较长时间内不能保障供气的情况下维持供气。

④ 天然气贸易和价格套利。这是指利用天然气的季节差价进行天然气买卖的收入。由于地下储气库容量巨大，因而可以在地区乃至国际天然气贸易中扮演重要角色。

（2）地下储气库的分类

按地质构造划分，地下储气库分为枯竭油气田型、含水层型、盐穴型及废弃矿井型。它们又可归成两大类：孔隙型与洞穴型。孔隙型包括枯竭油气田型和含水层型，其基本特征是储气区域为多孔岩层。洞穴型包括盐穴型和废弃矿井型，其基本特征是储气区域为各种形状的封闭洞穴。

枯竭油气田型地下储气库是季节性调峰最有效、最经济的方式，世界上已有的大部分地下储气库都属于这种类型。这类储气库的基本原理是通过油气田的生产井往枯竭油气层中注入天然气进行储存或从中采出所储存的天然气。由于枯竭油气层以前就是油或气的聚集层，故其孔隙度和渗透率一般能满足储气库的要求。这类储气库的主要优点是节省了大量勘探工作，而且可利用油气田原有的生产井及地面集输设施。我国长庆、中原、四川、华北等油气田都建设有枯竭油气田型地下储气库。

6.2.4 天然气的其他储存方式

（1）液化储存

天然气在通常的温度、压力条件下为气态，占有的体积大，不利于储存，而液化后体积

178

只有气态的1/600左右。液化天然气通常以低温、常压状态储存，储存温度在−161℃以下，压力不超过0.03MPa。在某些情况下，将天然气液化储存可能是比较经济的储气方式。天然气的远距离跨洋运输通常也是以液态形式完成的，所采用的运输工具是专用的大型液化天然气运输船。当需要供气时，用蒸发器（汽化器）可以将液化天然气重新转化为气态。

液化天然气储罐普遍采用由内罐和外罐构成的双层壁结构，其间充满绝热材料。内罐材料必须具有良好的低温韧性，如铝、镍钢、铬镍钢及预应力混凝土等材料。绝热材料通常为珍珠岩、聚氨酯泡沫或泡沫玻璃砖。即使在绝热良好的情况下，液化天然气储罐中的低温液体也会有一定的蒸发量。对于大型液化天然气储罐，通常认为维持每天0.05%（相对于储存量而言）的蒸发率是最经济的。

液化天然气储罐分为地上金属储罐、地上金属/混凝土储罐、地下储罐三类。

地上金属储罐是应用最普遍的液化天然气储罐。它有双层金属壁，在两层之间有绝热材料。内壁材料为耐低温金属，外壁材料是普通碳钢。内罐很薄不能承压，通过绝热层将液压传递给外壁。这种储罐分为落地式和高架式两种。落地式金属储罐底部用珍珠岩与地基隔热，并需要给地基加热，以防止土壤冻结而损坏地基。高架式金属储罐可以保持罐底与地面间空气畅通，从而避免土壤冻结。

（2）溶解储存

天然气可以溶解在丙烷、丁烷或其混合物（即通常所说的液化石油气）中，且其溶解度随压力升高和温度降低而增大。

天然气溶解储存所消耗的能量比液化储存低得多，且在同样的压力和容积下比常温高压罐的储气能力高4~6倍。此外，这种储气方式的设备和流程简单，易于操作管理，且安全性与经济性好，因而在供气调峰中曾获得广泛应用。

（3）固态储存

固态储存是指将天然气在一定的温度、压力与水分条件下转化为固态水合物，然后再储存在钢制储罐中。压力越高，温度越低，天然气越容易形成水合物。此外，当天然气中含有少量 C_1 以上的烃组分时，形成水合物的压力将比纯甲烷显著下降。例如，当温度为2℃时，纯甲烷形成水合物的压力为3.04MPa，而掺有1%异丁烷后，甲烷形成水合物的压力降为1.32MPa。在常压下，形成天然气水合物的温度约为−15℃，远高于天然气的液化温度，故将天然气转化为水合物所需的能量远远低于液化所需的能量。另一方面，天然气形成水合物后，体积约为原来的1/160。由此可见，在一定条件下，形成固态水合物是值得考虑的一种天然气储存方式。目前，这项技术在挪威等国已开始进入实用阶段。

天然气固态储存的优点是很明显的，所用的设备也不复杂，但由于再汽化速度、水源、脱水等方面的原因，这种方法还没有获得广泛应用。

第7节　油气管道的腐蚀与防护

由于制造油气管道的主要材料是钢铁，且油气管道长埋在地下或长期暴露在大自然环境下，因此油气管道不可避免地存在腐蚀问题。据美国1996年的统计，近10年中管道的泄漏事故有28%是由于腐蚀穿孔造成的。不仅漏失了油、气，污染了环境，有的还引起火灾、爆炸等严重事故，其直接和间接损失都很巨大。因此油气管道的腐蚀防护，是油气集输过程中非常重要的一项工作。

7.1 油气管道腐蚀的类型

油气管道的腐蚀就其部位来分，有内壁腐蚀和外壁腐蚀两种。内壁腐蚀有的是由于输送介质中的有害成分(如硫化物)与管壁金属作用而引起的；更多的是由于介质中析出的水或施工中残留的水在管线内壁形成水膜，或积聚在管线的低洼处而引起的电化学腐蚀。因此，长输管道对进入其首站准备外输的油、气有严格的质量要求，如含硫、含水等指标超过标准，可自动关闭进站阀门，拒绝接收。对输气管道投产前的干燥也有严格的措施。在正常情况下，长输管道的内壁腐蚀应该是比较少的。

外壁腐蚀的情况则要复杂得多。长输管道埋在地下连绵数百乃至上千千米，其所处的环境不仅在空间上不同，还随时间而变化，会遭受各种腐蚀介质的侵蚀。架空管道易受大气腐蚀，土壤或水中的管道则要遭受土壤腐蚀、细菌腐蚀和杂散电流腐蚀。

7.2 埋地管线的外防腐方法

对于埋地管线的外腐蚀控制，一般都采用优质的防腐绝缘层与外加电流阴极保护法联合防护。如外防腐层始终完好无损，则埋地管道就不会被腐蚀。但是，在如此长距离的管道沿线，在数十年的运行中，防腐层总是难免有破损、失效处。

(1) 管线外防腐层

管线外防腐层就是在油气管线外壁人工形成一道腐蚀防护层，从而起到防腐的作用。对管线外防腐层的基本要求是：与金属有良好的黏结性、电绝缘性好、防水及化学稳定性好、有足够的机械强度和韧性、耐土壤应力性能好、耐阴极剥离性能好、抗微生物腐蚀、破损后易修复以及便于施工和价格低廉。

(2) 埋地管线的阴极保护

阴极保护就是要消除管线金属结构上的腐蚀电流，从而防止电化学腐蚀。

根据国内外多年的实践，为使埋地钢质管线得到有效保护，阴极保护必须满足下述要求：

① 在通电的情况下，管线相对于饱和铜–硫酸铜掺比电极间的负电位至少为 0.85V；

② 通电情况下产生的最小负电位值与自然电位间的负偏移至少 300mV。当有硫酸盐还原菌存在时，外加负电位应增至 0.95V。上述要求均已纳入相应的设计及运行规范。

在外防腐涂层完好的情况下，一个外加直流电源阴极保护站可保护数十至一二百千米的管道，土壤电阻率愈大防腐层绝缘性能越好，可保护的管段愈长。

除了外加电流法外，阴极保护的另一种方法称为牺牲阳极法。它是在待保护的金属管线上连接一种电位更负的金属材料，形成一个新的电化学腐蚀电池，该外加金属成为阳极，在输出电流过程中不断被腐蚀，管线则为阴极而得到保护。该方法适用于无电源地区及少量分散对象，它对邻近的地下金属构筑物干扰少，因此，常用于油罐和站内管线的保护。

(3) 杂散电流腐蚀的防护

埋地油气管线经常遇到的杂散电流是直流电力系统的漏泄电流和来自其他阴极保护系统的干扰电流，其干扰范围大，腐蚀速度快，且受多种因素的影响，防护难度较大。

思 考 题

1. 什么是集油、集气？原油的矿场集输与天然气的矿场集输有什么不同？

2. 为什么对油气井采出的原油和天然气要进行处理？都包括哪些内容？

3. 什么是轻烃回收？为什么要进行轻烃回收？

4. 油气的外运和天然气外输都有哪些方法？请对比各种方法的特点。

5. 天然气管道输送有什么特点？

6. 如何储存原油？有哪些常用方法？

7. 如何储存天然气？有哪些常用方法？

参 考 文 献

[1] 中国石油和石化工程研究会编，宫敬执笔. 油气集输与储运系统[M]. 北京：中国石化出版社，2000.

[2] 陈鸿璠. 石油工业通论[M]. 北京：石油工业出版社，1995.

[3] 河北省石油学会科普委员会. 石油的找、采、用[M]. 北京：石油工业出版社，1995.

[4] 何耀春，赵洪星. 石油工业概论[M]. 北京：石油工业出版社，2006.

[5] 车蕾，金坤. 2020油气储运技术进展与趋势[J]. 世界石油工业，2020，27(6)：61-67.

第7章 石油炼制与
石油、天然气化工

从地下开采出来的原油一般是不能直接使用的，必须进行加工处理才能发挥其巨大的作用。这就是石油工业的下游——石油化学工业所完成的任务。按加工与用途划分，石油加工业有两大分支：一是石油炼制工业体系，即石油经过炼制生产各种燃料油、润滑油、石蜡、沥青、焦炭等石油产品；二是石油化工体系，即把石油分离成原料馏分，进行裂化、重整等，得到基本有机原料，用于合成生产各种石油化学制品。通常把以石油为基础的有机合成工业，即石油为起始原料的有机化学工业称为石油化学工业（Petrochemical Industry），简称石油化工。天然气除了是一种高效清洁能源外，也是一种重要的化工原料。天然气化学工业（Natural Gas Chemical Industry）（简称天然气化工）是以天然气作为原料的化学工业。广义地讲，石油化学工业包含了石油炼制、石油化工及天然气化工三个工业领域。石油经过哪些加工就可以得到我们可以使用的石油产品和石油化工产品呢？天然气在化学工业中有什么用途呢？本章介绍了石油炼制和石油、天然气化工的基本过程及其相关产品。本章主要知识点及相互关系见图7-1。

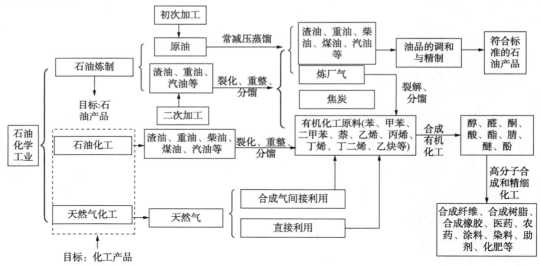

图7-1　本章主要知识点及相互关系

第1节　石油炼制与石油产品

石油炼制包括原油的初次加工（Primary Processing）和原油的深加工（Deep Processing），两个加工过程目的不一样，加工后得到的石油产品也不尽相同。

1.1　原油的初次加工

原油的初次加工（也称为一次加工）就是对原油进行蒸馏加工，得到一系列石油产品的过程（这个过程也称为分馏）。

1.1.1 原油蒸馏(Distillation)原理

在通常情况下，一壶水被加热到100℃，水就沸腾了，无论再怎样加热，水都保持100℃继续蒸发，一直到水烧干为止。但在同样的条件下把石油加热，使它保持连续蒸发状态，就必须不断地提高加热温度，这是为什么呢？这是因为水是单一成分的液体，它只具有一个100℃的沸点。而石油却大不相同，由于石油是不同成分烃类的混合物，因此它没有固定的沸点。石油的沸点表现为一定宽度的温度范围，一般在30~600℃之间。烃的沸点随其碳数的增加而增高。例如，戊烷只要加热到36℃就沸腾；而十二烷则要加热到216℃才能沸腾。

一般将原油放在特定的仪器中蒸馏，蒸馏时馏出的第一滴油品的气相温度叫初馏点(Initial Boiling Point)，蒸馏到最后时的气相温度叫终馏点(Final Boiling Point)(干点)，在一定温度范围内蒸馏出的油品叫馏分(Cut Fraction)，每个馏分的初馏点到终馏点的温度范围叫作该油品(馏分)的馏程(Boiling Range)，也就是某个馏分的沸点范围。

加工石油的炼油厂就是利用石油的这个特点，把原油分为不同的沸点范围的几个部分(馏分)，而得到不同的产品。石油分馏的产品和用途如表7-1所示。

表7-1 原油的分馏产品和用途

沸点范围/℃	分馏产品	含碳原子数	主要用途
(气体)	炼厂气	1~4	液化气和石油化工原料
40~200	汽油馏分	5~11	汽油发动机燃料
150~250	煤油馏分	10~15	喷气式飞机燃料
250~360	柴油馏分	15~18	柴油发动机燃料
360~500	减压馏分油	16~20	催化加工原料及润滑油基础油
500以上	重油	16~45	化工原料和燃料

1.1.2 原油的蒸馏过程

在炼油厂中，都有一个高瘦和一个矮胖这样两个直立着的设备，这就叫蒸馏塔。高瘦的叫常压分馏塔(简称常压塔)，矮胖的叫减压分馏塔(简称减压塔)。原油在蒸馏前首先要经过预处理(脱水、脱盐)，然后经加热炉加热后先送到常压塔，再将常压塔塔底的产物经加热炉再加热后送入减压塔，这个过程在炼油厂就叫蒸馏过程(如图7-2)。可以看出，蒸馏过程是加热原油使其中轻组分汽化、冷凝，使原油中轻重组分得以分离的过程。原油通过这样的蒸馏，其中的各类烃就能按各类烃沸点高低不同依次蒸发出来。

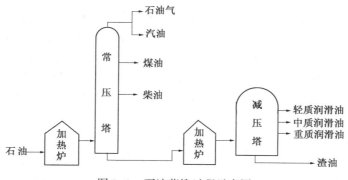

图7-2 石油蒸馏过程示意图

在通常情况下，原油被加热到350℃送入常压塔，其中沸点较低的烃即被汽化而上升，经过一层一层的塔盘直达塔顶(图7-3)。由于塔体的温度由下而上是逐渐降低的，所以，

183

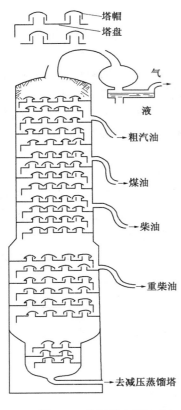

图 7-3　分馏塔内部结构

当石油蒸气自下而上经过塔盘时，不同的烃就按各自沸点的高低分别在不同温度的塔盘里凝结成液体。这样，就使得石油中的烃类实现了第一次"分离"，人们即在其中获得了不同的产品。留在塔底的是没有被汽化、沸点在300℃以上的重油。

对于常压塔塔底的重油，其中含有各种高沸点馏分（350～500℃），如裂化原料和润滑油馏分等，要分离出这些馏分，则需要350℃以上的高温，而温度高于350℃时，高温会导致高沸点馏分发生热分解，降低产品质量和收获率，因此其中的组分在常压及其裂解温度以下不能变成蒸气蒸发出来。

然而我们知道，大气压力愈低，水的沸点就愈低。依据同样的道理，将常压蒸馏后的重油送入减压塔，在减压（低于100kPa的负压下）的条件下进行蒸馏操作，蒸馏温度限制在420℃以下，在低压下油品的沸点相应下降，高沸点馏分就会在较低的温度下汽化，从而避免了高沸点馏分的热分解。

常压塔塔底的重油通过进一步的减压蒸馏，使重油的沸点降低，从而进一步使重油中的烃"分离"，进而就获得了润滑油产物。由于这部分产物含蜡较高，所以又叫蜡油。

从蒸馏过程直接得到的产物通常称作直馏产品，这是人们使用蒸馏方法使石油中的烃类"分离"所获得的第一代产品，有时也称石油的初级产品。原油的一次加工能力，也称为炼油能力，常被视为一个国家炼油工业发展水平的标志。

1.2　原油的深加工

原油经过一次加工只能从中得到10%～40%的汽油、煤油和柴油等轻质油品，其余是只能作为润滑油原料的重馏分和残渣油。但是，社会对轻质油品的需求量却占石油产品的90%左右。同时直馏汽油辛烷值很低，约为40～60，而一般汽车要求汽油辛烷值大于90。所以只靠常减压蒸馏一次加工就无法满足市场对轻质油品在数量和质量上的要求。为了从原油中获取更多的轻质油，提高油品质量，增加产品的品种，通过对原油中的烃类进行裂化（指分裂石油中的长链烃为短链烃）和重整（指将直链烃类重新整理成带侧链的烃类或环状的烃类），即改变烃类分子碳链的长短和分子结构，使原油中的烃类达到人们对石油产品数量、质量、品种的要求，这样对原油所进行的进一步加工过程称为石油的深加工或二次加工，主要有以下加工工艺。

1.2.1　原油的热加工

在炼油工业中，热加工是指主要靠热的作用，将重质原料油转化成气体、轻质油、燃料油或焦炭的一类工艺过程。热加工过程主要包括热裂化、减黏裂化和延迟焦化。

热裂化（Thermal Cracking）是以石油重馏分或重、残油为原料生产汽油和柴油的过程。在这些过程中，热裂化过程已逐渐被催化裂化所取代。不过随着重油轻质化工艺的不断发展，热裂化工艺又有了新的发展，国外已经采用高温短接触时间的固体流化床裂化技术，处理高金属、高残炭的劣质渣油原料。

（1）原油热加工过程中烃类的化学反应

石油馏分及重油、残油在高温下主要发生两类化学反应：一类是裂解反应，大分子烃类裂解成较小分子的烃类，从而得到汽油馏分、中间馏分、小分子烃类气体等产物；另一类是缩合反应，即原料和中间产物中的芳烃、烯烃等缩合成大相对分子质量的产物，从而得到比原料油馏程更高的残油甚至焦炭。热加工过程中主要烃类的化学反应如下。

① 烷烃（Alkane）。

烷烃在高温下烃分子中 C—C 链断裂，生成小分子的烃类和烯烃，反应式为：

$$C_nH_{2n+2} \longrightarrow C_mH_{2m} + C_qH_{2q+2} \qquad (n = m+q)$$

生成的小分子烃还可进一步反应，生成更小的烷烃和烯烃，甚至生成低分子气态烃。

温度和压力条件对烷烃的分解反应有重大影响，当温度在 500℃ 以下，压力很高时，烷烃断裂的位置一般发生在碳链 C—C 的中央，这时气体产率低；反应温度在 500℃ 以上，而压力较低时，断链位置移到碳链的一端，气体产率增加。在相同的反应条件下，大分子烷烃比小分子烷烃更容易裂化。正构烷烃裂解时，容易生成甲烷、乙烷、乙烯、丙烯等低分子烃。

② 环烷烃（Cycloalkane）。

环烷烃热稳定性较高，在高温（500~600℃）下可发生下列反应：

a. 单环烷烃断环生成两个烯烃分子，如：

$$\text{（五元环）} \longrightarrow C_2H_4 + C_3H_6$$

$$\text{（六元环）} \longrightarrow C_2H_4 + C_4H_8$$

在 700~800℃ 条件下，环己烷分解生成烯烃和二烯烃。

$$\text{（六元环）} \longrightarrow CH_2{=}CH_2 + CH_2{=}CH{-}CH{=}CH_2$$

b. 环烷烃在高温下发生脱氢反应生成芳烃，如：

$$\text{（环己烷）} \xrightarrow{-H_2} \text{} \xrightarrow{-H_2} \text{} \xrightarrow{-H_2} \text{（苯）}$$

双环的环烷烃在高温下脱氢可生成四氢萘。

c. 带长链的环烷烃在裂化条件下，首先侧链断裂，然后开环。侧链越长越容易断裂，如：

$$\text{（环己烷）}{-}C_{10}H_{21} \longrightarrow \text{（环己烷）}{-}C_5H_{11} + C_5H_{10}$$

③ 芳烃（Aromatic Hydrocarbon）。

芳烃是对热非常稳定的组分，在高温条件下受热可生成以氢气为主要成分的气体、高分子缩合物和焦炭。低分子芳烃，例如苯、甲苯，对热极为稳定，温度超过 550℃ 时，苯开始发生缩合反应，反应产物为联苯、气体和焦炭；当温度达到 800℃ 以上时，苯裂解生成焦炭为主要反应方向。多环芳烃，如萘、蒽等的热反应和苯相似，它们都是对热非常稳定的物

185

质，主要发生缩合反应，最终导致高度缩合稠环芳烃——焦炭的先驱物的生成。

（2）减黏裂化（Visbreaking）

减黏裂化是一种浅度热裂化过程，其主要目的在于减小原料油的黏度和倾点，生产合格的重质燃料油和少量轻质油品，也可为其他工艺过程（如催化裂化等）提供原料。

减黏裂化只是处理渣油的一种方法，特别适用于原油浅度加工和大量需要燃料油的情况。减黏的原料可用减压渣油、常压重油、全馏分重质原油或拔头重质原油。减黏裂化反应在450～490℃，4～5MPa的条件下进行。反应产物除减黏渣油外，还有中间馏分及少量的汽油馏分和裂化气。在减黏反应条件下，原料油中的沥青质基本上没有变化，非沥青质类首先裂化，转变成低沸点的轻质烃。轻质烃能部分地溶解或稀释沥青质，从而达到降低原料黏度的作用。

减黏裂化在将重质原料裂化为轻质产品，降低黏度的同时，也会发生缩合反应，生成焦炭，焦炭会沉积在炉管上，影响开工周期。由于所产燃料油安定性差，因此，必须控制一定的转化率。

（3）延迟焦化（Delay Coking）

① 焦炭化过程（简称焦化）。

焦化是以贫氢重质残油如减压渣油、裂化渣油以及沥青等为原料，在400～500℃的高温下进行的深度热裂化反应。通过裂解反应，使渣油的一部分转化为气体烃和轻质油品；由于缩合反应，使渣油的另一部分转化为焦炭。一方面由于原料重，含相当数量的芳烃，另一方面焦化的反应条件更苛刻，因此缩合反应占很大比重，生成焦炭多。焦化装置是炼厂提高轻质油收率的手段之一，也是目前炼厂实现渣油零排放的重要装置之一。

目前我国延迟焦化应用最广，在炼油工业中发挥着重要作用。

② 延迟焦化。

延迟焦化装置目前已能处理包括直馏（减黏、加氢裂化）渣油、裂解焦油和循环油、焦油砂、沥青、脱沥青焦油、澄清油、催化裂化油浆、炼厂污油（泥）以及煤的衍生物等60余种原料。处理原料油的康氏残炭质量分数为3.8%～45%或以上，相对密度为1.0599～0.934。

延迟焦化的特点是原料油在管式加热炉中被急速加热，达到约500℃高温后迅速进入焦炭塔内，停留足够的时间进行深度裂化反应，使得原料的生焦过程不在炉管内而延迟到塔内进行，这样可避免炉管内结焦，延长运转周期，这种焦化方式就叫延迟焦化。

1.2.2 催化裂化

催化裂化（Catalytic Cracking）是炼油工业中最重要的一种二次加工工艺，在炼油工业生产中占有重要的地位。引入催化剂后，把单纯的热裂化过程转为催化裂化过程，这样可获得更多的高辛烷值汽油。催化裂化技术的发展已成为当今石油炼制的核心工艺之一。

（1）催化裂化的工艺特点

催化裂化过程是以减压馏分油、焦化柴油和蜡油等重质馏分油或渣油为原料，在常压、450～510℃条件及催化剂的存在下，发生一系列化学反应，转化生成气体、汽油、柴油等轻质产品和焦炭的过程。

催化裂化过程具有以下几个特点：

① 轻质油收率高，可达70%～80%；

② 催化裂化汽油的辛烷值高，马达法辛烷值可达78，汽油的安定性也较好；

186

③ 催化裂化柴油十六烷值较低，常与直馏柴油调和使用或经加氢精制提高十六烷值，以满足规格要求；

④ 催化裂化气体中，C_3 和 C_4 气体占 80%，其中 C_3 丙烯又占 70%，C_4 中各种丁烯可占 55%，是优良的石油化工原料和生产高辛烷值组分的原料。

影响催化裂化反应转化率的主要因素有：原料性质、反应温度、反应压力和反应时间。催化裂化过程主要目的是生产汽油和柴油。根据所用原料、催化剂和操作条件不同，催化裂化各产品的产率和组成略有不同。大体上，气体产率为 10%~20%，汽油产率为 30%~50%，柴油产率不超过 40%，焦炭产率 5%~7% 左右。

在烃类的催化裂化反应过程中，裂化反应的进行，使大分子分解为小分子的烃类，这是催化裂化工艺成为重质油轻质化重要手段的根本依据。而氢转移反应使催化汽油饱和度提高，安定性好；异构化、芳构化反应是催化汽油辛烷值提高的重要原因。

催化裂化得到的石油馏分仍然是许多种烃类组成的复杂混合物。催化裂化并不是各种烃类单独反应的综合结果，在反应条件下，任何一种烃类的反应都将受到同时存在的其他烃类的影响，并且还需要考虑催化剂存在对过程的影响。

烃类进行催化裂化反应的先决条件是在催化剂表面上的吸附。实验证明，环烷烃既有一定的吸附能力又具适宜的反应速度。因此认为，富含环烷烃的石油馏分，应是催化裂化的理想原料。但实际生产中，这类原料并不多见。

（2）重油催化裂化

所谓重油是指常压渣油、减压渣油的脱沥青油以及减压渣油、加氢脱金属或脱硫渣油所组成的混合油。典型的重油是馏程大于 350℃ 的常压渣油或加氢脱硫常压渣油。与减压馏分相比，重油催化裂化原料油有如下特点：①黏度大，沸点高；②多环芳香性物质含量高；③重金属含量高；④含硫、氮化合物较多。

重油催化裂化（Residue Fluid Catalytic Cracking，即 RFCC）是把更多的重油，特别是渣油进行深度加工，催化裂化也是重油轻质化和改质的主要手段之一。重油催化裂化工艺的产品是市场急需的高辛烷值汽油馏分、轻柴油馏分和石油化学工业需要的气体原料。由于该工艺采用了沸石分子筛催化剂、提升管反应器和钝化剂等，使产品分布接近一般流化催化裂化工艺。但是重油原料中一般有 30%~50% 的廉价减压渣油，因此，重油流化催化裂化工艺的经济性明显优于一般流化催化裂化工艺，是得到了广泛发展的重油加工技术。

1.2.3 催化重整

催化重整（Catalytic Reformation）是石油加工过程中重要的二次加工方法，其目的是用以生产高辛烷值汽油或化工原料——芳香烃，同时大量的副产品氢气可作为加氢工艺的氢气来源。采用铂催化剂的重整过程称铂重整，采用铂铼催化剂的称为铂铼重整，而采用多金属催化剂的重整过程称为多金属重整。

催化重整通常以直馏汽油馏分为原料，根据生产目的的不同，对原料油的馏程有一定的要求。为了维持催化剂的活性，对原料油杂质含量有严格的限制。

（1）原料油的沸点范围

重整原料的沸点范围根据生产目的来确定。当生产高辛烷值汽油时，一般采用 80~180℃ 馏分。小于 C_6 的馏分（80℃ 以下馏分）本身辛烷值比较高，所以馏分的初馏点应选在 80℃ 以上。馏分的干点超过 200℃，会使催化剂表面上的积炭迅速增加，从而使催化剂活性下降，因此适宜的馏程是 80~180℃。

生产芳烃时，应根据目的芳烃产品选择适宜沸点范围的原料馏分。如 C_6 烷烃及环烷烃的沸点在 60.27~80.74℃ 之间；C_7 烷烃和环烷烃的沸点在 90.05~103.4℃ 之间；而 C_8 烷烃和环烷烃的沸点在 99.24~131.78℃ 之间。沸点小于 60℃ 的烃类分子中的碳原子数小于 6，故原料中含小于 60℃ 馏分反应时不能增加芳烃产率，反而能降低装置本身的处理能力。选用 60~145℃ 馏分作重整原料时，其中的 130~145℃ 属于航煤馏分的沸点范围。在同时生产喷气燃料(旧称航空煤油)的炼厂，多选用 60~130℃ 馏分。

（2）重整原料油的杂质含量

重整原料对各种杂质含量有极严格的要求，这是从保护催化剂的活性所考虑的。原料中少量重金属(砷、铅、铜等)都会引起催化剂永久中毒，尤其是砷与铂可形成合金，使催化剂丧失活性。原料油中的含硫、含氮化合物和水分在重整条件下，分别生成硫化氢和氨，它们含量过高，会降低催化剂的性能。表 7-2 列出了生产各种芳烃时的适宜馏程，表 7-3 列出了重整原料油杂质含量的限制。

表 7-2　生产各种芳烃时的适宜流程

目的产物	适宜馏程/℃	目的产物	适宜馏程/℃
苯	60~85	二甲苯	110~145
甲苯	85~110	苯-甲苯-二甲苯	50~145

表 7-3　对重整原料中杂质含量的限制

杂质名称	含量限制/(ng/g)	杂质名称	含量限制/(μg/g)
砷	<1	硫、氮	<0.5
铅	<20	氯	<1
铜	<10	水	<5

1.2.4　加氢裂化

加氢裂化(Hydrocracking)属于加氢过程，在催化剂存在下从外界补入氢气以降低原料油的碳氢比。加氢裂化是重质原料在催化剂和氢气存在下进行的催化裂化加工，实质上是加氢和催化裂化这两种反应的有机结合。因此，它不仅可以防止如催化裂化过程中大量积炭的生成，而且还可以将原油中的氮、氧、硫杂原子有机化合物杂质通过加氢从原料中除去，又可以使反应过程中生成的不饱和烃饱和，所以，加氢裂化可以将低质量的原料油转化成优质的轻质油。

加氢裂化的第一套装置是在 1959 年问世的，近二三十年来这项技术有了明显的进展。其主要原因是加氢裂化作为有效技术手段可以用于：①重质馏分油轻质化；②从重瓦斯油生产优质中间馏分油(喷气燃料、轻柴油)，包括直接生产清洁燃料(即新配方汽油和清洁柴油)等产品；③制取高质量的润滑油基础油。

1.3　石油产品的精制与调和

1.3.1　石油产品的精制

石油经过一次加工和二次加工所得到的油品，还不能完全符合市场上的使用要求，因为在油品中还含有各种杂质，如含有硫、氮、氧等化合物、胶质以及某些影响使用的不饱和烃和芳烃。油品的质量标准并不像一般化学品追求其纯度级别，而是完全根据使用要求，对于燃料油品要求其燃烧性能、对设备的腐蚀磨损、储存与输送安全、对环境影响以及需要脱除颜色和臭味等等。因此对油品中含有影响使用的杂质必须加以处理，使油品完全符合质量标准，这就是油品的精制。油品精制的方法很多，但可归纳为化学法和物理法两大类，有时也两法兼用。化学法是加入精制用的化学剂通过化学反应除去油品中的杂质。物理法是利用吸附或溶解等过程，除去油中的杂质，如用白土作吸附剂的白土精制。以下主要对目前广泛使用的加氢精制、脱硫醇工艺做主要的介绍。

（1）加氢精制（Hydrofining）

加氢精制主要用于油品精制，其目的是除掉油品中的硫、氮、氧杂原子及金属杂质，改善油品的使用性能。由于重整工艺的发展，可提供大量的副产品氢气，为发展加氢精制工艺创造了有利条件，因此加氢精制已成为炼油厂中广泛采用的加工过程，也正在取代其他类型的油品精制方法。

在加氢精制中，加氢脱硫比加氢脱氮反应容易进行，在几种杂原子化合物中含氮化合物的加氢反应最难进行。例如，焦化柴油加氢精制时，当脱硫率达到90%的条件下，脱氮率仅为40%。石油馏分加氢精制的操作条件因原料不同而异。一般地讲，直馏馏分油加氢精制条件比较缓和，重馏分油和二次加工油品则要求比较苛刻的操作条件。

加氢精制产品的特点：质量好，包括安定性好、无腐蚀性以及液体收率高等，这些都是由加氢精制反应本身所决定的。

（2）脱硫醇精制

原油蒸馏所生产的直馏汽油、喷气燃料、溶剂油、轻柴油等含有少量的硫、氮、氧等杂质，其中主要是硫化物——硫醇。硫醇不仅有极难闻的臭味，而且易生成胶质，对铜铅有腐蚀，因此需要进行脱硫醇精制。我国一般采用固定床催化氧化脱硫醇法，也称梅洛克斯（Merox）法，其原理是将硫醇在催化剂床层上进行氧化反应，生成无臭无害的二硫化物，实际上油品中的含硫量并未减少。固定床催化氧化脱硫醇工艺过程是将汽、煤油首先进行预碱洗，中和油中所含的硫化氢，然后与空气混合进入脱硫醇反应器进行氧化反应，反应器的固定床层为吸附有催化剂磺化酞菁钴碱液的活性炭。硫醇转化成二硫化物后进入沉降罐进行分离。沉降罐顶部出来的气体经柴油吸收罐和水封罐后排入大气，沉降罐底部出来的即为脱硫醇汽油。反应在常温常压下进行。

另外一种脱硫醇技术是分子筛吸附精制，应用于大庆原油的喷气燃料精制，所用催化剂为铜-13X分子筛，将油品换热到120℃左右与空气混合进入分子筛固定床反应器进行氧化反应，反应后的油品经冷却器冷却进入脱色罐和玻璃毛过滤器，得到精制油品。此项技术减少了预碱洗，分子筛可同时脱除水、硫化氢、硫醇等。

1.3.2　石油产品的调和

由于每种油品都有不同的质量档次与牌号，价格高低不同，因此石油产品出厂不仅要保证符合质量标准，还要本着优质优价的原则，追求最高的经济效益，这就需要发挥每种油品在某种性能上的优势，相互调和匹配，使之既达到了质量标准，同时又能取得最大的经济效益。因此，油品调和也是炼厂生产经营上一项十分重要的措施。

石油产品的种类和品名视使用对象及所要求的性能而异。但从行业在国民经济中起的作用来看，燃料和润滑油两大类型中各种产品的总产量，占的比重最大。另外，随着发动机和机械工业的发展，对燃料和润滑油的使用要求愈来愈高，那种只靠选择原油类型，改进加工工艺方法的途径，已无法得到使用性能满足实际要求的成品。研究与应用实践证明，在制造

189

润滑油的基础油中调和加入添加剂已成为必不可少的油品生产的技术措施。习惯上，油品添加剂按应用场合分为两部分：调入燃料的添加剂称为燃料添加剂；用于润滑油生产的添加剂称之为润滑油添加剂。两者总产量中的分配比例大约为 1：(9~10)。随着添加剂技术的发展，常把多种添加剂复合在一起，更好地改善一种油品的各种性能，即所谓复合配方技术。复合添加剂大多是用于调和具有优异性能的润滑油。

1.4 炼厂气加工

石油炼制过程中，特别是二次加工进行重质油轻质化过程中，产生大量气体，除了催化重整产生的气体是以氢气为主外，其他装置产气主要为 C_1(甲烷 CH_4)至 C_4(丁烷、丁烯等)的气态烃以及少量杂质等，其中催化裂化装置总加工量大，气体产量大，气体中的烯烃也最多。因此，催化裂化气体是炼厂气(Refinery Gas)加工装置的主要来源。炼厂气常分为两个部分：C_1 和 C_2(乙烷、乙烯)的烃类称为干气，是石油化工的重要基础原料；C_3(丙烷、丙烯料)和 C_4 的烃类，称为液化石油气，是炼厂气加工的主体。炼厂气加工的第一步就是根据需要把各种组分分开，即进行气体的分馏(见图 7-4)。分馏后的气体是提高油品辛烷值和石油化工的重要基础原料(如乙烯、丙烯、丁烯等)。气体的分馏是指对液化石油气即 C_3、C_4的进一步分离。这些烃类在常温常压下均为气体，但在一定压力下成为液态，利用其不同沸点进行精馏加以分离。由于彼此之间沸点差别不大，分馏精度要求很高，要用几个多层塔板的精馏塔。

图 7-4　炼厂气分馏示意图

1.5 石油产品

这里的石油产品(Petroleum Products)就是通过石油的炼制加工得到的产品，不包括石油化工产品。石油产品的种类很多，以下只对常见的几种产品的性能进行介绍。

1.5.1 汽油

汽油(Gasoline)可以分为车用汽油和航空汽油两种。车用汽油是作为开动各种形式活塞式发动机汽车的动力，而航空汽油则是供装有活塞式发动机的螺旋桨式飞机使用的。判断汽油好坏有两个主要评价指标。第一个是汽油的馏分组成。什么是汽油馏分组成呢？在炼油厂实验室里有一个恩氏蒸馏实验，就是把 100mL 汽油放在一个带有支管的小烧瓶里，插上温度计进行加热蒸馏。当蒸出第一滴油时温度计所指示的温度，叫作初馏点；蒸出物的体积达到 10mL 时的温度，叫作 10%点；依次可以得到 20%点、30%点……；直到蒸出最后一滴的温度，叫作终馏点。这样得到的组成汽油的各种成分按各自沸点范围所占的比例，就是汽油的馏分组成。

车用汽油要求恩氏蒸馏的终馏点不高于 205℃，10%点不高于 70℃。终馏点过高，汽油中含沸点高的重组分多，会影响汽油在气缸中的燃烧效果；10%点温度过高，汽车在冬季或严寒地区发动就很困难。50%点的温度是告诉人们当汽车由低速转变为高速行驶时，汽油是否能迅速大量汽化，以便汽车能按要求达到加速的目的。

第二个重要指标是辛烷值(RON)。辛烷值是表示汽化器式发动机燃料的抗爆性能好坏的一项重要指标。汽油的辛烷值越高，抗爆性就越好，发动机就可以用更高的压缩比。也就是说，如果炼油厂生产的汽油的辛烷值不断提高，则汽车制造厂可随之提高发动机的压缩比，这样既可提高发动机功率，增加行车里程数，又可节约燃料，对提高汽油的动力经济性能有重要意义。我国车用汽油的牌号有89号、92号、95号、98号等。牌号数值相应地表示这种汽油的辛烷值大小，例如，轿车用的92号汽油，表示其辛烷值为92。汽车使用的汽油牌号应当与汽车压缩比相匹配。当使用低牌号的汽油时，有些汽车的气缸里会不时发出"砰砰"直响的声音，汽车随响声而发生震动，有可能对汽车的发动机造成损害。因此每种汽车根据自己发动机的性能，对车用汽油都有严格的要求。

辛烷值的高低与炼制所用的原油以及加工工艺有关。直馏汽油的辛烷值只有40~50，为达到国家标准规定的要求，还需掺入催化裂化、催化重整的汽油。提高辛烷值还可以采取加入抗爆剂的办法，目前为提高辛烷值广泛采用的是一种醚类化合物，以甲基叔丁基醚为代表的汽油掺合剂，无毒，可有效地提高汽油辛烷值。

1.5.2 煤油

煤油(Kerosene)除了点灯照明外，还在工业上被用作洗涤剂，在农业上用作杀虫药的溶剂等。煤油中除灯用煤油外，另一种重要产品是喷气燃料。

判断喷气燃料质量的主要指标是它的发热值、密度和低温性能，此外，对它的馏程范围和黏度也有一定的要求。

喷气燃料(Jet Fuel)主要用作喷气式飞机的燃料。这种飞机要求飞行高度高、续航里程远、飞行速度快，这就要求喷气燃料有较高的发热值和较大的密度。我国生产的喷气燃料净热值不小于10250kcal/kg，密度不低于0.775g/cm^3。喷气式飞机的飞行高度在1万米以上，这时高空气温低达-55~-60℃，所以要求喷气燃料的冰点指标不得高于这个温度，以便确保飞机在高空能正常飞行。喷气燃料的馏程范围会影响发动机的启动性能和是否能完全燃烧，同时馏程情况与煤油本身的密度、低温性能有直接关系。喷气燃料的黏度大小会影响发动机喷油嘴的工作情况和燃烧的质量。黏度太大，喷进发动机的油滴大，造成燃烧不完全，降低发动机的出力；黏度过小，使喷出的油雾角度大，射程近，会引起局部过热。由于对喷气燃料要求严格，所以在炼油中主要采用加氢裂化的办法来生产。

1.5.3 柴油

柴油(Diesel)是压燃式发动机(简称柴油机)的燃料。柴油机比汽油机的热功率要高，燃料单耗低，所以比较经济，主要用于载重汽车、拖拉机、内燃机车、各类船舶；小轿车也有不少是柴油车。柴油机也用于发电和各种动力机械。我国柴油消费量在各种石油产品中最多。

判断轻柴油质量的主要指标是燃烧性能、抗爆性能、凝点和黏度。

在石油加工过程中，一定要按产品要求控制塔的各部位温度，若控制温度不适当，使轻柴油含有过重的馏分，燃烧性能就不好；若含有过多的轻馏分，从经济上说就不合算了。所以我国规定车用柴油恩氏蒸馏的50%点的温度不高于300℃，90%点温度不高于355℃。

轻柴油的抗爆性能用"十六烷值"来衡量，十六烷值(Cetane Number)越高，抗爆性能越好。

根据柴油机的使用需要，柴油分为轻柴油和重柴油。高速柴油机转速1000r/min以上要用轻柴油，重柴油则用于中速(500~1000r/min)和低速(小于500r/min)柴油机。大量应用的是车用轻柴油，车用柴油按其凝点高低分为6个牌号：5号(凝点不高于5℃)、0号(凝点不高于0℃，依此类推）、-10号、-20号、-35号、-50号，低凝点柴油主要用于寒冷地区。柴油牌号的意义，就是表明该种轻柴油的凝点温度。

1.5.4 润滑油

对于润滑油（Lubricating Oil）的作用，是人所共知的。凡是运动着的机器，转动着的部件，都离不开起润滑作用的润滑油。这是因为若在两个物体的接触面之间加上润滑油，就使它们之间形成了一层油膜，这样也就改变了接触表面的摩擦，变成了油膜分子间的相互摩擦，大大减小了摩擦阻力。所以，润滑油能使得机器运转灵活，减轻磨损，节省了动力能源的消耗。

润滑油除了起润滑作用外，还有以下几个重要作用：

① 冷却作用。两个机器部件在作相反方向运动的接触面之间会产生热量。加入润滑油后，不仅可以降低摩擦阻力而减少热量的产生，而且润滑油还可以带走热量，起到冷却接触部位的作用。

② 冲洗作用。润滑油在两个摩擦面之间滑动，可将金属碎屑、灰尘、砂粒等杂质从摩擦面间冲洗出来。

③ 密封作用。某些机器在有些地方需要高度的密封，单靠机械加工难以达到精密的要求。如在往复泵的气缸套和活塞环之间，只有充填润滑油形成油封，才能防止蒸气漏出。

④ 保护作用。例如商店卖的新菜刀或剪刀，表面上就有一层油膜。这层油膜可以防止空气和金属表面接触，使金属表面不容易生锈，起到保护作用。

⑤ 润滑油还有减震、传递力等作用。

由于机械设备种类非常多，起的作用也各不相同，所以要求润滑油的品种也是很多的。润滑油种类很多，每一种都有专门的用途和特殊要求，一般都不能互换使用。常用的、有代表性的润滑油见表7-4。

表7-4 常用、有代表性润滑油类型及用途

润滑油类型	用途
汽油机油和柴油机油	汽油机油用于各种汽油汽车、汽油发动机；柴油机油用于柴油汽车、拖拉机、柴油机车等，这类润滑油的主要作用是润滑与冷却
机械油（包括高速机械油）	主要用于纺织、缝纫机及各种车床等，它的主要功能是起润滑作用
压缩机油、汽轮机油、冷冻机油和气缸油	分别用于压缩机、汽轮机、冷冻机，而气缸油用于蒸汽机车直接与蒸汽接触的气缸内，主要起密封作用
齿轮油（工业齿轮油与汽车、拖拉机齿轮油）	工业齿轮油主要用于各类工业机械，如旋转炉、轧钢机等齿轮传动机构，汽车、拖拉机齿轮油用于它们的变速箱和高级轿车、越野汽车的双曲线齿轮传动装置。对这类润滑油的主要质量要求是润滑性和抗磨性，同时为了保证汽车、拖拉机在低温下启动，还应有较低的凝点
液压油	各类液压机械的传动介质，如汽车的变速机构、矿山机械等都需要用液压油
电器用油（包括变压器油、电缆油等）	主要用于各种电工设备。对这类油并不要求润滑性能，但要求电气性能。由于这类油的原料和生产工艺与其他各类润滑油相似，所以通常把它们包括在润滑油这个类别中

1.5.5 燃料油

燃料油（Heating Oil）根据用途可分为两大类。一是船用内燃机燃料油，是由直馏重油经减黏并与一定比例柴油调和而成，用于大型低速船用柴油机（转速小于150r/min）；二是锅

炉用燃料油，又称重油，来自炼油厂的各种残渣油，供工业炉或一般锅炉作燃料。

（1）船用内燃机燃料油

这种油是船上大型低速柴油机的燃料。其主要使用性能是要求燃料能够喷油雾化良好，燃烧完全，降低耗油量，减少积炭和机械磨损。为此，对燃料油黏度有一定要求。此外，为了使用安全和保护环境，闪点应高于预热温度，凝点不应过高，硫含量要求不超过 0.5%，另外还需根据使用环境决定。

（2）锅炉用燃料油(重油)

主要作为各种锅炉和工业用炉的燃料，因为是直接喷入炉膛内燃烧，为保护环境对硫含量有所限制，对其他指标要求不很严格。

1.5.6 沥青

从炼油厂的常、减压塔底渣油以及催化裂化等装置都可生产出各种牌号的沥青（Asphalt）产品。在 1894 年有一个叫"柏来"的人，他成功地用向石油重油中吹空气的办法生产出了氧化石油沥青，并定名为"柏来式石油沥青"，简称为柏油。所以，就有了至今还在不断向前延伸的、宽阔而又平坦的柏油马路所需的大量原料。

由于沥青具有很好的黏结性、绝缘性、隔热性及防湿、防渗、防水、防腐、防锈等性能，所以，除了铺路外，还广泛用于建筑工程、水利工程、绝缘材料、防护涂料等工业原料以及保持水土、改良土壤等领域。

目前，以道路沥青的用量最大。沥青的性能中最基本的是软化点、针入度、延伸度。软化点表示沥青的耐热性能，软化点越高则耐热性能越好。道路沥青软化点一般为 42~50℃，建筑沥青大于 70℃。针入度反映沥青的流变性能。为使道路沥青与砂石粘结紧密，需要高针入度的沥青；而作为防腐用的专用沥青，敷于管道及设备表面，需要低针入度沥青，防止流失。延伸度表示沥青的抗张性和可塑性，道路沥青要求的延伸度最高，是为了保证在低温下路面不致受车辆碾压出现裂缝。高速公路及重负荷交通道路上需使用"重交通道路沥青"，简称重交沥青（Heavy Traffic Paving Asphalt）。重交通道路是指后轴重 10t 的重型车辆日通过量在 500 辆以上，或后轴重 4t 的车辆日通过量在 5000 辆以上的道路。

1.5.7 石蜡

石蜡（Paraffin Wax）的用途是十分广泛的。将纸张浸入石蜡后就可制取有良好防水性能的各种蜡纸，可以用于食品、药品等包装，还可用于金属防锈和印刷业上；石蜡加入棉纱后，可使纺织品柔软、光滑而又有弹性；石蜡还可以制得洗涤剂、乳化剂、分散剂、增塑剂、润滑脂等等。

石蜡又是怎样炼制出来的呢？在前面谈及石油的初加工时，已经提到在减压塔可以得到蜡油，这就是含有较多石蜡的润滑油原料。对润滑油来说，为保证质量必须将蜡除去；而对石蜡来说也不欢迎与润滑油共处。所以，在炼油厂就采取压榨脱蜡或溶剂脱蜡的方法来达到分离的目的。

炼油厂刚生产出来的蜡呈黄色，称黄蜡，熔点较低，质量较差，经过精制后(如加白土脱色)就可得到质量好、熔点较高的石蜡。市场上卖的带各种颜色的蜡制品，是人们根据需要加入的颜色。商品石蜡的牌号是以熔点来划分的，我国石蜡有九种牌号，即 50、52、54…70号，牌号的数字就是这种石蜡的熔点。石蜡可在常温下储存、运输和施工，十分方便。

1.5.8　液化石油气

液化石油气（Liquefied Petroleum Gas，简称 LPG）是指石油当中的轻烃，以 C_3、C_4（即丙、丁烷烃和烯烃）为主及少量 C_2、C_5 等组成的混合物，常温常压下为气态。经稍加压缩后成为液化气，装入钢瓶送往用户。供城市居民生活及服务行业替代煤炭作燃料用的液化石油气主要来自炼油厂炼制过程中产生的炼厂气以及油田的轻烃。使用液化石油气作为燃料有利于改善城市环境。不过，从石油炼制技术经济角度来看，炼厂气中所含轻烃（特别是丙烯和丁烯）为宝贵的化工原料，经过气体分馏和进一步加工可以生产出高附加值的石油化工产品。

1.5.9　石油焦

石油焦（Petroleum Coke）来自石油炼制过程中渣油的焦炭化。石油焦是一种无定型碳，灰分很低，可用于制造碳化硅和碳化钙的原料、金属铸造以及高炉冶炼等；经进一步高温煅烧，降低其挥发分和增加强度，是制作冶金电极良好原料。

延迟焦化生产的普通石油焦，也称生焦，分为三个等级：1 号石油焦用于炼钢工业的普通功率石墨电极；2 号石油焦用于炼铝和制作一般电极、绝缘材料、碳化硅或作为冶金燃料；3 号石油焦仅适于作冶炼工业燃料。

针状焦也称熟焦，是将延迟焦化的原料及操作条件稍加调整即可生产出细纤维结构的优质针状焦。针状焦主要用于制造炼钢用高功率和超高功率的石墨电极，所做的石墨电极具有低热膨胀系数、低电阻、高结晶度、高纯度、高密度等特性。针状焦的质量除了需控制含硫量、灰分、挥发分等指标外，对真密度也需加以控制，要保证气孔率小、致密度大，使所制造的电极的机械强度高；热膨胀系数是针状焦的重要质量指标，一般要求在 2.6 以下。

第 2 节　石油化工与石油化工产品

2.1　石油化工的主要内容

前面介绍的是原油在炼油厂中的加工过程及所得到的有代表性的产品。然而，一般来说，在炼油厂附近还有一个高塔林立的石油化工厂，它们像亲兄弟一样常伴在一起，这是因为石油化工所需要的原料大多来自炼油厂，所以，也有人认为石油化工是石油炼制的下游。炼化一体化是未来石油化学工业发展的一种趋势。

大部分有机化工产品主要是含碳、氢的化合物，而石油正是由碳氢化合物所组成，所以它能够作为有机化工原料的主要来源。

石油化工的基本过程和主要内容如下（见图 7-5）：

（1）通过炼制得到的一些炼厂气和初级油品，如渣油、重油、柴油、煤油、汽油等，通过深加工，主要是催化裂化（裂解）、催化重整、分馏等工艺，生产出有机化工原料，这些有机原料主要有乙烯（Ethylene）、丙烯（Propylene）、丁二烯（Butadiene）、苯（Benzene）、甲苯（Toluene）、二甲苯（Dimethylbenzene）、乙炔（Acetylene）和萘（Naphthalene）八种，简称为三烯、三苯、一炔、一萘，这些统称为一级有机化工基本原料。

（2）这些有机化工原料通过一系列的有机合成过程可以进一步制造醇、醛、酮、酸、胺等 45 种有机基本原料。

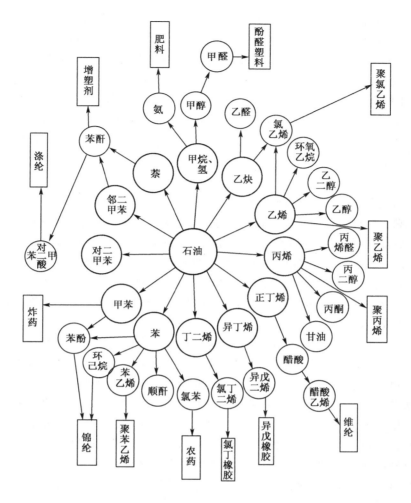

图 7-5　基本有机化工原料关系示意图
圆代表基本有机原料；方框代表有机合成产品

（3）醇、醛、酮、酸、胺等 45 种有机基本原料通过高分子合成过程和精细化工过程，得到各种我们需要的化工产品，如合成纤维、合成树脂、合成橡胶、医药、农药、染料、助剂等。

世界上一般以乙烯产量的多少作为衡量石油化工发展的标志。这是因为在石油化工的基本有机原料中，乙烯产量最大，用途最广，地位最重要。而且，只有大量生产乙烯时，才能同时得到大量丙烯、丁烯和芳烃等重要的基本有机原料。乙烯、丙烯绝大部分由石油原料通过裂解和分离制得，实践证明，原料烃的质愈轻，烯烃收获率愈高；原料烃的质愈重，烯烃收获率愈低。

2.2　主要的石油化工产品

2.2.1　三大合成材料

三大合成材料是指合成树脂（Synthetic Resin）、合成纤维（Synthetic Fibre）、合成橡胶（Synthetic Rubber），是 20 世纪兴起的新型化学材料。三大合成材料都是高分子聚合物材料。

高分子聚合物（简称高聚物或聚合物）的基本特点是分子大、相对分子量高。

制造三大合成材料的基本化学反应都是一样的，即聚合反应（Polymerization）与缩聚反应（Polycondensation）。聚合反应是将许多相同或者不相同的低分子物质的分子合成为一个大分子的过程。缩聚反应是在聚合反应的同时，有水等其他低分子物质析出的过程。所谓"合成"就是把简单的低分子化合物（一般称为"单体"）经过化学反应把它们聚合起来成为复杂的高分子化合物的过程。聚合反应生成物的元素成分与原料物质的元素成分是一样的；缩聚作用生成物的元素与原料物质的元素成分是不同的。但聚合和缩聚反应都可以将低分子原料转变为高分子产品。

（1）合成树脂

人们把具有受热软化、冷却变硬这种特性的高分子化合物都称为树脂。以石油、天然气、炼厂气等为原料，通过聚合和缩聚反应生成的，具有受热软化、冷却变硬这种特性的高分子化合物称为人工合成树脂。合成树脂是生产塑料的基本原料。塑料（Plastics）是合成树脂在一定条件下（如温度、压力等）塑制成的一定形状的材料，这种材料能够在常温下保持形状不变。有的塑料制品除了主要成分是树脂外，还加入一定量的增塑剂、稳定剂、润滑剂、色料等。

目前世界上大约能生产 300 多种塑料，根据塑料受热后表现出来的共性，可分成热塑性塑料和热固性塑料两大类。

所谓热塑性塑料，即它在受热时就会变软，甚至成为可流动的黏稠物，这时可将其塑制成一定形状的制品，冷却时保持塑形变硬；如果再加热又可变软，并可改变原来塑形为另一种塑形，如此可反复进行多次。具有这种特性的塑料，就叫热塑性塑料。例如旧塑料鞋底、凉鞋就是热塑性塑料，它们可以通过回收再加工成其他的用品。制取热塑性塑料的合成树脂有聚氯乙烯、聚乙烯、聚丙烯、聚苯乙烯、聚碳酸酯、聚甲醛、甲基丙烯酸甲酯（制备有机玻璃的材料）等。其中聚氯乙烯塑料是当前世界各国生产最多、价格最便宜、用途最广，而且也是最有发展前途的一种塑料。聚氯乙烯塑料具有很多优良的性能，它的主要特点是电绝缘性好、耐酸碱、不易变形，同时容易加工制造。所以，在工业、农业、国防以及日常生活中，都得到了广泛的应用。

所谓热固性塑料，它在受热初期变软，具有可塑性，可制成各种形状的制品，继续加热就硬化定形，再加热也不会变软和改变它的形状。例如灯头和电插座等电木制品就是这类塑料制成的，这些东西就不能通过回收再加利用。制取热固性塑料的合成树脂有酚醛树脂（电木）、环氧树脂、氨基树脂、聚氨酯、聚四氟乙烯等。

（2）合成纤维

合成纤维也是高分子聚合物材料，是从石油化工中取得原料来合成的一类高分子聚合物，然后再进行抽丝成纤维，这就是合成纤维。只有具备形成纤维的必要性能——可塑性、延展性、弹性、韧性、高强度等的高聚物，才能制成纤维。

通过加热使成纤高分子化合物熔融成黏液，或用溶剂将高聚物溶解成具有一定黏度的溶液，然后让黏液从喷丝头小孔中成细流喷出，并在空气或水中冷却凝固成丝，再通过一系列加工处理，就得到了合成纤维产品。

目前市场上合成纤维品种很多，小品种除外，尚有 30 种以上。从它们的性能、用途和工业水平等方面来看，发展最大的有锦纶（聚酰胺纤维）、涤纶（聚酯纤维）、腈纶（聚丙烯腈纤维）、氯纶（聚氯乙烯纤维）、维纶（乙烯酸纤维）、丙纶（聚丙烯纤维）等 6 种。前三者产量几乎占合成纤维总产量的 90%。

196

（3）合成橡胶

为了制取合成橡胶，首先对橡胶树中流出的乳胶进行了研究，结果发现它的基本成分是异戊二烯，于是人们就开始合成这种成分。在1914年终于第一次合成出具有弹性的材料，叫作甲基橡胶。近几十年来，由于合成橡胶不受天时、地理条件的限制，生产效率大大超过天然橡胶，而且合成橡胶的性能在耐油、耐磨、耐高温、耐低温、气密性等方面都较天然橡胶优越，所以目前的产量已大大超过天然橡胶。合成橡胶所需要的大量原料，如乙烯、丙烯、丁烯和芳香烃都可以来自石油化工。合成橡胶品种繁多，习惯上根据合成橡胶的主要用途，大致分为通用合成橡胶和特种合成橡胶两大类(见图7-6)。

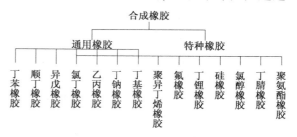

图7-6　主要的合成橡胶种类

一般通用橡胶产量较大，主要用来生产各种轮胎、工业用品和生活用品及医疗卫生用品。特种橡胶专门用在特殊条件下使用的橡胶制品，如丁腈橡胶，主要特点是耐油性好，广泛用于制造各种耐油胶管、油箱、密封垫片等。又如某些含氟橡胶，不仅能耐高温，而且不受化学药剂的侵蚀，用这种橡胶制成的各种密封环在200℃腐蚀液中可以经受6万次反复变形而能保持性能不变。如丁锂橡胶，有较好的耐寒性，可用于国防工业。

2.2.2　合成化肥

氨是氮肥的基本原料，因为氨与硫酸作用，就生成硫酸铵；氨与硝酸作用，就可制得硝酸铵；氨与碳酸作用，就能生成碳酸氢铵；氨与盐酸作用，就能得到氯化铵；氨在一定条件下与二氧化碳作用，就能合成尿素。那么，在工业上怎么制取氨呢？

制氨的原料是氮气和氢气。空气中五分之四都是氮气，所以，制氨工业中用的氮气，不言而喻，可取之于空气。

制氨工业中所需的氢气可以有许多方法取得，其中以天然气、炼厂气为原料来制取氢，具有成本低、纯度高等优点。所以目前我国不少化肥厂就是用这种方法来制取氢气的。

人们从"空中取氮""油中取氢"后，将它们按要求比例混合，然后在一定条件下进行化学反应，就可以得到合成氨了。有了氨，就有了氮肥；有了氮肥，也就有了农业增产的保证。

除了以上介绍的产品外，以石油为原料还可以制得染料、农药、医药、洗涤剂、炸药、合成蛋白质以及其他有机合成工业用的原料。总之，利用现代的石油加工技术，人们已能从石油宝库中获取5000种以上的产品，可以说石油产品已遍及到工业、农业、国防、交通运输和人们日常生活中的各个领域。

第3节　天然气化工

天然气不但是一种高效清洁的能源，而且是一种重要的化工原料。以天然气为原料的化学工业，叫天然气化工(Natural Gas Chemical Industry)，又称甲烷化工。

甲烷化工利用途径多为以下两类：

① 间接利用法。先将甲烷转化为合成气，再由合成气制造多种化工产品，如合成氨、甲醇、二甲醚、低碳混合醇等。

② 直接利用法。直接用于生产多种化工产品，如乙炔、氢氰酸、氯代甲烷、硝基甲烷等。

3.1 以天然气制合成气

合成气（Synthetic Gas）是指 CO 和 H_2 的混合物。合成气中 H_2 和 CO 的物质的量之比随原料和生产方法不同，其比值为 $0.5\sim3.0$。合成气是重要的有机合成原料之一，也是 H_2 和 CO 的重要来源。工业上主要采用煤、石油馏分（以重油和渣油为主）、天然气等来制造合成气，其中以天然气为原料制造合成气的成本最低。

以天然气为原料生产合成气的方法主要有转化法和部分氧化法，工业上多采用水蒸气转化法。水蒸气转化是指烃类被水蒸气转化为氢气和一氧化碳及二氧化碳的反应，其主反应为：

$$CH_4+H_2O \Longrightarrow CO+3H_2$$

这是一个吸热反应，吸收的热量为 206.29kJ/mol。由于反应是吸热的，而且反应速率很慢，所以通常使反应物通过装有镍铬合金钢管，在外加热的条件下进行。该方法制得的合成气中，H_2 与 CO 的物质的量之比理论上为 3，有利于用来制造氨或氢气；用来制造其他有机化合物，如甲醇、乙酸、乙二醇等，此比值过高，需要加以调整。

部分氧化法是指烃类在氧气不足的情况下，不完全燃料生成氢气和一氧化碳。其主要反应为：

$$CH_4+1/2O_2 \Longrightarrow CO+2H_2$$

该法用甲烷和氧气在衬有耐火衬里的反应器，即转化炉中用自身放出的热量进行反应，所以又称为自热转化法。近年来，由于部分氧化法工艺的热效率高，H_2 和 CO 的物质的量之比易于调节，逐渐受到重视和应用，但需要有廉价的氧源，才能有满意的经济效益。

合成气是重要的工业原料，由合成气可以生产很多化工产品。图 7-7 概括了合成气的主要利用。

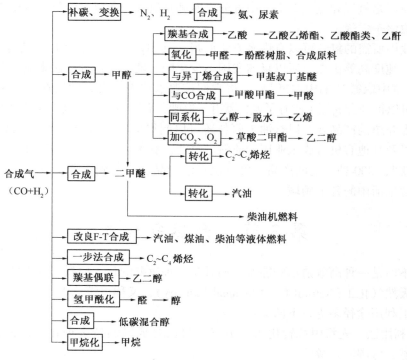

图 7-7　合成气的主要利用

198

（1）合成氨

由含碳原料与水蒸气、空气反应制成含 H_2 和 N_2 的粗原料气，再精细地脱除各种杂质，得到 $H_2:N_2=3:1$（体积比）的合成氨精原料气，使其在 $500\sim600℃$、$17.5\sim20MPa$ 及铁催化剂作用下合成氨。近年来，该过程可以在 $400\sim450℃$、$8\sim15MPa$ 下进行。反应为：

$$N_2+3H_2\Longrightarrow2NH_3$$

以天然气为原料的先进合成氨工艺主要有美国 Kellogg 公司的节能型工艺和 KAAP 工艺、英国 ICI 公司的 AMV 工艺和 LCA 工艺，德国 Uhde 公司的 UHDE-ICI-AMV 节能型工艺和 Linde 公司的 LAC 工艺等。

氨的最大用途是制氮肥，这是目前世界上产量最大的化工产品之一，氨还是重要的化工原料。目前我国天然气化工领域中，拥有 15 套大型合成氨装置，是世界上合成氨产量最大的国家。

（2）合成甲醇

将合成气中 H_2 与 CO 的物质量之比调整到 2.2 左右，在 $260\sim270℃$、$5\sim10MPa$ 及铜基催化剂作用下可以合成甲醇。主反应为：

$$CO+2H_2\Longrightarrow CH_3OH$$

甲醇可以制造乙酸、甲酸甲酯、甲基叔丁基醚、二甲醚。二甲醚的十六烷值高达 60，是极好的柴油机燃料，燃烧时无烟，被认为是 21 世纪的新燃料之一。

（3）合成油

将合成气通过费托（Fischer-Tropsch）合成液态烃，然后通过精制、改质等工艺变成特定的液体燃料、石化产品或一些石油化工所需的中间体。费托合成在 $200\sim300℃$、$1.0\sim4.0MPa$ 及催化剂作用下进行，生成的烃类主要由许多链长不一的烷烃组成的混合物，主要反应式为：

$$nCO+(2n+1)H_2\Longrightarrow C_nH_{2n+2}+nH_2O$$
$$CO+H_2O\Longrightarrow CO_2+H_2$$

所产的烃类的链长取决于反应温度、催化剂和反应器类型等因素。

费托合成技术包括高温费托合成（HTFT）和低温费托合成（LTFT）两种。HTFT 采用镍基催化剂，合成产品经过加工可得到环境友好的汽油、柴油、溶剂和烯烃等，这些油品质量接近普通炼厂生产的同类油品，无硫，但含芳烃。LTFT 采用钴基催化剂，合成的主产品为石蜡，可加工成特种蜡或经过氢裂化/异构化生产优质柴油、润滑油基础油、石脑油馏分，产品不含硫和芳烃。已经应用的费托合成反应器有固定床、循环床、流化床、浆态床四种形式。

受能源替代战略需要的推动，近年来高温费托合成技术和低温费托合成技术都得到了很大发展。低温浆态床反应器技术也得到了很大发展，该技术被广泛应用到费托合成生产实践中，成为目前最受注目的合成油技术路线。目前掌握低温法合成油技术的公司主要有 Shell 公司、Sasol 公司、ExxonMobil 公司等。

（4）一步法合成二甲醚

该方法以合成气为原料，在 $250\sim350℃$、$1.5\sim15MPa$ 及甲醇合成与甲醇脱水双功能催化剂作用下直接合成二甲醚（DME）。反应可分为以下几步：

$$CO+2H_2\Longrightarrow CH_3OH$$
$$2CH_3OH\Longrightarrow CH_3OCH_3+H_2O$$

$$CO+H_2O \Longrightarrow CO_2+H_2$$

总反应式为：

$$3CO+3H_2 \Longrightarrow CH_3OH_3+CO_2$$

一步法合成二甲醚多采用浆态床反应器，出反应器的产品混合物经分馏精制得到二甲醚产品。

（5）直接合成乙烯等低碳烯烃

近年来的研究致力于将合成气一步转化为乙烯等低碳烯烃，反应如下：

$$2CO+4H_2 \Longrightarrow C_2H_4+2H_2O$$

因副反应多，尚未达到工业应用要求，需要研制活性及选择性较高的催化剂，以提高烯烃的收率。

3.2 天然气制乙炔

在化学工业史上，乙炔曾有过"有机合成工业之母"的美誉，用乙炔为原料，可衍生出千余种有机化学品。20 世纪 60 年代后，石油工业发展迅速，基本有机原料应用重点逐步由乙炔转向烯烃和芳烃，但乙炔在工业领域仍有独特地位。

（1）天然气制乙炔的原理

甲烷在高温（>1500℃）下热裂解生成乙炔的反应是强吸热过程，主反应为：

$$2CH_4 \longrightarrow C_2H_2+3H_2 \qquad H_{298}=376kJ/mol$$

甲烷在高温下的裂解反应和机理非常复杂，总之，甲烷在高温热转化过程可概括为平行连串反应。

$$2CH_4 \xrightarrow{-H_2} C_2H_6 \xrightarrow{-H_2} C_2H_4 \xrightarrow{-H_2} C_2H_2 \xrightarrow{-H_2} 2C+H_2$$

反应机理研究表明，甲烷裂解制乙炔的反应条件就是高温、短的反应时间。

（2）乙炔的利用

由乙炔出发，可以制造氯乙烯、乙醛、乙酸、1,4-丁二醇等大量化工产品。尽管一度受到乙烯原料的巨大冲击，1,4-丁二醇目前几乎全都由乙炔生产的。

1,4-丁二醇是重要的中间体，工业上大量生产。其迅速增长的用途是制造性能优良、耐热的工程塑料 PBT（聚对苯二甲酸丁二醇酯）。1,4-丁二醇是生产 γ-丁内脂、四氢呋喃、2-吡咯烷酮和 N-甲基吡咯烷酮的原料，还是医药、香料等精细化学品的中间体。

3.3 天然气制氢氰酸

氢氰酸（HCN），又称氰化氢，是一种弱酸性的无机酸，主要作为生产丙烯腈、甲基丙烯酸的原料。而且氢氰酸在农业化学品、生理活性物质医药等领域也有广泛的用途。

由于氢氰酸具有剧毒、易燃易聚合、易爆炸等危险性质，给大量处理及运输带来许多困难。

天然气制氢氰酸主要采用安氏法（Andrussow）。

甲烷、氨、空气在约 1100℃、铂催化剂作用下反应生成氰化氢，主反应为：

$$CH_4+NH_3+\frac{3}{2}O_2 \Longrightarrow HCN+3H_2O \qquad \Delta H_{298}^{\ominus}=-473.4\ kJ/mol$$

副反应有甲烷燃烧生成 CO_2 和 CO，氨分解生成氮气，甲烷热分解析碳等。

3.4 天然气制氯甲烷

氯甲烷广泛用作溶剂、麻醉剂、制冷剂、合成原料等。

甲烷的热氯化反应是典型的自由基连锁反应，首先是氯气在高温作用下解离为氯自由基，再以氯自由基为载链体与甲烷发生取化氯代反应。其反应机理为：

链引发：$Cl_2 \xrightarrow{\triangle} 2\dot{C}l$

链传递：$\dot{C}l + CH_4 \longrightarrow \dot{C}H_3 + HCl$

$\dot{C}H_3 + Cl_2 \longrightarrow CH_3Cl + \dot{C}l$

链终止：$\dot{C}H_3 + \dot{C}H_3 \longrightarrow CH_3CH_3$

氯化反应并不只停留在一次取代阶段，生成的氯甲烷会继续发生取代氯化，生成二氯甲烷、三氯甲烷、四氯化碳等氯化产物，反应如下：

$CH_4 + Cl_2 \Longrightarrow CH_3Cl + HCl$ $\Delta H_{298}^{\ominus} = 100 \ kJ/mol$

$CH_3Cl + Cl_2 \Longrightarrow CH_2Cl_2 + HCl$ $\Delta H_{298}^{\ominus} = 99.2 \ kJ/mol$

$CH_2Cl_2 + Cl_2 \Longrightarrow CHCl_3 + HCl$ $\Delta H_{298}^{\ominus} = 100.4 \ kJ/mol$

$CHCl_3 + Cl_2 \Longrightarrow CCl_4 + HCl$ $\Delta H_{298}^{\ominus} = 102.1 \ kJ/mol$

甲烷热氯化产物除一氯甲烷为无色气体外，二氯甲烷、三氯甲烷、四氯化碳均为难溶或不溶于水的无色油状液体，它们的沸点依次为$-23.7℃$、$40.1℃$、$61.2℃$和$76.7℃$。

3.5 天然气制硝基甲烷、二硫化碳

（1）硝基甲烷

硝基甲烷是难溶于水的无色油状液体，具有微弱芳香气味，溶于乙醇及碱，能与多种有机溶剂相溶，其蒸气与空气形成爆炸性混合物，有毒，其毒性略低于甲醇。

硝基甲烷主要用作乙烯基树脂、硝酸纤维素、乙酸纤维素、丙烯酸聚合体、聚酯、火箭燃料的溶剂及合成医药、染料的原料。

工业上由甲烷生产硝基甲烷，主要采用甲烷气相硝化法，主要反应为：

$CH_4 + HNO_3 \Longrightarrow CH_3NO_2 + H_2O$ $\Delta H_{298}^{\ominus} = -112.2 \ kJ/mol$

（2）二硫化碳

二硫化碳是无色易燃液体，含杂质时呈黄色并有恶臭，有毒。二硫化碳可与无水乙醇、醚、苯、三氯甲烷、四氯化碳和油脂等混溶。

二硫化碳是生产人造丝、赛璐玢、农药和杀虫剂的原料，还可用作油脂、蜡、树脂、橡胶和硫的溶剂，羊毛的去脂剂等。

工业上以甲烷为原料生产二硫化碳占主导地位，生产的二硫化碳占总产量的85%以上。甲烷生产二硫化碳反应为：

$$CH_4 + 2S_2 \Longrightarrow CS_2 + 2H_2S$$

用甲烷生产二硫化碳的方法有催化法和非催化法，常用的催化剂为硅胶或活性氧化铝。

由于反应中有H_2S生成，通常配套建设克劳斯装置将其转化为硫黄使用。

思 考 题

1. 为什么要对石油进行炼制？有哪些方法？

2. 通过石油炼制可得哪些石油产品？

3. 什么是石油化工？生产石油化工产品的有机原料及主要的石油化工产品有哪些？

4. 天然气化工可以得到哪些化工产品？

参 考 文 献

[1] 陈鸿璠. 石油工业通论[M]. 北京：石油工业出版社，1995.

[2] 河北省石油学会科普委员会. 石油的找、采、用[M]. 北京：石油工业出版社，1995.

[3] 中国石油和石化工程研究会编，李维英执笔. 石油炼制：燃料油品[M]. 北京：中国石化出版社，2000.

[4] 程丽华，吴金林. 石油产品基础知识[M]. 北京：中国石化出版社，1998.

[5] 梁文杰. 石油化学[M]. 青岛：中国石油大学出版社，1995.

[6] 李为民，单玉华，邬国英. 石油化工概论[M]. 3版. 北京：中国石化出版社，2013.

[7] 诸林. 天然气加工工程[M]. 2版. 北京：石油工业出版社，2008.